Strukturgleichungsmodellierung

Dieter Urban · Jochen Mayerl

Strukturgleichungsmodellierung

Ein Ratgeber für die Praxis

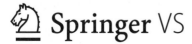

Prof. Dr. Dieter Urban
Universität Stuttgart
Deutschland

Jun.-Prof. Dr. Jochen Mayerl
Technische Universität Kaiserslautern
Deutschland

ISBN 978-3-658-01918-1
DOI 10.1007/978-3-658-01919-8

ISBN 978-3-658-01919-8 (eBook)

Die Deutsche Nationalbibliothek verzeichnet diese Publikation in der Deutschen Nationalbibliografie; detaillierte bibliografische Daten sind im Internet über http://dnb.d-nb.de abrufbar.

Springer VS
© Springer Fachmedien Wiesbaden 2014
Das Werk einschließlich aller seiner Teile ist urheberrechtlich geschützt. Jede Verwertung, die nicht ausdrücklich vom Urheberrechtsgesetz zugelassen ist, bedarf der vorherigen Zustimmung des Verlags. Das gilt insbesondere für Vervielfältigungen, Bearbeitungen, Übersetzungen, Mikroverfilmungen und die Einspeicherung und Verarbeitung in elektronischen Systemen.

Die Wiedergabe von Gebrauchsnamen, Handelsnamen, Warenbezeichnungen usw. in diesem Werk berechtigt auch ohne besondere Kennzeichnung nicht zu der Annahme, dass solche Namen im Sinne der Warenzeichen- und Markenschutz-Gesetzgebung als frei zu betrachten wären und daher von jedermann benutzt werden dürften.

Gedruckt auf säurefreiem und chlorfrei gebleichtem Papier

Springer VS ist eine Marke von Springer DE. Springer DE ist Teil der Fachverlagsgruppe Springer Science+Business Media.
www.springer-vs.de

Vorwort

Trotz sorgfältigster Erstellung enthält fast jeder Ratgeber ärgerliche Fehler. Und jeder Ratgeber kann auch nur über den aktuellen Stand der Forschung zum Zeitpunkt seines Erscheinens berichten. Um beide Probleme für die Leser ein wenig abzumildern, haben die Autoren die unten genannte Internetseite eingerichtet. Auf ihr soll über Druckfehler und die (hoffentlich nur wenigen) inhaltlichen Fehler in diesem Skript berichtet werden. Die Adresse der Internetseite zu diesem Ratgeber lautet:

> www.uni-stuttgart.de/soz/sem

Alle Leser können ihre Kommentare, Kritiken und Hinweise zu diesem Skript an eine der beiden E-Mail-Adressen senden, die auf der oben genannten Webpage angegeben sind. Die Autoren würden sich darüber sehr freuen.

Dieter Urban und Jochen Mayerl

Im Herbst 2013

Inhaltsverzeichnis

Vorwort	5
1 Einführung	11
1.1 Wie soll dieser Ratgeber benutzt werden?	11
1.2 Welche Grundannahmen und welche Vorteile hat die SEM-Analyse?	13
1.3 Was ist eine messfehler-bereinigte (minderungskorrigierte) Analyse?	16
2 SEM-Grundlagen	25
2.1 Welche Eigenschaften müssen alle SE-Modelle aufweisen?	25
2.2 Wie können SE-Modelle konstruiert werden?	28
2.2.1 Fünf Verfahren der Modellbildung	28
2.2.2 Die D-Separation	33
2.2.3 Spezifikation von Modellen mit Differenzwerten	38
2.2.4 Mediator-, Moderator- und Interaktionseffekte	39
2.3 Was ist Multikollinearität und wie ist mit Multikollinearität umzugehen?	44
2.4 Wann sind SE-Modelle äquivalent und was ist dann zu tun?	45
2.5 Wie sind die geschätzten SE-Modellwerte zu interpretieren?	48
2.5.1 Pfadkoeffizienten (und ihre möglichen Anomalien)	48
2.5.2 Faktorladungen	54
2.5.3 Determinationskoeffizienten (R^2)	56
2.5.4 Standardfehler / Signifikanztest	58
2.5.5 Konfidenzintervalle	61
2.6 Sollten geschätzte SE-Modelle nachträglich modifiziert werden?	62
2.7 Welche Verfahren sollten zur SE-Modellschätzung benutzt werden?	64
2.7.1 Die ML/ML(robust)-Schätzung	67
2.7.2 Die WLS/WLSMV-Schätzung	69
2.8 Wann entsteht ein "Identifikationsproblem" bei der Konstruktion von SE-Modellen?	75

3	**Probleme bei der Schätzung von SE-Modellen**	83
	3.1 Warum funktioniert die Schätzung nicht?	83
	3.1.1 Negative Fehlervarianz, negative Faktorvarianz (Heywood cases)	84
	3.2 Welche Fit-Indizes sollten benutzt werden?	86
	3.2.1 Overfitting (Überanpassung) und Modell-Respezifikation	99
	3.3 Wie viele Fälle werden benötigt?	103
	3.3.1 Fallzahl und Teststärke (power)	113

4	**Datenqualität und Messmodelle**	117
	4.1 Wie viele Indikatoren sollten pro Faktor vorhanden sein?	117
	4.1.1 Skalierung von latenten Faktoren	126
	4.1.2 Reflektive vs. formative Indikatoren	128
	4.2 Wie wird die Validität und Reliabilität von/in Messmodellen bestimmt?	136
	4.3 Sollten Kovarianzen zwischen den Indikator-Messfehlern zugelassen werden?	139
	4.4 Müssen die empirischen Variablenwerte immer metrisch und normalverteilt sein?	140
	4.5 Was ist bei Daten mit fehlenden Werten (missing data) zu tun?	146
	4.6 Wie können Daten, die eine Mehrebenenstruktur aufweisen, analysiert werden?	151
	4.7 Was sind Messmodelle höherer Ordnung?	154

5	**Spezielle Varianten der SEM-Analyse**	159
	5.1 Welche SE-Modelle können zur Längsschnittanalyse mit Paneldaten eingesetzt werden?	159
	5.1.1 Stabilitätskoeffizienten in SEM-Längsschnittanalysen	163
	5.1.2 Faktorinvarianz in SEM-Längsschnittanalysen/ Gruppenvergleichen	167
	5.1.3 Diachrone Korrelationen von Messfehlern in SEM-Längsschnittanalysen	173
	5.1.4 Latente Wachstumskurvenmodelle (LGC-Modelle)	177
	5.2 Was ist "Bootstrapping" und wozu kann es eingesetzt werden?	186
	5.3 Wie können Modelle mit latenten Mittelwerten geschätzt werden?	194
	5.4 Was sind MTMM-Modelle und wozu werden sie gebraucht?	200

5.5 Wie werden Modelle mit Feedback-Schleifen (non-rekursive Modelle) geschätzt? 206

6 **Modell-Vergleiche** 217
   6.1 Wie können Modell- und Koeffizientenschätzungen untereinander verglichen werden? 217
   6.2 Wie können die SEM-Schätzungen für mehrere Subgruppen miteinander verglichen werden? 222
      6.2.1 Multigruppenvergleiche mit latenten Mittelwerten 229

7 **Anhang** 233
   7.1 SEM-Notation nach LISREL (reduziert) 233
   7.2 SEM-Notation nach EQS (Bentler-Weeks-Modell) (reduziert) .. 234
   7.3 SEM-Notation nach Mplus (reduziert) 235
   7.4 Vereinfachte SEM-Notation (verwendet im vorliegenden Skript) 236

Literaturverzeichnis 237

Sachregister 253

1 Einführung

1.1 Wie soll dieser Ratgeber benutzt werden?

Der vorliegende "Ratgeber" ist ursprünglich als Informationsschrift für Master-Studierende im Bereich der sozialwissenschaftlichen Methodenlehre entstanden. Der Text will Anregungen zur Durchführung von empirischen Analysen mittels Strukturgleichungsmodellierung geben und will Hilfestellungen bei der Beseitigung von Analyseproblemen liefern, die bei dieser Form von Modellanalyse nur allzu häufig auftreten können.

Dieser Ratgeber liefert keine grundlegende Einführung in die Logik oder in die Verfahren der Analyse von Strukturgleichungsmodellen (im Folgenden häufig "SEM-Analyse" genannt). Stattdessen werden hier einige höchst selektiv ausgewählte Hinweise zur Durchführung von SEM-Analysen gegeben. Zum Verständnis dieser Hinweise ist es erforderlich, dass die Leser/innen zumindest schon einen basalen Einführungstext zur SEM-Analyse durchgearbeitet haben (empfohlen wird insbesondere: Kline 2011).

Bei der Auswahl der in diesem Ratgeber erläuterten Themen haben sich die Autoren vor allem an Fragen und Problemen orientiert, mit denen sie in ihren SEM-Kursen immer wieder konfrontiert werden. Sicherlich gibt es bei der Analyse von Strukturgleichungsmodellen (im Folgenden häufig "SE-Modelle" genannt) zahlreiche weitere Fragen und Probleme, die in diesem Text nicht angesprochen werden.

Allerdings glauben die Autoren, dass gerade die hier vermittelten Informationen für ein adäquates Verständnis von SEM-Analysen und für die praktische Durchführung solcher Analysen sehr hilfreich sein können.

Keineswegs handelt es sich bei den folgenden Hinweisen und Erläuterungen um so etwas wie einen wie auch immer begründeten "Wissenskanon" zur SEM-Analyse, der auf Vollständigkeit und intersubjektive Gültigkeit ausgerichtet wäre. Die Auswahl der vorgestellten Informationen ist höchst subjektiv und wird allein durch die Erfahrungen bestimmt, welche die Autoren in Lehre und Forschung mit den diversen Verfahren der SEM-Analyse gemacht haben.

Dieser Ratgeber ist nicht auf die Anwendung einer bestimmten SEM-Software bezogen (z.B. AMOS, EQS, LISREL, Mplus). Alle hier aufgeführten Hinweise wurden so weit wie möglich software-neutral formuliert.

Zur Bezeichnung der in den SE-Modellen analysierten Variablen und Parameter wird im vorliegenden Text eine vereinfachte SEM-Notation benutzt. Diese wird im Anhang (Kap. 7.4) in leicht verständlicher Weise vorgestellt bzw. veranschaulicht.[1]

Für SEM-Experten[2] sei hier aber bereits verraten: Die im Folgenden benutzte, vereinfachte SEM-Notation kombiniert Bezeichnungen aus der EQS- und der Mplus-Symbolik. Durch Verwendung dieser stark vereinfachten SEM-Notation kann (nach den Erfahrungen der Autoren) ein relativ leichter Zugang zur SEM-Methodik gerade auch für Nicht-Methodiker ermöglicht werden.

Einführende und weiterführende Texte (auch zu speziellen Inhalten der SEM-Analyse) finden sich in den beiden Literaturlisten von Jason T. Newsom:
http://www.upa.pdx.edu/IOA/newsom/semrefs.htm
http://www.upa.pdx.edu/IOA/newsom/sembooks.htm

An dieser Stelle sei auch auf das Internet-Forum SEMNET verwiesen, das im vorliegenden Ratgeber an einigen Stellen erwähnt wird. SEMNET ist ein Internet-Forum zum Austausch von Informationen über Verfahren der Strukturgleichungsmodellierung. Der kostenfreie Internet-Zugang erfolgt über:
http://www.gsu.edu/~mkteer/semnet.html

Zum Umgang mit dem vorliegenden Text können folgende Tipps hilfreich sein:

(1) Schon vor der Lektüre dieses Ratgebers (oder dazu begleitend) sollte ein einführender Text zur SEM-Analyse gelesen werden (z.B. Kline 2011).

(2) Es sollten bereits erste praktische Erfahrungen mit der Durchführung von SEM-Analysen (egal mit welchem Softwarepaket) gemacht worden sein.

(3) Das vorliegende Buch kann selektiv gelesen werden. Die Auswahl kann anhand des Inhaltsverzeichnisses (grob) oder anhand des Sachindexes (fein) vorgenommen werden.

(4) Nicht alle im Buch erläuterten, praktischen Hinweise können als direkte Anleitung für konkrete SEM-Analysen benutzt werden. Dazu reicht oftmals der hier zur Verfügung stehende Seitenplatz nicht aus. In diesen Fällen wird der

---

1   In gleicher Weise werden im Anhang auch die SEM-Notationen der SEM-Softwarepakete LISREL, EQS, Mplus vorgestellt (Kap. 7.1 bis Kap. 7.3).
2   Zur Vereinfachung der Schreibweise wird im vorliegenden Text bei Personenbezeichnungen die männliche Form benutzt. In jedem Fall ist dabei jedoch implizit auch die entsprechende weibliche Personenbezeichnung gemeint.

Einführung

Anwender auf weiterführende Literatur verwiesen, in der die zusätzlich benötigten Informationen nachzulesen sind.

a.a.O.

An vielen Stellen enthält dieser Ratgeber deutlich herausgestellte Verweise auf ergänzende Textstellen, in denen zusätzliche Informationen zu einem bestimmten Thema oder zu einem bestimmten Stichwort zu finden sind. Diese Verweise sind gekennzeichnet durch das Kürzel: "a.a.O." (am angeführten Ort). Die damit gemeinte Seite ist über den Sachindex am Ende dieses Buches zu finden. Sie muss dort über den entsprechenden Fachterminus identifiziert werden.

www.uni-stuttgart.de/soz/sem/

Aktuelle Ergänzungen, Erweiterungen und evtl. auch Fehlerkorrekturen zu diesem Ratgeber sind auf dieser Internetseite zu finden.

1.2 Welche Grundannahmen und welche Vorteile hat die SEM-Analyse?

Wie bereits in Kapitel 1.1 erwähnt, ist dieser Ratgeber keine Einführung in die Grundlagen der Analyse von Strukturgleichungsmodellen. Und da sich unser Text vor allem an diejenigen SEM-Anwender richtet, die nach Lösungen für ein spezielles SEM-Problem suchen, sollten die Leser dieses Skripts auch schon einige praktische Erfahrungen mit dem Einsatz von SEM-Softwarepaketen gemacht haben.

Im Folgenden werden wir zunächst eine kurze Auflistung von Grundannahmen (GA) und Vorteilen (V) der Strukturgleichungsmodellierung vorstellen. Diese Auflistung soll die Erinnerung an vorhandenes SEM-Wissen erleichtern sowie bereits zu Beginn der Lektüre auf wichtige Besonderheiten der SEM-Analyse aufmerksam machen. In den weiteren Kapiteln dieses Ratgebers werden dann auch die hier benutzten SEM-Fachbegriffe noch näher erläutert werden.

SEM-Analysen werden hauptsächlich zur statistischen Untersuchung von Modellen eingesetzt, in denen theoretisch begründete Zusammenhänge zwischen manifesten und latenten Variablen mit einer bestimmten Modellsprache und unter Zugrundelegung bestimmter Modellannahmen beschrieben werden. So kann damit z.B. ein Modell untersucht werden, nach dem mehrere sozioökonomische Variablen durch lineare Effekte das Ausmaß von Umweltbewusstsein beeinflussen. Es können zwar auch explorative SEM-Analysen durchgeführt werden, aber auch diese dienen vor allem der Modifikation von theoretischen Modellen, die noch vor Durchführung der statistischen SEM-Analysen entwickelt und begründet wurden. Dementsprechend sind folgende Grundannahmen (GA) der SEM-Analyse besonders wichtig (mehr dazu in den folgenden Kapiteln):

GA1 SEM-Analysen sollen vor allem theoretische Modelle bzw. theoretisch begründete Variablenzusammenhänge quantifizieren und testen. Auch wenn die Variablenzusammenhänge in diesen Modellen in Form von Kausalbeziehungen bestimmt werden, so sind auch diese kausalen Beziehungen als theoretisch festgelegte Kausalbeziehungen (Kausalitäten) zu verstehen.[3]

GA2 Eine SEM-Analyse kann niemals ein "wahres" Modell finden oder Argumente dafür liefern, dass ein Modell "wahr" ist.

GA3 SEM-Analysen wollen herausfinden, ob ein bestimmtes theoretisches Modell in Einklang mit beobachteten Daten steht. In der SEM-Analyse soll nicht ein Modell widerlegt werden (wie eine Nullhypothese im klassischen Inferenztest), sondern es werden statistische Argumente dafür gesucht, dass ein vorgeschlagenes Theoriemodell auch empirisch sinnvoll ist.

GA4 Wird in einer SEM-Analyse ein Theoriemodell statistisch nicht bestätigt, so kann das daran liegen,
(-) dass das theoretische Modell falsch ist,
(-) dass ein richtiges theoretisches Modell fehlerhaft in ein SE-Modell übersetzt wurde,
(-) dass die analysierten Daten nicht den statistischen Erfordernissen der SEM-Analyse entsprechen,
(-) dass die Daten fehlerhaft sind (d.h. eine geringe Validität und/oder eine geringe Reliabilität aufweisen).

GA5 Die beste Möglichkeit, die Validität eines theoretischen Modells empirisch nachzuweisen, besteht darin, Replikationsstudien durchzuführen, in denen die gleiche SE-Modellierung bei mehreren unabhängig voneinander erhobenen Datensätzen zu gleichen oder vergleichbaren Modellschätzungen kommt.

GA6 Für die Spezifikation und Schätzung von Strukturgleichungsmodellen gelten, wie auch für alle anderen linearen Statistikmodelle, einige grundle-

---

[3] Um eine erkenntnistheoretische Diskussion über das, was Kausalität bedeutet, zu vermeiden, werden Kausaleffekte in der SEM-Analyse oftmals rein pragmatisch bzw. modelltechnisch definiert. Ein Kausaleffekt ist dann ein Effekt, der über die Höhe der Veränderung der Modellvariablen B informiert, wenn sich eine Modellvariable A um einen bestimmten Betrag vergrößert oder verkleinert. Das Ausmaß einer solchen Veränderung wird im Schätzwert für den unstandardisierten Regressionskoeffizienten sichtbar gemacht.

Einführung

gende empirische und statistische Kernannahmen (vgl. dazu Bollen 1989: 12ff). Diese können jedoch durch Spezifikation von komplexeren SE-Modellen aufgehoben bzw. eingeschränkt werden. Einige dieser Annahmen und einige diesbezügliche Modell-Spezifikationen werden nachfolgend in unserem Ratgeber behandelt. Insbesondere werden wir die folgenden Annahmen erörtern: Linearität und Additivität von Kausaleffekten (und deren Aufhebung in Modellen mit nicht-linearen Effekten und multiplikativen Interaktionseffekten, a.a.O.), multivariate Normalverteilung aller beobachteten Variablenwerte (und deren Aufhebung durch Einsatz robuster und kategorialen Schätzverfahren, a.a.O.), keine Autokorrelation der Residuen (und deren Aufhebung durch Spezifikation von diachronen Residuenkorrelationen in Längsschnittmodellen, a.a.O.), keine bzw. nur wenige systematisch-fehlende Werte (und deren Berücksichtigung durch Methoden zur Schätzung fehlender Variablenwerte, a.a.O.).

Einige wichtige Vorteile (V) der SEM-Analyse sind (auch dazu mehr in den folgenden Kapiteln dieses Texts):

V1 Die SEM-Analyse erlaubt u.a. die multivariate Analyse von Kausalmodellen (auch als klassische Pfadanalyse), in denen zwischen unabhängigen Variablen (Prädiktoren, externe/exogene Variablen) und abhängigen Variablen (Kriteriumsvariablen, interne/endogene Variablen) unterschieden wird, und in denen die simultanen Effekte (Einflussstärken) von mehreren Prädiktoren als partielle bzw. kontrollierte Größen geschätzt werden (als direkte, indirekte und totale Effekte).

V2 Die SEM-Analyse ermöglicht Modellkonstruktionen, in denen sowohl nicht direkt beobachtbare, latente Modellvariablen (Konstrukte, Faktoren) als auch Ein-Indikator- oder Mehr-Indikatoren-Messmodelle (unter Verwendung von beobachtbaren, manifesten Variablen, Indikatoren, Items) zur Operationalisierung der latenten Variablen enthalten sind.

V3 In der SEM-Analyse können alle freien, d.h. nicht durch Vorannahmen fixierten Bestimmungsfaktoren (Parameter) eines Modells in simultaner Weise geschätzt werden. Zu den möglichen freien Parametern gehören einmal die Effekt- bzw. Pfadkoeffizienten sowie die Kovarianzen, Varianzen und Mittelwerte der manifesten und latenten Modellvariablen. Dazu gehören aber auch die Faktorladungen, Kovarianzen, Varianzen und Mittelwerte in den dazugehörigen Messmodellen.

V4 Der Erfolg einer kompletten SEM-Schätzung, d.h. die Qualität der simultanen Schätzung aller freien Parameter, kann mittels einzelner, umfassender statistischer Anpassungstests überprüft werden.

V5 Die SEM-Analyse kann das Ausmaß von Messfehlern (zufallsbedingte Indikatorvarianzen) bei der Schätzung von Effektstärken berücksichtigen und kann deren Schätzung diesbezüglich korrigieren. Dadurch können messfehler-bereinigte Schätzungen von freien Strukturparametern erreicht werden, wodurch bei Analyse von Modellen mit latenten Konstrukten (z.B. mit latenten Einstellungsmustern) die Reliabilität der Modellanalyse wesentlich erhöht wird.

V6 Obwohl ihre Logik auf den Annahmen des allgemeinen linearen Modells der statistischen Analyse beruht, können in SE-Modellen auch nicht-lineare Beziehungen modelliert werden.

V7 Auch nicht-multivariat-normalverteilte und nicht-kontinuierliche Variablen (wie auch kategoriale Variablen) können aufgrund neuer verbesserter Schätzalgorithmen in SE-Modellen berücksichtigt werden.

V8 In der SEM-Analyse können durch Verwendung von Mehrfachmessungen (z.B. in Form von Paneldaten) auch Kovarianzstrukturen zwischen den Messfehlern modelliert werden, die es u.a. ermöglichen, Autokorrelationen unter den Messfehlern zuzulassen. Auf diese Weise können auch systematische Messfehlerverzerrungen (neben den zufälligen, s.o.) kontrolliert werden.

V9 SEM-Analysen können auch zur Analyse von dynamischen, zeitabhängigen Wachstums- und Entwicklungsmustern eingesetzt werden. Solche Analysen werden u.a. durch die Schätzung von sog. "Autoregressionsmodellen" oder (besser noch) von sog. "latenten Wachstumskurvenmodellen" ermöglicht.

1.3 Was ist eine messfehler-bereinigte (minderungskorrigierte) Analyse?

Einer der größten Vorteile der SEM-Analyse ist die dadurch gegebene Möglichkeit, sozialwissenschaftliche Strukturmodelle mit messfehler-bereinigten Variablenzusammenhängen schätzen zu können (vgl. V5 in Kap. 1.2). Was bedeutet das im Konkreten?

Viele Messungen in den Sozialwissenschaften, wie z.B. Einstellungsmessungen im Rahmen von Survey-Erhebungen, sind in ganz besonders hohem Maße fehlerbelastet. Das ist vor allem dann der Fall, wenn den gemessenen Einstellungen bestimmte subjektive Wissenselemente oder Bewertungen zugrunde liegen, die nur von geringer kognitiver Zentralität und Stabilität sind. Dann werden im

Messprozess häufig anstelle von konsistenten Einstellungshaltungen nur spontane Meinungsäußerungen ermittelt, die von aktuellen personalen Befindlichkeiten und von Assoziationen mit objektfremden Zieldimensionen bestimmt sind und somit fehlerhafte Messungen der jeweiligen Einstellung, aber auch fehlerhafte Messungen entsprechender Einstellungseffekte erzeugen.

Der Vorteil der SEM-Methodik besteht nun darin, dass diese Modelltechnik bei der Schätzung von Einflussbeziehungen zwischen zwei oder mehreren latenten Variablen (bzw. zwischen "theoretischen Konstrukten" bzw. zwischen "Faktoren" oder "Faktorvariablen") fehlerbereinigte bzw. "fehlerfreie" Schätzwerte liefern kann. Dies ist deshalb möglich, weil es die SEM-Methodik erlaubt, die Varianz eines jeden Items/Indikators in drei Teile zu zerlegen:

(a) in den Anteil von "valider Varianz", der durch die Beziehung zwischen manifestem Item und latentem Theoriekonstrukt entsteht;
(b) in den Anteil "systematischer Fehlervarianz", der u.a. (aber nicht nur!) durch Fehlerkorrelationen entsteht (s.u.), und der nur recht kompliziert zu messen ist[4];
(c) in den Anteil von "zufälliger Fehlervarianz", der durch unsystematische, rein zufällig verteilte Messwertverzerrungen entsteht.

Im Rahmen von SE-Modellschätzungen werden die beiden zuvor genannten Fehlervarianzen (b, c) geschätzt (entweder gemeinsam oder separat) und bei der Berechnung der Stärke von Beziehungen zwischen den Faktorvariablen berücksichtigt.

Die dadurch ermöglichte Fehlerbereinigung gilt nicht nur für zufällig entstandene Messwertverzerrungen. Im Kontext von SEM-Längsschnittanalysen können auch systematische Messfehler ermittelt und bei der Schätzung von Pfadkoeffizienten berücksichtigt werden. Systematische Messfehler entstehen z.B. durch Kovarianzen zwischen den Fehlertermen in Folge von Effekten, die durch bestimmte Erhebungsmethoden ausgelöst werden (z.B. durch die Breite von Ratingskalen oder die Verwendung von Skalen mit expliziter "keine Angabe"- oder "weiß nicht"-Kategorie).

Im Folgenden sollen in aller Kürze einige zentrale Merkmale des fehlerkorrigierten Schätzverfahrens herausgestellt werden.

---

4 Die systematische Fehlervarianz ist z.B. in einem MTMM-Design (a.a.O.) messbar, in welchem mehrere Methodenfaktoren (a.a.O.) spezifiziert werden. Mit diesen Methodenfaktoren können u.a. die Effekte von verschiedenen Antwortstilen kontrolliert werden, indem z.B. ein Methodenfaktor für die negativ semantisierten Items längerer Itembatterien und ein anderer Methodenfaktor für die positiv semantisierten Items bestimmt wird (vgl. dazu Horan/ DiStefano/ Motl 2003).

Messfehler verteilen sich innerhalb einer Stichprobe entweder zufällig oder überzufällig (d.h. systematisch) oder weisen sowohl zufällige als auch systematische Eigenschaften auf:

So sind z.B. systematische Messwertverzerrungen bei einer Erhebung von intersubjektiv gültigen Deutungsmustern gegenüber neuen Technologien immer dann gegeben, wenn die Messwerte durch gruppenspezifische Assoziationen der jeweiligen Technologie mit technologiefremden Wertorientierungen bestimmt werden. Dies wäre z.B. dann der Fall, wenn Risiko-Perzeptionen gegenüber neuartigen Anwendungen der Gentechnik auf dem Umweg über Negativ-Assoziationen mit dem selbstständigen kognitiven Konstrukt "Umweltbewusstsein" (dessen Ausprägungen gruppenspezifisch verteilt sind) gesteuert würden.

Wenn, wie das beim vorstehenden Beispiel der Fall ist, die systematischen Komponenten einer Messverzerrung einem für alle Respondenten gültigen Muster folgen, so wird sich das Zentrum der gemessenen Variablen verschieben und es wird für die statistische Analyse sehr schwierig werden, diesen Effekt zu kontrollieren (es sei denn, die objektfremde Quelle der systematischen Messvariation ist bekannt und kann als eigenständiger Faktor in ein entsprechendes Statistikmodell aufgenommen werden).

Im Unterschied dazu ist es für die statistische Modellschätzung einfacher, ihre Ergebnisse gegenüber den Effekten von zufällig variierenden Messfehlern abzusichern. Diese können im Unterschied zu systematischen Verzerrungen z.B. dann auftreten, wenn interindividuell variierende Kognitionen aufgrund von unterschiedlichen individuellen Befindlichkeiten entstehen. Diese sind dann zufällig verteilt und werden z.B. nicht durch gruppenspezifische Assoziationen mit bestimmten, objektfremden Kognitionen in systematischer Weise beeinflusst.

Derart ausgelöste, zufällige Messfehler können, wenn sie nicht innerhalb eines Statistikmodells zu kontrollieren sind, den Anteil nicht-"erklärter" bzw. nicht-ausgeschöpfter Variation u.U. extrem erhöhen und dadurch den "wahren" Zusammenhang zwischen den Konstrukten eines Theoriemodells bis zur Unkenntlichkeit verschleiern. Denn generell führt die Nicht-Berücksichtigung von zufälligen Messfehlern zu Verzerrungen der jeweiligen Parameterschätzungen in Richtung des Null-Wertes.

So konnte z.B. eine Studie zu verschiedenen Determinanten des AIDS-bezogenen Risikoverhaltens den Anteil erklärter Varianz um das 2.9-Fache steigern (von $R^2 = 0.15$ auf $R^2 = 0.43$), nachdem bei drei von acht Modellkomponenten eine Messfehlerkontrolle vorgenommen wurde (Wang et al. 1995).

Dies bedeutet: Zufällige Messfehler beeinträchtigen die Reliabilität von Messungen und reduzieren damit die Qualität entsprechender empirischer Studien in sehr beträchtlichem Ausmaß.

Bollen (1989: 154-159) kann zeigen, dass das Quadrat einer Korrelation zwischen den zwei manifesten Indikatorvariablen Y_1 und Y_2 gleich dem Produkt von deren Reliabilitäten und der wahren quadrierten Korrelation zwischen den zugehörigen latenten Faktoren F_{Y1} und F_{Y2} ist:

$$r^2_{Y1,Y2} = REL_{Y1} \times REL_{Y2} \times r^2_{FY1,FY2}$$

Daraus ergibt sich die klassische Formel, nach der auch ohne SEM-Methodik beliebige Korrelationskoeffizienten hinsichtlich des verzerrenden Einflusses vorhandener Messfehler zu korrigieren sind:

$$r_{FY1,FY2} = \frac{r_{Y1,Y2}}{\sqrt{REL_{Y1} \times REL_{Y2}}}$$

Ist z.B. die beobachtete Korrelation zwischen Y_1 und Y_2 gleich 0.36 und betragen die jeweiligen Reliabilitäten 0.75 und 0.54, so ergibt sich nach der obigen Formel als messfehler-bereinigte Korrelation ein Wert von 0.57.

Dabei können die Reliabilitätskoeffizienten nach verschiedenen Verfahren ermittelt werden. Zu den bekanntesten gehört die Test-Retest-Methode (Korrelationen zwischen verschiedenen Messzeitpunkten) und die Methode der internen Konsistenzberechnung (Cronbachs Alpha, a.a.O. Reliabilität).

Zu Letzterer wird hier ein Beispiel für eine Minderungskorrektur gegeben (aus Bedeian et al. 1997):

Es soll die minderungskorrigierte Korrelation zwischen F_1 und F_2 berechnet werden. Zur Vereinfachung wird angenommen, dass nur die Messung von F_1 riskant ist und dass deshalb F_1 mit vier Indikatoren gemessen wurde (Y_1, Y_2, Y_3, Y_4). Der Faktor F_2 kann zuverlässig (d.h. mit einer Reliabilität von 1.0) mit nur einem Indikator (Y_5) gemessen werden.

Es muss also zunächst die Reliabilität der Messung von F_1 ermittelt werden. Zwischen den vier Indikatoren von F_1 (k=4) bestehe (so die Annahme) eine durchschnittliche Korrelation von 0.40. Die Reliabilität (REL) berechnet sich dann nach:

$$REL = \frac{k \times r}{1+(k-1)r}$$

Nach dieser Formel ergibt sich für die Reliabilität (REL) der Messung von F_1 ein Wert von:
4×0.40 / (1+(4-1)0.40) = 0.727. Wenn nun die unkorrigierte durchschnittliche Korrelation zwischen den Indikatoren von F_1 (Y_1 bis Y_4) und dem Indikator von F_2 (Y_5) einen Wert von 0.270 hat, nimmt nach der obigen Formel für $r_{FY1,FY2}$ die fehlerkorrigierte Korrelation zwischen F_1 und F_2 nunmehr einen deutlich erhöhten Wert von 0.317 an:

$$r_{F1,F2} = \frac{r_{Y_{1,2,3,4}Y_5}}{\sqrt{REL_{Y_{1,2,3,4}} \times REL_{Y_1}}} = \frac{0.270}{\sqrt{0.727 \times 1}} = 0.317$$

Nach der klassischen Testtheorie kann die wahre Reliabilität als derjenige Anteil der Varianz in einem Indikator bestimmt werden, der ausschließlich durch Einflüsse des wahren Faktors, d.h. des Faktors, der dem Indikator zugrunde liegt, entsteht. Kann dadurch die gesamte Varianz erklärt werden, ist die Reliabilität gleich 1.00. Ansonsten gibt es immer einen Varianzanteil, der durch Fehlereinflüsse verursacht wird.

Dementsprechend wird in der SEM-Methodik die Differenz zwischen idealer Reliabilität von 1.0 und tatsächlicher Reliabilität als derjenige Varianzanteil eines Indikators verstanden, der von faktorfremden Einflüssen herrührt. Sie wird dort deshalb auch als Fehlervarianz bezeichnet.[5]

In Ein-Gleichungsmodellen haben reduzierte Reliabilitäten bzw. existierende Messfehler je nach Modellstatus der davon betroffenen Variablen unterschiedliche Konsequenzen für die statistische Analyse.

Wird z.B. eine Regressionsanalyse durchgeführt, können Messfehler in der abhängigen Variablen (Y) die unstandardisierten Regressionskoeffizienten nicht verzerren, da der jeweilige Messfehler auch Bestandteil des Fehlerterms dieser Variablen wird und damit praktisch von der Residualkategorie absorbiert wird. Jedoch verzerren Messfehler die Schätzwerte der standardisierten Regressionsko-

---

[5] Technisch betrachtet wird im SE-Modell die Varianz des Fehlers als freier Parameter geschätzt, jedoch die Kausalbeziehung von Fehler auf Indikator deterministisch auf einen Wert von 1.0 fixiert. Dadurch ist die geschätzte Varianz des Fehlers auch automatisch derjenige Varianzanteil des Indikators, der allein aufgrund von Fehlereinflüssen entsteht.

effizienten, da diese u.a. von der Standardabweichung von abhängiger und unabhängiger Variablen bestimmt werden.

Messfehler in unabhängigen Variablen (X) können demgegenüber auch die unstandardisierten Schätzwerte von Regressionsanalysen extrem verzerren und es kann leicht gezeigt werden, dass in diesem Falle der geschätzte unstandardisierte Regressionskoeffizient (b) ein Produkt aus wahrem Parameter (β) und reduzierter Reliabilität (REL_x) ist (vgl. Wang et al. 1995: 321). Wird dementsprechend die Schätzung von β um die Höhe des aufgrund mangelnder Reliabilität bestehenden Messfehlers korrigiert, steigt der geschätzte Regressionskoeffizient in Abhängigkeit zum Ausmaß des Messfehlers an.

So zeigt Bollen in einem Anwendungsbeispiel, dass der bei einer Regressionsschätzung ohne Kontrolle von Messfehlern ermittelte Koeffizient von 0.107 auf einen Wert von 0.291 ansteigt, wenn die Schätzung hinsichtlich der beschränkten Reliabilität von 0.5 korrigiert wird (ders. 1989:164).

In multiplen Regressionsmodellen muss die oben gezeigte Abhängigkeit zwischen der Höhe des kontrollierten Messfehlers und dem Anstieg des geschätzten Regressionskoeffizienten nicht für jeden der spezifizierten Effekte gelten. Bei vorhandener Multikollinearität (a.a.O.) können die Schätzwerte zweiter und dritter Effekte (b_2, b_3) bei Messfehlerkontrolle an b_1 durchaus rückläufig sein, wenn die Schätzung dieser Effekte nicht auch gleichzeitig hinsichtlich bestehender Messfehler bereinigt wird (" ... measurement error does not always attenuate regression coefficients. Coefficients from equations that ignore error in variables can be higher, lower, or even the same as the true coefficients." Bollen 1989: 165).

Mithin gilt: Bestehen die zu schätzenden Modelle aus mehreren Gleichungen (da mehr als nur ein abhängiger Faktor existiert), sind die oben skizzierten Effektdifferenzierungen nicht mehr gültig. Dann können u.U. auch nicht spezifizierte Messfehler der abhängigen Variablen die Parameterschätzungen ganz entscheidend verzerren. Z.B. konnte Rigdon (1994) bei einem Modell mit zwei unabhängigen und zwei abhängigen Faktoren beobachten, dass die Berücksichtigung von Messfehlern bei den Indikatoren der abhängigen Faktoren den Anteil erklärter Varianz von 0.44 auf 0.61 ansteigen ließ.

Obwohl also auch in diesem Beispiel eine Kontrolle der Messfehler die Höhe der geschätzten Regressionskoeffizienten und das Ausmaß der erklärten Varianzanteile vergrößerte, lässt sich daraus keine allgemein gültige Regelmäßigkeit ableiten. Denn mit zunehmender Komplexität von Strukturmodellen werden leider auch die möglichen Konsequenzen von messfehler-bereinigten Schätzungen zunehmend unvorhersehbar (vgl. Bollen 1989: 175).

Auf jeden Fall ist aber davor zu warnen, das Verfahren der Messfehlerkorrektur (bzw. die SEM-Analyse überhaupt) bei sehr schwachen Interkorrelationen zwischen den Indikatoren eines Faktors einzusetzen. In solchen Fällen führt die Messfehlerkorrektur dazu, dass die Parameter-Schätzwerte unrealistisch inflationiert werden. Bedeian et al. (1997) verdeutlichen dies an einem aufschlussreichen Beispiel:

In einem Modell beeinflusst der Faktor F_1 (mit den Indikatoren Y_1, Y_2, Y_3) den Faktor F_2 (mit den Indikatoren Y_4, Y_5, Y_6). Alle Mittelwerte von Y_k betragen 10, alle Standardabweichungen von Y_k betragen 2. Im Beispiel bleiben alle Korrelationen zwischen den Indikatoren Y_1 bis Y_3 konstant bei r=0.20 und alle Faktorladungen von F_1 betragen konstant 0.45. Variiert werden also nur die Interkorrelationen zwischen den Indikatoren Y_4 bis Y_6 des Faktors F_2.

Zunächst haben alle Korrelationen zwischen den Indikatoren von F_2 einen Wert von 0.80. Und damit sind alle Faktorladungen bei F_2 von der Größe 0.89. Daraus ergibt sich eine korrigierte Schätzung für die Stärke des Effektes ($F_1 \rightarrow F_2$) von 0.50.

Reduzieren sich die Interkorrelationen zwischen den F_2-Indikatoren von ursprünglich 0.80 auf nunmehr 0.60, so bekommen alle Faktorladungen einen Wert von 0.77 und die Schätzung des Effekts ergibt nunmehr einen im Vergleich erhöhten Wert von 0.58.

Reduzieren sich die Interkorrelationen zwischen den Y-Indikatoren von F_2 noch einmal und zwar auf nunmehr 0.40, so bekommen alle Faktorladungen einen Wert von 0.63 und die Schätzung des Effekts ergibt nunmehr einen nochmals deutlich erhöhten Wert von 0.73.

Reduzieren sich die Interkorrelationen zwischen den Y-Indikatoren von F_2 noch einmal auf nunmehr 0.20, so bekommen alle Faktorladungen einen Wert von 0.45 und die Schätzung des Effektes ergibt nunmehr einen sehr stark erhöhten Wert von 1.00.

Das Beispiel macht deutlich, dass in der SEM-Analyse gilt: geringe Interkorrelationen zwischen den Indikatorvariablen eines Messmodells indizieren stets schlecht gemessene oder nicht zum entsprechenden Messmodell gehörige Indikatoren. Wenn "schlechte" Indikatoren im Modell belassen werden (aus welchen Gründen auch immer), können sie den Forscher durchaus mit stark inflationierten Parameterschätzwerten "belohnen". Deshalb sollten in der SEM-Analyse stets zwei Grundsätze bedacht werden:

(1) Alle messfehlerkorrigierten Schätzwerte von SEM-Parametern sind immer hypothetisch, d.h. modellspezifisch.

Einführung

(2) Bevor in einer SEM-Analyse die Messmodelle geschätzt werden, sollten die Interkorrelationen zwischen den dafür vorgesehenen Indikatoren inspiziert werden (u.U. auch in der Weise, dass die klassischen Reliabilitäten der betreffenden Indikatoren berechnet werden, z.B. mit Cronbachs Alpha).

Im obigen Beispiel konnte gezeigt werden: Je kleiner die Interkorrelationen zwischen den Indikatoren sind, umso größer wird die Fehlerkorrektur und umso stärker werden die Parameterschätzungen inflationiert.

Skrupellose Modellbauer können also in der SEM-Analyse für schlechte Messungen mit hohen Schätzwerten belohnt werden.

Das Zahlenbeispiel kann aber auch zeigen: Je kleiner die Interkorrelationen zwischen den Indikatoren, desto geringer sind die Faktorladungen. Einer drohenden Inflation von Schätzwerten kann daher auch durch Anforderungen an die Mindesthöhe von Faktorladungen und damit an die "interne Validität" (a.a.O.) von latenten Konstrukten begegnet werden:

Nach einer gängigen Mindestanforderung sollten standardisierte Faktorladungen einen größeren Wert als |0.5| aufweisen. Damit hätte im obigen Beispiel die Inflation des Schätzwertes auf 1.00 verhindert werden können, denn nach dieser Daumenregel wären auch Faktorladungen von 0.45 als zu gering eingestuft worden und die Messung des latenten Konstrukts wäre aufgrund fehlender interner Validität abgelehnt worden.

Aber auch standardisierte Faktorladungen, die nur knapp über 0.5 liegen, können den Modellbauer mit deutlich überhöhten Schätzwerten belohnen. So finden sich in der Literatur z.T. auch restriktivere Daumenregeln, nach denen alle Faktorladungen größer als |0.7| sein sollten.[6]

Deshalb ist in der SEM-Analyse das Folgende zu beachten: Wenn ein einzelner Indikator eines Faktors nur niedrig mit den übrigen Faktorindikatoren korreliert und daher auch eine recht niedrige Faktorladung aufweist (z.B. im Bereich von 0.5), und wenn dieser Indikator inhaltlich wichtig zur Operationalisierung des Faktors ist und somit nicht aus dem Modell herausgenommen werden kann, so muss die Stabilität der SEM-Schätzung zusätzlich dadurch geprüft werden, dass die SEM-Analyse in doppelter Weise durchgeführt wird (einmal mit und einmal ohne diesen Indikator), sodass die Ergebnisse beider Schätzungen miteinander verglichen werden können.

Ergänzend soll hier auch noch einmal auf den Zusammenhang zwischen Messfehler-Bereinigung und Multikollinearität (a.a.O.) hingewiesen werden.

---

6 Zur Begründung dieser Grenzwerte von |0.5| und |0.7| wird in der SEM-Literatur angeführt, dass mindestens 25% bzw. mindestens 50% der Indikatorvarianz durch Faktoreffekte ausgeschöpft werden sollte: [ausgeschöpfte Indikatorvarianz = (standardisierte Faktorladung)^2]

Wenn es sich bei den latenten Variablen um exogene Variablen handelt und wenn zwischen diesen bereits relativ hohe Korrelationen bestehen, so können nach einer Messfehlerkorrektur die Interkorrelationen u.U. auf nicht mehr zu akzeptierende Werte ansteigen.

In einem Beispiel mit vier exogenen Variablen, die für eine Pfadanalyse zunächst als additive Indizes konstruiert wurden, und die in einer zweiten Analyse (die als SEM-Analyse durchgeführt wurde) in Form von fehlerkorrigierten Mehr-Indikatoren-Messmodellen (a.a.O.) gebildet wurden, stiegen die Multikollinearitäten von ursprünglich 0.42 bzw. 0.45 (in der traditionellen Pfadanalyse) auf Werte von nunmehr 0.96 bzw. 0.94 an (vgl. Grapentine 2000). Als Folge können andere geschätzte Parameterwerte sehr instabil oder auch extrem verzerrt sein. Und auch die Standardfehler können in diesem Fall u.U. sehr groß werden und dadurch ansonsten durchaus mögliche Signifikanzen (a.a.O.) verhindern.

Deshalb sollten Modelle mit exogenen Faktoren, die nach der Modellschätzung sehr hohe Interkorrelationen aufweisen (oberhalb von |0.9|), modifiziert und neu geschätzt werden.

2 SEM-Grundlagen

2.1 Welche Eigenschaften müssen alle SE-Modelle aufweisen?

Bei allen SEM-Analysen, wie reduziert oder komplex sie auch immer sein mögen, sind einige methodische Regeln zu beachten. Dazu gehören insbesondere die folgenden methodischen Grundregeln:

Jedes SE-Modell, das zumindest einen latenten Faktor und eine Verknüpfung dieses Faktors mit einem weiteren Faktor oder einer weiteren manifesten Variablen aufweist (vgl. dazu das in Abb. 2.1 dargestellte Modell), besteht aus einem Strukturmodell (a.a.O., auch "Strukturteil" genannt) und einem oder mehreren Messmodellen (a.a.O.). Die Messmodelle beschreiben die Operationalisierungen der latenten Faktoren, während das Strukturmodell die Beziehungen zwischen mehreren Faktoren und/oder selbstständigen manifesten Variablen beschreibt. Gemeinsam betrachtet ergeben Strukturmodell und Messmodell(e) das Gesamtmodell der SEM-Analyse.

Jedes SE-Modell wird durch eine bestimmte Anzahl von "Modellparametern" charakterisiert. Die Modellparameter werden entweder mittels SEM-Schätzverfahren (a.a.O.) statistisch ermittelt, oder sie werden in der SEM-Analyse durch Vorgabe bestimmter Werte fest fixiert. Als frei zu schätzende oder als willkürlich zu fixierende Modellparameter können die folgenden statistischen Größen analysiert werden:
(vgl. dazu auch Abb. 2.1, in der die frei zu schätzenden Parameter mit Sternchen markiert sind):

(-) die Varianzen von allen unabhängigen Variablen (z.B. in Abb. 2.1 von Faktor F1), wozu auch die Residuen im Struktur- und im Messmodell gehören (in Abb. 2.1 die Residuen D2 und E1 bis E8) (zur Unterscheidung dieser beiden Residualvariablen s.u.),

(-) alle Kovarianzen zwischen den unabhängigen Variablen (auch zwischen unabhängigen Faktoren und/oder zwischen Residuen) (z.B. in Abb. 2.1 evtl. bestehende Kovarianzen zwischen den Residuen E1 bis E8, die aber in der Abbildung nicht eingezeichnet wurden, weil es in diesem Modell keine Residuen-Kovarianzen geben soll und diese deshalb auf null gesetzt wurden),

(-) alle Faktorladungen (in Abb. 2.1 die nicht auf "1" fixierten Ladungen der Pfade von F1 auf Y1 bis Y4 und von F2 auf Y5 bis Y8),
(-) alle strukturellen Pfade (zwischen beobachteten und/oder latenten Variablen) (z.B. in Abb. 2.1 der Pfad von F1 auf F2).

Die Varianzen der abhängigen Variablen (z.B. in Abb. 2.1 die Varianz von Faktor F2) und die Kovarianzen zwischen abhängigen Variablen (z.B. in Abb. 2.1 die Kovarianzen zwischen den Indikatoren Y1 bis Y8) sind niemals frei zu schätzende Parameter, denn sie werden durch die Einflüsse von anderen Variablen (und damit von anderen Parametern) bestimmt.

Zu den abhängigen Variablen zählen im SE-Modell auch die als abhängige Variablen spezifizierten latenten Faktoren im Strukturmodell (in Abb. 2.1 der Faktor F2) sowie die manifesten Indikatoren in den Messmodellen, die von den latenten Konstrukten kausal bestimmt werden (in Abb. 2.1 die Indikatoren Y1 bis Y8).

Wird demnach ein latenter Faktor als abhängige Variable modelliert (in Abb. 2.1 der Faktor F2), so ist die Varianz dieses abhängigen Faktors kein Modellparameter, da seine Varianz durch die unabhängigen Variablen/Faktoren bestimmt wird. Stattdessen ist der Anteil nicht ausgeschöpfter Faktorvarianz über eine Residualvariable als Parameter zu bestimmen (in Abb.2.1 durch die Residualvariable D2). Eine solche Residualvariable *im Strukturmodell* wird häufig auch als "Disturbance"(D)-Variable bezeichnet (in Abb. 2.1 die Residualvariable D2).

Reflektive Indikatoren (a.a.O.) (in Abb. 2.1 die Indikatoren Y1 bis Y8) werden als abhängige Variablen modelliert, die von einem (oder mehreren) latenten Konstrukt(en) bestimmt werden, sodass die Varianzen dieser Indikatoren ebenfalls keine zu schätzenden Parameter sind (zumal diese Varianzen aus den Daten bereits bekannt sind und als Grundlage der Modellschätzung dienen). Stattdessen werden die Varianzen der Residualvariablen (in Abb. 2.1 die Residualvariablen D2 und Y1 bis Y8) frei geschätzt. Die Residuen der manifesten Indikatoren im *Messmodell* werden häufig auch als "Messfehler"(E) bezeichnet (in Abb. 2.1 die Messfehler E1 bis E8). Sie sind unabhängig von den latenten Faktoren.

Zur Modellschätzung muss für jede latente Modellvariable (bzw. für jeden Faktor, in Abb. 2.1 für F1 und F2) eine Fixierung vorgenommen werden. Ansonsten könnten die damit verbundenen Modellparameter nicht geschätzt werden, denn die entsprechende latente Variable (Konstrukt, Faktor) wäre dann nicht "identifiziert" (a.a.O.: Identifikation). Zur Identifikation kann entweder die Varianz der latenten Variablen oder ein Pfad, der von dem Faktor auf einen seiner Indikatoren führt (Faktorladung), auf einen Wert von 1.00 fixiert werden (allerdings ist die Fixierung der Varianz von abhängigen latenten Variablen nicht möglich, da deren Varianz ja "erklärt" werden soll). Mehr dazu in Kap. 4.1.1.

In Abbildung 2.1 wird ein einfaches SE-Kausalmodell mit zwei latenten Faktoren (F1 und F2) dargestellt. Mit dem Sternchen-Symbol (*) werden darin die frei zu schätzenden Modellparameter markiert. Der Faktor F1 ist im Beispielmodell eine unabhängige Variable, welche die abhängige Variable F2 bestimmt. Entsprechend ist die Varianz von F1 frei zu schätzen, während die Varianz von F2 durch den Effekt von F1 "erklärt" werden soll und mithin nicht frei zu schätzen ist. Zusätzlich wird die Varianz von F2 noch durch die Residualvarianz von D2 (Disturbance-Variable) bestimmt. Diese frei zu schätzende Varianz ist im Modell diejenige Varianz von F2, die nicht durch den Effekt von F1 gebunden werden kann. Beide Faktoren werden im Beispiel jeweils mittels vier abhängiger Indikatoren operationalisiert (F1 mit Y1bis Y4 und F2 mit Y5 bis Y8). Die Varianzen der zugehörigen Messfehler (E1 bis E8) sind freie, d.h. zu schätzende Modellparameter. In jedem Messmodell (im Messmodell von F1 und im Messmodell von F2) wird, wie oben erwähnt, zu Identifikationszwecken (a.a.O.) jeweils eine unstandardisierte Faktorladung auf 1.00 fixiert, während die übrigen Faktorladungen frei zu schätzen sind.

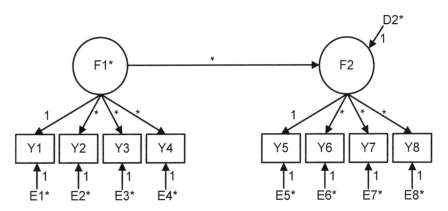

Abbildung 2.1: Beispiel eines SE-Modell mit zwei latenten Faktoren

In jeder SEM-Analyse werden die freien Parameter durch eines von mehreren möglichen Schätzverfahren geschätzt (z.B. durch ein Maximum-Likelihood-Verfahren, a.a.O.). Aufgrund dieser Schätzung sollen die Werte der empirisch beobachteten Kovarianzmatrix aller manifesten Modellvariablen (Matrix S) möglichst genau mit den geschätzten Modellparametern (Matrix Σ) reproduziert werden können.

Dies ist auch durch Anwendung von vier Gesetzen der Varianz- und Kovarianzbildung ohne Schwierigkeiten zu überprüfen (vgl. dazu z.B. Raykov/Marcoulides 2000: 20-24). So ergibt sich z.b. die Kovarianz zwischen zwei Indikatoren, die beide zum gleichen Faktor gehören, als Produkt ihrer Faktorladungen, die als Parameter geschätzt werden: $Cov(Y_1,Y_2) = \lambda_1\lambda_2$.[1] Eine derart ermittelte Kovarianz, die ja aus den Parameterschätzwerten ermittelt wird, kann dann mit der empirisch ermittelten Kovarianz verglichen werden. Unterscheiden sich beide Kovarianzen nicht wesentlich voneinander, kann von einer erfolgreichen Schätzung ausgegangen werden (mehr dazu in den folgenden Kapiteln).

2.2 Wie können SE-Modelle konstruiert werden?

2.2.1 Fünf Verfahren der Modellbildung

Insgesamt können fünf verschiedene Strategien zur Modellbildung und -schätzung in der SEM-Analyse unterschieden werden (nach Bollen 2000). Dazu wurde auch im Jahrgang 2000 der Zeitschrift "Structural Equation Modeling: A Multidisciplinary Journal" eine ausführliche Diskussion geführt (vgl. Bentler 2000; Hayduk/Glaser 2000; Herting/Costner 2000; Mulaik/Millsap 2000). Diese fünf Strategien werden nachfolgend kurz erläutert:

(1) die "four-step"-Strategie (nach Mulaik/Millsap 2000)

Die Vier-Stufen-Strategie ermittelt, ob die Ursachen für empirisch fehlgeschlagene SE-Modellierungen auf der Ebene der Messmodelle oder aber auf der Ebene des Strukturmodells, d.h. der Ebene der strukturellen Kausalbeziehungen, zu finden sind. Dabei ist es nicht das Ziel dieser Strategie, die korrekte Anzahl der Faktoren eines Modells zu ermitteln. Vielmehr will die Strategie testen, ob verschiedene Constraints[2] zu einer Verbesserung oder Verschlechterung des Modell-

---

1 Dies wird in Kap. 2.5 noch ausführlicher erläutert. Die hier berichtete Rechenregel gilt nur für den Fall einer auf "1.0" fixierten Faktorvarianz. Bei einer frei geschätzten Faktorvarianz gilt: $Cov(Y_1,Y_2) = \lambda_1\lambda_2 \times Var(Faktor)$.
2 "Constraints" sind Fixierungen von Modellparametern. Dies können z.B. Gleichheits-Constraints sein, die festlegen, dass verschiedene Parameter mit den gleichen Werten zu schätzen sind (u.a. in Multigruppenanalysen, a.a.O.). Dies können aber auch Fixierungen einzelner Parameter auf bestimmte Werte sein. So bedeutet z.B. eine Fixierung auf den Wert 0, dass der entsprechende Parameter aus der Schätzung ausgeschlossen wird.

fits (a.a.O.: Anpassungsgüte) beitragen können. Folgende vier Stufen müssen in dieser Strategie durchlaufen werden:

Stufe 1 (exploratory factor analysis, oder: the unrestricted model): Auf der ersten Stufe der Strategie ist eine Kombination aus exploratorischer Faktorenanalyse (EFA) und konfirmatorischer Faktorenanalyse (CFA) durchzuführen, um die Anzahl von Faktoren zu ermitteln, die in einem Pfadmodell/ Strukturmodell benutzt werden sollten. Begonnen wird mit einem Modell, das so viele Konstrukte enthält, wie das Strukturmodell aufgrund theoretischer Annahmen aufweisen soll. Zwischen allen Konstrukten müssen Korrelationen spezifiziert werden. Jeder Indikator sollte von jedem Konstrukt bestimmt werden können, d.h. in der Schätzung werden für jeden Indikator alle möglichen Faktoreffekte, die von allen Faktoren ausgehen, berechnet.

Stufe 2 (confirmatory factor analysis, oder: the measurement model): Gegen das Modell der ersten Stufe wird ein Step-2-Modell getestet, bei dem jeder Indikator nur von dem Konstrukt bestimmt wird, das dafür auch vorgesehen ist. Im Unterschied zum Step-1-Modell können hier auch Null-Faktorladungen spezifiziert werden.

Stufe 3 (structural equation model with unmeasured variables): Gegen das Step-2-Modell wird das Step-3-Modell (auch Basismodell genannt) getestet, bei dem die Faktorkorrelationen durch gerichtete Effekte ersetzt werden. Auch Null-Pfade können zwischen Faktoren spezifiziert werden.

Stufe 4 (a more constrained model, oder: tests of prespecified hypotheses about parameters freed): Auf dieser Stufe werden im Modell bestimmte Parameter auf bestimmte Werte fixiert und das Modell damit getestet. Somit wird jetzt das Step-3-Modell dahingehend modifiziert, dass überprüft wird, ob bestimmte Parameter unnötig sind, untereinander gleich sind, oder sich signifikant von festgelegten Werten unterscheiden.

Generell werden in dieser Strategie mindestens Vier-Indikatoren-Messmodelle angestrebt (a.a.O.: Messmodelle). Ziel ist es, die latenten Variablen zu überdeterminieren, damit Tests durchgeführt werden können um zu ermitteln, mit welchen drei Indikatoren (die aus den vier zur Verfügung stehenden Indikatoren ausgewählt werden) der beste Modellfit (a.a.O.) zu erreichen ist (denn vier positiv korrelierte Indikatoren müssen nicht in jedem Fall einen einzigen gemeinsamen Faktor haben). Sind weniger als vier Indikatoren gegeben, sollte dennoch mit der Vier-Stufen-Strategie gearbeitet werden und mit demjenigen Modell begonnen werden, das am wenigsten restriktiv spezifiziert ist.

Mögliche Kritikpunkte an der Vier-Stufen-Strategie sind:

Der Forscher braucht ein Basismodell (Step-3-Modell), denn nur das informiert ihn über die nötige Anzahl von Konstrukten. Das Verfahren selbst kann die Anzahl der Faktoren nicht bestimmen. So ist das Vorgehen eigentlich konfirmatorisch. Damit bestimmt der erste Schritt aber auch die Ergebnisse aller anderen Schritte, denn saturierte Modelle sind allein deshalb gut (oder sogar maximal angepasst), weil sie die Struktur der Daten ausreichend reproduzieren können, und nicht etwa weil das Modell richtig ist (nach Hayduk/Glaser 2000).

Nach Mulaik muss jeder Faktor durch mindestens vier Indikatoren identifiziert sein (um auch für sich alleine Bestand zu haben und um mit einer alternativen Spezifikation getestet werden zu können). Dies führt aber zu einer sehr großen Anzahl von frei zu schätzenden Parametern bei Stufe-1-Modellen, wodurch wiederum diese Analysen nur mit sehr großen Fallzahlen durchgeführt werden können (nach Hayduk/Glaser 2000).

Das Verfahren verlässt sich zu stark auf Methoden der Faktorenanalyse. Dadurch werden korrelierte Fehler aufgrund von ähnlichen Frageformulierungen oder aufgrund von Response-Set-Effekten (z.b. wenn die Antwort auf die erste Frage auch die Antwort auf die folgende Frage beeinflusst) nicht erkannt bzw. nicht berücksichtigt (nach Bollen 2000).

(2) die "two-step"-Strategie (nach Herting/Costner 2000)

Diese Strategie ist Vorläufer der "four-step"-Strategie (s.o.) und basiert auf den Schritten 2 und 3 der "four-step"-Strategie. Es wird zuerst eine konfirmatorische Faktorenanalyse (CFA) zur Ermittlung von Spezifikationsfehlern im Messmodell durchgeführt, und dann ein Pfadmodell mit latenten Variablen zur Ermittlung von Spezifikationsfehlern im Strukturmodell (unabhängig vom Messmodell) geschätzt.

Auf diese Weise können Probleme des Messmodells unabhängig von Modellen des Pfadmodells erkannt und bearbeitet werden. Und auch das Pfadmodell sollte unabhängig vom Messmodell bearbeitet werden: Wenn das Messmodell keinen Fehler enthält, sollten Hinweise zur Modifikation des Messmodells auf der 2. Stufe ignoriert werden.

Auch für die Zwei-Stufen-Strategie sind Messmodelle mit mehr als drei Indikatoren günstig, weil die CFA dann überidentifizierte Messmodelle enthält, die getestet werden können Ein schlechter Fit verweist dabei stets auf Spezifikationsfehler.

Die Logik dieser intuitiv leicht nachvollziehbaren Strategie besteht also wie schon bei der Vier-Stufen-Strategie darin, die Ebene der Messmodelle und die

Ebene des theoretischen Strukturmodells separat zu prüfen: Im ersten Schritt wird in einer CFA getestet, ob die Messungen der latenten Konstrukte gelungen sind, und erst, wenn der Test der Messmodelle eine gewisse Sicherheit über die Güte der Messmethodik vermittelt, werden Kausalannahmen zwischen den Konstrukten zum Test der theoretischen Hypothesen geschätzt.

(3) die "one-step"-Strategie (nach Hayduk/Glaser 2000, vgl. auch Bollen 2000)

Folgt man der "one-step"-Strategie, so beginnt die SE-Modellierung sofort mit der simultanen Schätzung des kompletten theoretischen Endmodells inklusive aller kausalen Strukturpfade und aller Messmodelle. Es erfolgt also kein separater Test von Mess- und Strukturmodell.

Modellmodifikationen können natürlich in weiteren Schritten vorgenommen werden, eine klare logische Sequenz an Modifikationsschritten wird jedoch bewusst nicht vorgegeben.

Nach dieser Strategie muss ein Faktorenmodell auch nicht das allgemeinste Modell sein, mit dem der Modellvergleich begonnen werden sollte. Z.B. kann ein Indikator einen anderen Indikator oder einen Faktor direkt beeinflussen, und dies kann und sollte auch entsprechend der Philosophie dieser Strategie im ersten Schritt der Modellspezifikation berücksichtigt werden.

Diese Strategie ist immer dann besonders sinnvoll, wenn die Modellspezifikation von starken theoretischen Vorgaben bestimmt wird. Sie wird in der Forschungspraxis am häufigsten eingesetzt, was aber sicherlich nicht daran liegt, dass die für die Modellspezifikation notwendigen theoretischen Vorgaben genau so häufig vorhanden sind. Vielmehr erscheint wohl vielen Forschern diese Strategie als diejenige, die am schnellsten zu erhofften Ergebnissen, d.h. zu angepassten Modellschätzungen führt. Das Risiko durch allzu voreilige Modellfestlegungen (die nicht immer und unbedingt theoretisch begründet sind) zu invaliden Modellanalysen zu kommen, ist allerdings bei dieser Strategie besonders groß. Denn insbesondere bei Fit-Problemen kann auf diese Weise nur schwerlich darüber entschieden werden, ob ein fehlspezifiziertes Strukturmodell oder fehlspezifizierte Messmodelle als Ursache der Probleme zu betrachten ist/sind.

(4) die "separate factor analysis"-Strategie (nach Burt 1973, 1976)

Bei dieser Strategie wird jedes Messmodell zunächst einzeln getestet, bevor es dann in ein größeres Strukturmodell aufgenommen wird.

Für diese Strategie gilt insbesondere die Kritik, dass separate Faktormodelle einen guten Fit haben können, auch wenn Indikatoren mit dem falschen Faktor zusammengebracht werden. Denn was dabei oftmals nicht entdeckt wird, sind Kreuzladungen.[3] Auch bleibt häufig die Unsicherheit, ob überhaupt bestimmte Messmodelle notwendig sind. Wenn z.B. insgesamt 12 Indikatoren gegeben sind, könnten daraus ein einziges Messmodell (mit 12 Indikatoren), zwei Messmodelle (mit je 6 Indikatoren), drei Messmodelle (mit je 4 Indikatoren) oder vier Messmodelle (mit je 3 Indikatoren) gebildet werden. Welche dieser Konstruktionen adäquat ist, kann mit der "separate factor analysis"-Strategie nicht ermittelt bzw. nicht überprüft werden.

(5) die "jigsaw piecewise"-Strategie (Bollen 2000) bzw. die "submodel"-Strategie (Herting/Costner 2000)

Diese Strategie verfährt wie ein Puzzle: kleine Teilmodelle werden separat gefittet und dann in ein Gesamtmodell integriert. Eine solche Strategie ist auch in der TETRAD-Software implementiert. Dieses EDV-Programm enthält eine Spezifikationsroutine, mit der ein SE-Gesamtmodell in einzelne 2-Faktor/2-Indikator-Submodelle aufgelöst wird, die dann separat gefittet werden. Allerdings erbrachte diese automatisierte Strategie in der Simulation von Herting/Costner (2000) keine besseren Ergebnisse als alle anderen Ansätze.

Generell gilt für alle oben genannten Mehr-Stufen-Modelle, dass geschachtelte Modelle (a.a.O.) hinsichtlich ihres Anpassungsgrads bzw. ihres Modellfits (a.a.O.) gegeneinander getestet werden sollten. Dazu kann ein Chi-Quadrat-Differenzentest eingesetzt werden (a.a.O.)

Für alle hier vorgestellten Strategien gilt (nach Herting/Costner 2000): Sie können nicht die "richtige" Anzahl von Faktoren ermitteln. Dies ist und bleibt die Aufgabe einer "richtigen" theoretischen Argumentation.

Zudem führen alle Strategien höchstwahrscheinlich dann zu einem fehlspezifizierten Modell, wenn ein Modell mehrere Spezifikationsfehler enthält und die Modellmodifikationen (a.a.O.) mittels Modifikations-Indexwerten des Lagrange-Tests (a.a.O.: LM-Test) durchgeführt werden. Diese Gefahr ist umso größer, je näher die Spezifikationsfehler im Modell beieinander liegen und sich gegenseitig beeinflussen.

Jedoch kann die Modifikation der Modelle nach allen oben skizzierten Strategien zu einer richtigen Spezifikation führen, wenn die Modelle nur einen Spezifikationsfehler enthalten, oder wenn mehrere Spezifikationsfehler im Modell weit voneinander entfernt liegen (nach Herting/Costner 2000).

---

3 Vgl. dazu auch das Problem der Diskriminanzvalidität (a.a.O.).

Generell gilt: Die oben vorgestellte Zwei-Stufen-Strategie ist für die Konstruktion von SE-Modellen in den meisten Anwendungsfällen zu empfehlen. Ihr Vorteil besteht in ihrer sinnvollen und leicht nachvollziehbaren Vorgehensweise. Für sie gilt die Regel: Teste immer zuerst die Konstruktion der Faktormodelle (Ebene: Messmodelle) und erst dann die theoretischen Kausalannahmen (Ebene: Strukturmodell).

2.2.2 Die D-Separation

Eines der größten Probleme bei der Spezifikation von SE-Modellen ist die richtige kausale Anordnung von Konstrukten und Variablen im Strukturteil des Modells. Insbesondere wenn eine zeitliche Abfolge bei der Effektentstehung nicht eindeutig zu bestimmen ist, können schnell Spezifikationsfehler im Modell auftreten.

So ist z.B. die Effektrichtung in einem SE-Modell eindeutig zu bestimmen, wenn es um intergenerative Effekte geht. Dann kann der SES (=sozioökonomischer Status) des Vaters den SES des Sohnes beeinflussen und nicht umgekehrt. Wenn aber z.B. die kausale Abfolge eines Effektes zwischen mentalen Konstrukten (s.u.) zu bestimmen ist, ist die kausale Anordnung von Variablen im Strukturteil wesentlich schwieriger und manchmal aufgrund von analytischen Überlegungen sogar unmöglich zu bestimmen. Wenn es etwa um Beziehungen zwischen einer allgemeinen Lebenszufriedenheit (LZ) und einer Berufszufriedenheit (BZ) geht, gibt es theoretische Argumente, die für eine "bottom-up"-Beziehung sprechen (BZ→LZ), aber es kann auch theoretische Überlegungen geben, die zu einer "top-down"-Beziehung führen (LZ→BZ).

Will man solche Probleme nicht durch theoretische Annahmen, sondern durch empirische Exploration entscheiden (am besten immer mit separaten Datensätzen, da ansonsten Modellspezifikation und Modelltest miteinander vermischt werden) und liegen keine Längsschnittdaten vor[4], so lässt sich dazu ein Verfahren benutzen, das Pearl (2000) vorgeschlagen hat und das von Hayduk et al. (2003) in didaktisch guter Form erläutert wird.

Mit dem Pearlschen Verfahren der "D(irektionalen)-Separation" kann überprüft werden, ob Variablen eher als vorgeordnete Stimulusvariablen oder eher als nachgeordnete Responsevariablen in Bezug auf ein bestimmtes, interessierendes Variablenpaar (z.B. A und B als sog. "fokale" Variablen) zu behandeln sind.

Voraussetzung dafür ist (1.), dass zwischen den beiden fokalen Variablen (A, B), die als Paar die Grenzlinie zwischen "vorgeordnet" und "nachgeordnet"

---
4 Z.B. zum Test von cross-lagged Autoregressionsmodellen (a.a.O.).

bilden, keine direkte Beziehung besteht sowie (2.), dass alle Variablen, die mit A und B gleichzeitig in Beziehung stehen (egal ob in direkter oder indirekter Weise, egal in welcher Richtung die verbindenden Pfeile in einer Modellgraphik weisen), auch im Modell enthalten sind, sodass das Modell keinen gravierenden Spezifikationsfehler durch Nicht-Berücksichtigung einer modell-bedeutsamen Variablen aufweist (was manchmal fast unmöglich zu erreichen ist). Wenn diese beiden Voraussetzungen erfüllt sind, kann das Verfahren der D-Separation eingesetzt werden:

In diesem Verfahren werden zunächst Kontrollvariablen (Z) für eine mögliche Verbindung zwischen A und B gesucht und mit diesen Kontrollvariablen eine partielle Korrelation zwischen A und B berechnet[5]. Als Kontrollvariablen kommen solche Variablen in Betracht, die sowohl einen Einfluss auf A als auch auf B ausüben (wie in Abb. 2.2b dargestellt), oder über die eine Verbindung von A nach B bzw. von B nach A herzustellen ist (bei graphischer Modelldarstellung muss dabei jeweils den Pfaden in Pfeilrichtung über intervenierende Variablen hinweg gefolgt werden).

Sind die Variablen (Z), die als Kontrollvariablen aus der Beziehung zwischen A und B auspartialisiert werden, dem Variablenpaar auch in Wirklichkeit nicht nachgeordnet, so sollte (im Idealfalle) die partielle Korrelation zwischen A und B einen Wert von 0.00 aufweisen. Die fokalen Variablen A und B gelten dann als "d-separiert".

Die Abbildung 2.2 veranschaulicht, wie die Korrelation der fokalen Variablen A und B durch Berücksichtigung geeigneter Kontrollvariablen zu einer partiellen Null-Korrelation wird. Dabei wird die Korrelation zwischen den Residuen U_A und U_B berechnet, da diese nach der Regression von A und B auf Z diejenigen Varianzanteile von A und B enthalten, die unabhängig von Z sind.

---

5   Alternativ zur Berechnung von partiellen Korrelationen können auch in einer SE-Modellschätzung die Effekte derjenigen Kontrollvariablen (im oben definierten Sinne) blockiert werden, die zu einer Kovarianz zwischen A und B führen können.

SEM-Grundlagen 35

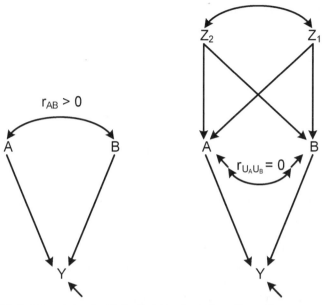

Abbildung 2.2: Null-Korrelation der fokalen Variablen durch Kontrolle von Z_j
a) Korrelation der fokalen Variablen (A.B)   b) Null-Korrelation nach Kontrolle von Z_j

Wird die partielle Korrelation zwischen A und B trotz Berücksichtigung der Kontrollvariablen (Z) nicht null, so kann nach einer anderen Kontrollvariablen gesucht werden, die dies evtl. verhindert, und kann diese dann im Modell "nach hinten" verschoben werden, sodass daraus eine nachgeordnete Variable wird.

Nachgeordnete Variablen dürfen nicht in die Kontrolle einbezogen werden. Nachgeordnete Variablen sind solche, die, bei graphischer Veranschaulichung, niemals auf einem Pfad liegen, der von A nach B oder von B nach A führt. Denn wenn es sich bei diesen Variablen wirklich um nachgeordnete Variablen handelt, müsste interessanterweise eine partielle Korrelation einen höheren Wert als eine unkontrollierte Korrelation annehmen.

Dieses Phänomen haben Hayduk et al. (2003) in sehr anschaulicher Weise an einem kleinen Regressionsmodell verdeutlicht (vgl. dazu Abb. 2.3 und 2.4). Im Regressionsmodell, das in Abbildung 2.3 dargestellt wird, sind die beiden fokalen Variablen X_1 und X_2 komplett unabhängig voneinander ($r_{12}=0$) (bzw. wurden alle gemeinsamen Varianzanteile in einem vorangegangenem Analyseschritt durch Drittvariablenkontrolle auspartialisiert). Beide Variablen haben einen starken Effekt auf die nachgeordnete Variable X_3. Es wird angenommen, dass dieses Modell korrekt spezifiziert wurde, d.h. dass X_3 auch tatsächlich die nachgeordnete Variable ist.

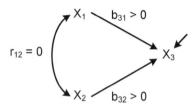

Abbildung 2.3: *Korrelation und nachgeordnete Variable*

Im Unterschied zu Abbildung 2.3 zeigt die Abbildung 2.4 zwei fehlspezifizierte Modelle. In beiden Fällen wird X_3 fälschlicherweise als unabhängige, d.h. vorgeordnete Variable in das Modell einbezogen: Im Falle von Modell (a) ist X_2 die "falsche" abhängige Variable und X_1 sowie X_3 wirken als exogene Variablen. Im Falle von Modell (b) wird X_3 (fälschlicherweise!) als einzige exogene Variable bestimmt und X_2 sowie X_1 werden als abhängige Variablen verstanden.

In beiden Modellen hat die falsche Spezifikation von X_3 als unabhängige Variable zur Konsequenz, dass der Zusammenhang zwischen X_1 und X_2, der zuvor null war (vgl. Abb. 2.3), nunmehr ungleich null ist und sich evtl. sogar sehr deutlich von null unterscheidet:[6]

In Modell (a) wird für den Pfad von X_1 auf X_2 ein Regressionskoeffizient ungleich null geschätzt. Und in Modell (b) ist die Korrelation zwischen den Residuen U von X_1 und X_2 ungleich null (dies entspricht der partiellen Korrelation zwischen X_1 und X_2). In beiden Fällen treten also fälschlicherweise substanzielle Zusammenhänge zwischen den (eigentlich unkorrelierten) Variablen X_1 und X_2 auf, weil die nachgeordnete Variable X_3 fälschlicherweise als vorgeordnete Variable modelliert wurde.

---

6 Daraus folgt auch, dass bei einer Regressionsanalyse, bei der fälschlicherweise eine exogene Variable berücksichtigt wird, die eigentlich eine endogene Variable ist, nicht nur deren Effektschätzung verzerrt ist, sondern dass diese auch alle anderen Effektschätzungen verunreinigen kann.

SEM-Grundlagen 37

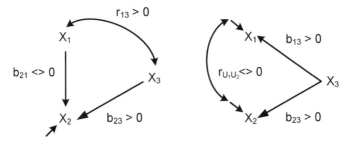

Abbildung 2.4: Korrelation und nachgeordnete Variablen, neu (falsch) spezifiziert
  a) Fehlspezifikation: *b) Fehlspezifikation:*
  X_2 *als abhängige Variable* X_1 *und* X_2 *als abhängige Variablen*

Zusammenfassend betrachtet verlangt also ein Kausalitätstest mittels D-Separation zwei Verfahrensschritte:
Zunächst wird (*erstens*) versucht, einen eventuell bestehenden Zusammenhang zwischen den beiden fokalen Variablen X_1 und X_2 durch Kontrolle von vorgeordneten Drittvariablen Z_j zu beseitigen (r_{12}=0). Gelingt dies, dann gelten X_1 und X_2 als "d-separiert".

Wird dann (*zweitens*) eine weitere Variable X_3 in die Modellschätzung einbezogen, und ist diese "in Wirklichkeit" eine Variable, die den Variablen X_1 und X_2 nachgeordnet ist, dann würde ein fehlspezifiziertes Modell mit X_3 als vorgeordneter Variablen (Abb. 2.4) dazu führen, dass der statistische Zusammenhang zwischen X_1 und X_2 ungleich null bzw. deutlich höher als null wird.[7] Und das heißt: Tritt dieser Effekt bei bloßer Umstellung von abhängigen und unabhängigen Variablen in einem SE-Modell auf, dann ist dies ein Zeichen für eine Fehlspezifikation der Kausalannahmen und gibt zudem einen Hinweis darauf, in welche Kausalrichtung der Variablenzusammenhang richtigerweise spezifiziert werden sollte.

SE-Anwender, die sich der kausalen Reihung in einem Modell also nicht sicher sind (z.B. aufgrund unklarer theoretischer Annahmen) und die aufgrund fehlender Daten keine längsschnittlichen Kausalmodelle (a.a.O.) testen können, sollten den beschriebenen empirischen Kausalitätstest der D-Separation durchführen, um empirische Hinweise auf die korrekte Kausalstruktur ihres Modells zu erhalten.

---

7 Die beiden skizzierten Verfahrensschritte können bei SE-Modellen auch simultan durchgeführt werden. Ob die beiden fokalen Variablen bei Kontrolle von Drittvariablen nicht mehr miteinander korrelieren, kann dabei über die Schätzung der Residualkorrelation von X_1 und X_2 überprüft werden.

2.2.3 Spezifikation von Modellen mit Differenzwerten

Oftmals sollen in der SEM-Analyse theoretisch begründete Effekte geschätzt werden, die sich aus der Differenz bzw. Inkongruenz/Kongruenz von zwei latenten Variablen ergeben. Z.B. kann aus dem Ausmaß der Übereinstimmung zwischen der Einstellung eines Kindes und der Einstellung seiner Mutter ein neuer Effekt entstehen, der in besonderer Weise verhaltensrelevant wirken könnte.

Differenzwerte (difference scores) lassen sich auf Faktorebene recht einfach spezifizieren, indem für die Differenz zwischen F1 und F2 ein neuer Faktor F3 definiert wird, der von F1 und F2 beeinflusst wird (vgl. Abb. 2.5). Es müssen nur die Pfade von F1 und F2 nach F3 auf "1" bzw. auf "-1" fixiert werden und als Folge ist F3 der neu entstandene latente Differenzfaktor. Zur statistischen Identifikation (a.a.O.) von F3 muss zudem dessen Fehler (Disturbance)-Varianz auf den Wert "1.00" fixiert werden.

Der Differenzfaktor kann auch als unabhängige Variable innerhalb eines komplexeren Kausalmodells eingesetzt werden.

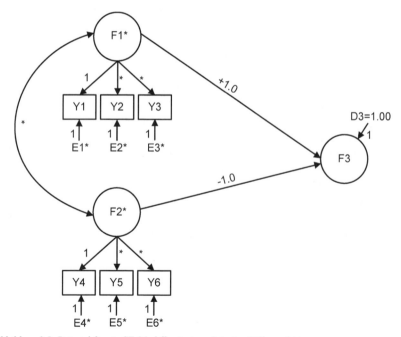

Abbildung 2.5: Beispiel für ein SE-Modell mit einem latenten Differenzfaktor

2.2.4 Mediator-, Moderator- und Interaktionseffekte

Moderator- und Interaktionseffekte sind nicht eindeutig voneinander zu unterscheiden und bedeuten sehr Ähnliches oder (je nach Forschungsperspektive) auch Identisches. Allerdings werden Moderatoreffekte häufig mit Mediatoreffekten verwechselt (vgl. auch Holmbeck 1997). Im Folgenden soll ein wenig Klarheit hinsichtlich dieser drei Effekttypen geschaffen werden.[8] Hilfreich für eine Unterscheidung der Effekte sind auch die beiden Abbildungen 2.6a und 2.6b:

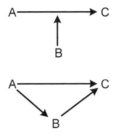

Abbildung 2.6: Moderation und Mediation, 2.6a) Moderation (oben), 2.6b) Mediation (unten)

Mediatoreffekte

Als Mediatorvariablen (B in Abb. 2.6b), die auch die sogenannten "Mediatoreffekte" bzw. eine "Mediation" auslösen können, werden solche Variablen bezeichnet, die sich zwischen zwei Variablen schieben können (z.B. zwischen A und C) und so deutlich machen, auf welchem Wege die Verbindung zwischen A und C zustande kommt. Sie werden auch "intervenierende Variablen" genannt.

In der SEM-Schätzung können zwei "A→C"-Modelle mit und ohne indirektem Effekt (über B) miteinander verglichen werden (vgl. Abb. 2.6b). Dazu sollte in einem ersten Modell der direkte Effekt frei geschätzt und der indirekte Effekt auf "0.00" fixiert werden (dies kann durch Fixierung des Effekts von A nach B auf "0.00" erreicht werden). In einem zweiten Modell sollte sodann auch der indirekte Effekt zur freien Schätzung freigegeben werden. Wenn es einen Mediatoreffekt gibt, sollte die Ergänzung um einen freien indirekten Effekt (der zunächst auf 0 gesetzt worden war) den Fit des Modells steigern können, und der neue indirekte Effekt sollte auch signifikant sein. Im Idealfalle würde dann auch der direkte

---

8 Vgl. auch die FAQ-Adresse "Questions and Answers about Mediation":
   http://www.public.asu.edu/~davidpm/ripl/q&a.htm
   auf der Internetseite "Statistical Mediation": http://www.public.asu.edu/~davidpm/ripl/mediate.htm

"A→C"-Effekt, der im ersten Modell zunächst signifikant war, seine Signifikanz verlieren. In diesem Fall würde man von einem "totalen" Mediatoreffekt sprechen, während man andernfalls nur einen "partiellen" Mediatoreffekt beobachten könnte.

Wenn allerdings kleine bis mittlere Fallzahlen (a.a.O.) benutzt werden, sollten die Ergebnisse solcher Signifikanztests mit Vorsicht interpretiert werden, oder (am besten) es sollten Bootstrapping-Methoden (a.a.O.) benutzt werden. Denn die Stichprobenverteilung eines Mediatoreffektes kann sehr schief sein, sodass übliche Tests, die auf der Logik von Standardfehlern (a.a.O.) in großen Stichproben beruhen, allzu schnell konservative Ergebnisse erbringen (d.h. den Mediatoreffekt evtl. voreilig als nicht signifikant klassifizieren). Shrout/Bolger (2002) zeigen, wie die EQS-Software eingesetzt werden kann, um mittels Bootstrapping-Technik die Relevanz von Mediatoreffekten zu überprüfen.

Eine alternative Möglichkeit, das Ausmaß der Mediation zu bestimmen, besteht in der Berechnung eines Mediationsanteils ("mediation proportion") (nach Ditlevsen et al. 2002). Dazu wird der indirekte Effekt in Relation zum totalen Effekt gesetzt (berechnet als Summe aus direktem und indirektem Effekt): "$b_1 b_3 / (b_1 + b_2 b_3)$". Zum Beispiel: "0.210×0.207/(0.121 + 0.210×0.207) = 0.264". In diesem Beispiel wird ca. 26% der Effektstärke durch die Mediatorvariable bestimmt.[9]

Moderatoreffekte (siehe auch: Interaktionseffekte)

Eine Moderatorvariable (B in Abb. 2.6a) sollte einen Moderatoreffekt auslösen können, der auch als Interaktionseffekt zu verstehen ist. Wenn z.B. der direkte Effekt von A auf C für bestimmte Bedingungen ganz besondere Ausprägungen annimmt, und diese Bedingungen mit Ausprägungen von B korrespondieren, dann ist B eine Moderatorvariable (vgl. Abb.2.6a). Die Variable B könnte z.B. "Geschlecht" heißen und ein bestimmter frauenspezifischer Effekt von A auf C könnte nur dann auftreten, wenn "Geschlecht=weiblich" ist. Dann wäre der Moderatoreffekt von B als Interaktionseffekt zu berechnen, der aus einer Kombination von A und B entsteht. Nur wenn A größer 0 ist und gleichzeitig das Geschlecht weiblich ist, kann ein frauenspezifischer A-Effekt auftreten. Somit wäre dann B eine Moderatorvariable für den Effekt von A.

In der SEM-Analyse wird ein kategorialer Moderatoreffekt auch häufig innerhalb eines Multigruppen- bzw. Multisampledesigns (a.a.O.) überprüft. Dabei werden je nach Anzahl der Ausprägungen einer Moderatorvariablen zwei bis k

---

9 Für diesen Anteil ließe sich auch ein Konfidenzintervall berechnen. Vgl. dazu Ditlevsen et al. 2002: 14.

Gruppen gebildet, und es werden alle Effekte in allen Gruppen zunächst als gleich stark geschätzt (durch entsprechende Constraints). In einer zweiten Analyse werden diese Constraints sodann aufgehoben und es wird durch Vergleich der Anpassungswerte der verschiedenen Schätzungen (mittels Chi-Quadrat-Differenzentest, a.a.O.) entschieden, ob ein Moderatoreffekt vorliegt.

Generell betrachtet gilt also, dass Moderatoreffekte in der SEM-Analyse sowohl mittels Multigruppendesigns als auch durch Schätzung von Interaktionseffekten getestet werden können

Interaktionseffekte

Ein Interaktionseffekt ist methodologisch betrachtet identisch mit einem Moderatoreffekt. Eine Moderatorvariable bildet in Kombination mit einer anderen Variablen einen Interaktionseffekt, der nur dann vorliegt, wenn bestimmte Ausprägungen beider Variablen eine bestimmte Kombination eingehen.

In der SEM-Analyse kann eine latente Interaktionsvariable dadurch gebildet werden, dass zwischen allen Indikatoren der beiden beteiligten Faktoren neue interaktive Indikatoren gebildet werden (i.d.R. durch Multiplikation) und aus diesen das Messmodell für die neue latente Interaktionsvariable konstruiert wird (haben z.B. beide Hauptvariablen je drei Indikatoren, so hat die neue latente Interaktionsvariable maximal neun Indikatoren).

Bei der Schätzung eines solchermaßen spezifizierten Modells treten einige Probleme auf, da die Parameter des neuen Messmodells (mit den Produktindikatoren) eine Funktion der Parameter in den Messmodellen mit den ursprünglichen Indikatoren sind (darauf verweisen insbesondere Kenny/Judd 1984). Um unter solchen Bedingungen gültige Schätzungen des Interaktionsmodells erzielen zu können, werden entweder Schätzprogramme benötigt, die nicht-lineare Constraints erlauben (was selten ist), oder es kann das (einfach durchzuführende) zweistufige Schätzverfahren nach Ping (1996) eingesetzt werden.[10] Dieses wird ausführlich und unter Bezug auf die Steuersprache von EQS in Schumacker/Lomax 2004: 366-390 vorgestellt. Dabei ist zu berücksichtigen, dass die neu geschaffenen multiplikativen Indikatoren in aller Regel nicht normalverteilt sind. Deshalb eignet sich zur Schätzung dieser Modelle das ML(robust)-Schätzver-

---

10 Diese Methode erfordert die Erfüllung folgender empirischer Voraussetzungen (vgl. Ping 1996, Schumacker/Lomax 2004): 1. annähernd normalverteilte Indikatoren; 2. unabhängige Fehlerterme und Unabhängigkeit der latenten Faktoren von Fehlertermen; 3. alle latenten Konstrukte müssen eindimensional sein; 4. die an der Interaktion beteiligten Indikatoren müssen mittelwertzentriert sein. Eine gute Darstellung der Methode findet man in Schumacker/Lomax 2004: 366-390 und in Kline 2011: 336-340.

fahren (a.a.O.) besonders gut (alternativ kann auch eine WLS-Schätzung, a.a.O., durchgeführt werden).

Im ersten Schritt des Ping-Verfahrens wird das SE-Modell ohne Interaktionsvariablen geschätzt. Im zweiten Schritt werden die zuvor in Schritt 1 erhaltenen (unstandardisierten) Schätzwerte dazu verwendet, die Faktorladungen sowie Messfehlervarianzen zur Spezifizierung des latenten Interaktionskonstruktes zu berechnen und sodann mit diesen fixierten (!) Werten das komplette Interaktionsmodell zu schätzen (vgl. Abb. 2.7).

Zur Verdeutlichung werden in Abbildung 2.7 beispielhaft die beiden latenten Variablen F1 und F2 mit jeweils zwei Indikatoren operationalisiert. Die Abbildung enthält zudem die Formel, nach der die zu fixierenden Messfehlervarianzen bei den Indikatoren des latenten Interaktionsfaktors zu berechnen sind (exemplarisch für die Var(E8); analog dazu können die drei übrigen Messfehlervarianzen des Interaktionskonstrukts konstruiert werden). Auch enthält die Abbildung die Formeln, nach denen die zu fixierenden Faktorladungen des Interaktionsfaktors zu ermitteln sind (in allen Gleichungen bezeichnet λ_k die Faktorladung der Variablen Y_k, vgl. dazu Kap. 2.5.2).

Weitere Möglichkeiten zur Konstruktion von Interaktionsvariablen werden auf folgender Internetseite vorgestellt: http://www.wright.edu/~robert.ping/research1.htm

Die Erweiterung eines Modells durch eine Interaktionsvariable kann in der Regel den Fit des Modells nur marginal verändern, da alle Parameter, die zu der Interaktionsvariablen gehören, als Funktionen von anderen Modellvariablen gebildet werden. Verändern kann sich jedoch der Wert von R^2 (a.a.O.: Determinationskoeffizient) bzw. der Anteil statistisch erklärter/ ausgeschöpfter Varianz in denjenigen Variablenbeziehungen, an denen die Interaktionsvariable beteiligt ist.

Wird ein Interaktionseffekt geschätzt, der durch das Zusammenspiel von zwei latenten Faktoren entsteht, so befinden sich im Modell zumindest zwei (latente) Haupteffekte und der von ihnen gebildete (latente) Interaktionseffekt. Da zwischen den Variablen der Haupteffekte häufig eine hohe Korrelation besteht und dementsprechende Multikollinearitätseffekte (a.a.O.) auftreten können, sollten diese Variablen vor der Schätzung "zentriert" werden (alle Variablenwerte werden dann als Abweichungen vom arithmetischen Mittelwert neu skaliert).

Interaktionseffekte, die aus kategorial skalierten Effekten entstehen, können nach dem hier beschriebenen Verfahren nicht geschätzt werden.

Generell ist bei der Analyse von Modellen mit Interaktionsfaktoren stets zu berücksichtigen: Die multiplikative Interaktion ist nur eine Form der Interaktion. Sie und jede andere Form von Interaktion sollte theoretisch bzw. theorieorientiert begründbar sein (vgl. Aiken/West 1991; Schumacker/Marcoulides 1998).

SEM-Grundlagen 43

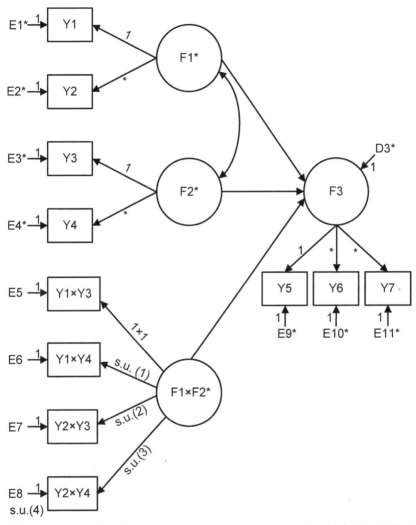

Abbildung 2.7: Schematische Darstellung eines latenten Interaktionsmodells nach der Ping-Methode

(1) $\quad \lambda_{Y1 \times Y4} = 1 \times \lambda_{Y4}$
(2) $\quad \lambda_{Y2 \times Y3} = \lambda_{Y2} \times 1$
(3) $\quad \lambda_{Y2 \times Y4} = \lambda_{Y2} \times \lambda_{Y4}$
(4) $\quad Var(E8) = [(\lambda_2)^2 \times Var(F1) \times Var(E4)] + [(\lambda_4)^2 \times Var(F2) \times Var(E2)] + [Var(E4) \times Var(E2)]$
(vgl. dazu die Erläuterungen im Text)

nicht-lineare Effekte

Interaktive und multiplikative Effekte von manifesten und latenten Variablen sind nicht-lineare Effekte. Immer dann, wenn eine Steigung nicht konstant ist, liegt ein nicht-linearer Effekt vor und lässt sich dies durch eine Interaktionsvariable modellieren.

So ist die Regression mit einer multiplikative Interaktion "$Y = b_1 \times X_1 + b_2 \times X_2 + b_3 \times (X_1 \times X_2)$" nicht linear. Denn bei einer linearen Regression "$Y = b_1 \times X_1 + b_2 \times X_2$" ist die erste Ableitung von Y nach X_1 gleich "b_1", während im multiplikativen Modell diese Ableitung gleich "$b_1 + b_2 \times X_2$" ist und somit b_1 entsprechend der Werte von X_2 variiert.

Dementsprechend gilt für die Spezifikation und Schätzung von nicht-linearen SE-Modellen, was hier zuvor über Modelle mit Interaktionseffekten ausgeführt wurde.

2.3 Was ist Multikollinearität und wie ist mit Multikollinearität umzugehen?

Die gegenseitige lineare Abhängigkeit von zwei oder mehreren exogenen Konstrukten/ Faktoren oder manifesten Prädiktoren wird üblicherweise als "Kollinarität" bzw. "Multikollinearität" bezeichnet. Eine hohe Multikollinearität kann dazu führen, dass Parameter-Schätzwerte verzerrt sind, und/oder dass die Schätzwerte nicht stabil sind, und/oder dass die Standardfehler der Schätzwerte inflationär hoch werden.[11]

Zudem kann hohe Multikollinearität ein Redundanzproblem erzeugen, was bedeutet, dass einzelne, simultan wirkende Faktoren in konzeptueller Hinsicht nicht mehr deutlich voneinander zu unterscheiden sind, weshalb es denn auch keinen Sinn macht, die geschätzten Effektstärken der einzelnen Faktoreffekte miteinander zu vergleichen (vgl. dazu Alwin 1988).

Als grobe Daumenregel zur Identifikation von Multikollinearität kann die bivariate Korrelation zwischen exogenen Variablen betrachtet werden: ab r=|0.80| ist Vorsicht geboten und ab r=|0.90| ist mit starken Verzerrungen zu rechnen.

Eine sehr einfache Strategie zur Beseitigung von Multikollinearitätsproblemen besteht darin, die Indikatoren von kovariierenden exogenen Faktoren, die zunächst unterschiedlichen latenten Konstrukten zugeordnet sind, als Indikatoren

---

[11] Vgl. auch Kap. 2.5 "Wie sind die geschätzten SE-Modellwerte zu interpretieren?"

eines gemeinsamen Faktors zu betrachten. Es werden dann nicht mehr mehrere separate Faktoren als Prädiktoren spezifiziert, sondern nur noch ein neu gebildeter, gemeinsamer Faktor als Prädiktorfaktor benutzt (vgl. Rigdon 2000).

Falls diese Ein-Faktor-Lösung keine befriedigenden Ergebnisse liefert, z.B. wenn einzelne Faktorladungen nun zu niedrig sind, kann alternativ auch versucht werden, eine Faktorenstruktur höherer Ordnung (a.a.O.) zu schätzen. Dazu muss allerdings begründet werden können, warum einzelne Faktoren auch als Dimensionen eines gemeinsamen, zugrunde liegenden latenten Konstrukts höherer Ordnung zu betrachten sind. Die hohe Korrelation zwischen den einzelnen Faktoren, welche die Ursache für die Multikollinearitätsprobleme bei den separaten Effektschätzungen war, entsteht dann dadurch, dass die Faktoren unterschiedliche Teildimensionen eines Konstrukts höherer Ordnung repräsentieren.

Mit einem Faktor höherer Ordnung können auf diese Weise spezielle Kausalannahmen gegenüber anderen Konstrukten geprüft und Multikollinearitätsprobleme beseitigt werden, die durch die getrennte Schätzung von Effekten der Konstrukte niedrigerer Ordnung entstanden sind.

Zum Zusammenhang zwischen Messfehlerkorrektur und Multikollinearitäten vgl. auch Kapitel 1.3.

2.4 Wann sind SE-Modelle äquivalent und was ist dann zu tun?

Die SEM-Analyse sollte vor allem zur konfirmatorischen Untersuchung von Kausalmodellen eingesetzt werden. Wenn jedoch Modelle in ihrer Grund- oder Feinstruktur nicht eindeutig aufgrund konzeptioneller oder theoretischer Vorgaben definiert sind, ist es durchaus möglich, dass Modelle in unterschiedlichster (beliebiger) Weise spezifiziert werden können und in der Schätzung stets den gleichen Fit (a.a.O.) aufweisen. Dann kann aufgrund ihres Anpassungsgrades nicht entschieden werden, welches Modell die empirisch beobachtete Datenstruktur am besten reproduziert, und es muss entweder mittels modellexterner Plausibilitätsüberlegungen ein bestimmtes Modell ausgesucht werden, oder es müssen mehrere Modellschätzungen als gleichwertig beibehalten werden (was dann aber auch im Ergebnisbericht des jeweiligen Forschungsprojekts offengelegt werden sollte).

Um zu ermitteln, welche Modellstrukturen als äquivalent zu betrachten sind, haben Lee/ Hershberger (1990) einige einfache Regeln vorgeschlagen, die im Folgenden kurz vorgestellt werden:

Voraussetzung für die Anwendung der Regeln ist, dass das auf äquivalente Strukturen zu untersuchende Modell in drei Modellblöcke aufgespalten werden kann und sich die Blöcke rekursiv zueinander verhalten (= Block-Rekursivität), d.h. dass zwischen ihnen keine Feedback-Beziehungen bestehen (allerdings sind Feedback-Beziehungen innerhalb der Blöcke durchaus möglich). Was heißt das? Wenn in einem Strukturmodell die Beziehung zwischen zwei Variablen nicht eindeutig determiniert ist, kann dieser Teil des Strukturmodells nach den Lee/ Hershberger-Regeln als "fokaler Block" (Block B) definiert werden. Alle Modellteile, die davor liegen, machen den "vorangehenden Block" aus (Block A), alle Modellteile, die danach liegen, ergeben den "nachgeordneten Block" (Block C).

Wenn also die Blockbeziehungen von der Art "A→B→C" sind, kann ein Gesamtmodell auf äquivalente Strukturen hin analysiert werden, während sich eine Blockstruktur von der Art "A→B↔C" nicht dementsprechend analysieren ließe.

Folgende äquivalente Strukturen von Variablenbeziehungen sind nach den Lee/ Hershberger-Regeln zu erlauben:
(1) Jede Beziehung "X→Y" lässt sich durch die Korrelation zwischen den Residuen von X und Y (corr(U_X U_Y)) ersetzen, wenn alle Prädiktoren für X auch zu den Prädiktoren für Y gehören (darüber hinaus kann Y auch noch weitere Prädiktoren besitzen). Im Beispiel in Abbildung 2.8 ist das für den fokalen Block "X2→X3" möglich, aber nicht für den fokalen Block "X3→X4".

Abbildung 2.8: Unterscheidung von Fokal-Blöcken

(2) Werden bei einer Beziehung "X→Y" beide Variablen durch die gleichen Prädiktoren bestimmt, dann handelt es sich dabei um einen symmetrischen Fokal-Block und dann kann die Beziehung nicht nur durch eine Korrelation zwischen den Residuen von X und Y aufgelöst werden, sondern kann auch in ihrer Richtung gedreht werden: "X←Y". Dies ist in der Abbildung 2.8 für den Fokal-Block "X2→X3" möglich: "X2←X3".
(3) Korrelationen bzw. Kovarianzen von unabhängigen Variablen können durch einen gerichteten Effekt in beliebiger Richtung ersetzt werden.

Über die Lee/Hershberger-Regeln hinausgehend, zeigen Raykov/Marcoulides (2001) für eine bestimmte Klasse von Modellspezifikationen, dass auch eine unendliche Zahl von äquivalenten Modellen in der SEM-Analyse durchaus vorstellbar ist. Dazu gehen sie beispielhaft von einem Zwei-Faktoren-Modell aus, in dem jeder der beiden Faktoren (F1, F2) ausschließlich auf 1.0 fixierte Faktorladungen aufweist.

Nach den Lee/Hershberger-Regeln ist das Modell, das einen gerichteten Effekt zwischen den beiden Faktoren annimmt, äquivalent zum Modell, das zwischen beiden Faktoren "nur" eine Kovarianz zulässt.

Wenn jedoch beide Faktoren ohne Verbindung, d.h. als orthogonal, spezifiziert werden, kann der Zusammenhang zwischen allen Indikatoren (also zwischen allen Indikatoren von F1 und allen Indikatoren von F2) durch einen neuen dritten Faktor (F3) modelliert werden, der ebenfalls orthogonal ist, auf den aber alle Indikatoren mit einem Wert von 1.0 laden. Dieses dritte Modell ist dann äquivalent zu den beiden zuvor beschriebenen, nicht-orthogonalen Modellen, d.h. alle drei Modelle weisen den gleichen Modellfit auf. Zudem muss dieses dritte Modell gänzlich anders interpretiert werden als die beiden ersten Modelle, da z.B. nunmehr die Orthogonalität kennzeichnend für die Faktorstruktur ist.

Statt nur eines zusätzlichen (dritten) Faktors lassen sich auch zwei, drei, vier oder unendlich viele zusätzliche Faktoren einführen. Auf diese Weise ergibt sich eine unendliche Anzahl von äquivalenten Modellen.

Die Möglichkeit äquivalenter Modellstrukturen verweist in aller Deutlichkeit darauf, dass SE-Modelle idealiter theoriebestimmte Modelle mit klaren theoretischen Annahmen und Begründungen für bestimmte Kausaleffekte sein sollten. Denn nur dann kann sich der Forscher für ein bestimmtes SE-Modell und gegen ein dazu äquivalentes Modell entscheiden.

Dass mehrere Kausalmodelle gleichermaßen gut zu einer empirischen Datenstruktur passen können (d.h. dass der Fit alternativer Kausalmodelle gleich gut sein kann), macht besonders deutlich, dass Strukturgleichungsmodelle stets nur Modelle und nicht Spiegelbilder der empirischen Realität sein können. Die SE-Modellanalyse muss folglich immer mit einer theoretisch ausgerichteten Modellbildung beginnen. Ein theoretisches Modell muss analytisch zu begründen sein, bevor es in ein empirisch zu überprüfendes Strukturgleichungsmodell überführt werden kann.

Fehlen klare theoretische Annahmen, so kann natürlich auch explorativ nach äquivalenten Modellen gesucht werden, die dann als Ausgangspunkt für eine eingehende theoretische Auseinandersetzung mit der zu begründenden Kausalstruktur der latenten Konstrukte dienen können.

2.5 Wie sind die geschätzten SE-Modellwerte zu interpretieren?

2.5.1 Pfadkoeffizienten (und ihre möglichen Anomalien)

Standardisierte Pfadkoeffizienten sind identisch mit standardisierten Regressionskoeffizienten. Sie bezeichnen das Ausmaß von Veränderung einer abhängigen Variablen auf einer Standardskala (Mittelwert=0, Standardabweichung=1), das eintritt, wenn der Wert einer unabhängigen Variablen, welche die abhängige Variable beeinflusst, um eine Standardeinheit ansteigt und wenn gleichzeitig andere unabhängige Variablen, die ebenfalls auf die abhängige Variable einwirken, konstant gehalten werden. Das Vorzeichen des Pfadkoeffizienten (+ oder −) indiziert dabei die Ausrichtung des entsprechenden Effektes (gleichsinnig oder gegensinnig).

Die Standardisierung der Pfadkoeffizienten eliminiert Skaleneffekte, sodass die Größe des Schätzwertes unabhängig von linearen Transformationen der entsprechenden Messskala wird. So ist z.b. der standardisierte Pfadkoeffizient, der die Einflussstärke von Einkommen (A) auf Berufsprestige (B) misst, unabhängig davon, ob Einkommen auf einer Tsd-EURO-Skala oder einer 1-EURO-Skala gemessen wird. In beiden Fällen wird der standardisierte Pfadkoeffizient den gleichen Wert aufweisen.[12] Bei einem perfekt positiven Zusammenhang nimmt der standardisierte Pfadkoeffizient den Wert "+1" an, und entsprechend ist der standardisierte Koeffizient "−1" bei einem perfekt negativen Effekt.

Gängige Praxis ist es, den standardisierten Koeffizienten einzusetzen, um die Effektstärken unterschiedlichster "A→B"-Beziehungen innerhalb eines Strukturmodells miteinander zu vergleichen. Eine solche vergleichende Interpretation ist jedoch umstritten[13] und wird von einigen Autoren auch abgelehnt. Die Gründe dafür sind folgende:[14]

Angenommen das Modell $Y = \beta_1 X_1 + \beta_2 X_2 + \varepsilon$ wird in einer SEM-Analyse geschätzt. Dann ergeben sich die standardisierten Pfadkoeffizienten (b_1^*; b_2^*) aus den unstandardisierten Koeffizienten (b_1, b_2) durch die beiden Transformationen: $b_1^* = b_1(SD(X_1)/SD(Y))$ und $b_2^* = b_2(SD(X_2)/SD(Y))$.[15] Auch wenn b_1 und b_2 gleich

---

12   Dies gilt nicht für nicht-lineare Skalentransformationen. Wird die Skala von A z.B. logarithmiert, wird sich ein anderer Schätzwert ergeben.
13   Vgl. für eine Diskussion im Kontext quantitativer Politikforschung: King 1986; im Kontext epidemiologischer Forschung: Greenland et al. 1986, 1991; im Kontext von Längsschnittanalysen: Willett et al. 1998: 412-414.
14   Vgl. dazu die von M. Kline am 8.1.2003 in SEMNET ausgelöste Diskussion. Vgl. auch Urban/Mayerl 2011: 103-108.
15   Vgl. dazu und zur Notation der Koeffizienten: Urban/Mayerl 2011: 98.

groß wären und in einem Verhältnis von 1:1 zueinander ständen, oder wenn b_1 viermal so groß wäre wie b_2 (Verhältnis von 4:1), könnte sich dies im Verhältnis von b_1^* zu b_2^* nur dann ausdrücken, wenn die Varianzen "Var(X_1)" und "Var(X_2)" gleich groß wären. Dies ist aber höchst unwahrscheinlich, denn die Varianzen von X_1 und X_2 ergeben sich aus den Prozessen von Stichprobenziehung und Messung sowie aus den Varianzen von X_1 und X_2 in der Population (so wäre es z.B. entscheidend für das Ausmaß der Varianz der Variablen "Alter", ob diese im Messbereich von 18 bis 65 oder von 18 bis 100 erhoben wird).

Ungleiche Varianzen sind also häufig eine Folge unterschiedlicher methodischer Designs und können damit artifiziell sein. Bei ungleichen Varianzen können Ergebnisse wie das Folgende entstehen:[16]

In einer Analyse seien: "Y" die wöchentliche Trimm-Dich-Zeit, "X_1" das monatliche Einkommen und "X_2" die gemessene Gesundheit von beobachteten Personen. Nach den Ergebnissen einer SEM-Schätzung ergäben sich folgende Resultate: Die Gesundheit (Y) aller Befragten erhöhe sich um $b_1^*=0.75$ Standardeinheiten, wenn die wöchentliche Trimm-Dich-Zeit (X_1) um 5 Stunden verlängert wird (was einer Standardabweichung von X_1 entsprechen könnte), und sie erhöhe sich um $b_2^*=0.25$ Standardeinheiten, wenn das monatliche Einkommen (X_2) um 1500 EURO ansteigt (was einer Standardabweichung von X_2 entsprechen könnte).

In einem formalen Sinne könnte man dann sicherlich sagen, dass der Effekt von X_1 auf Y dreimal so stark ist wie derjenige von X_2 auf Y. Denn in beiden Fällen wird mit formal gleichen Skaleneinheiten (aber auch mit empirisch unterschiedlichen Standardeinheiten) operiert. Aber könnte man dann dies wirklich auch in einem substanziellen Sinne behaupten? Ließen sich darauf wirklich gesundheitspolitische Maßnahmen begründen, wenn es sich bei den beiden unabhängigen Variablen X_1 und X_2 z.B. um unterschiedliche Nährstoffe in Lebensmitteln handelte?

Zudem sei daran erinnert, dass mittels der standardisierenden Transformationen "$b_1^* = b_1(SD(X_1)/SD(Y_1))$" und "$b_1^* = b_1(Var(X_1)/Var(Y_2))$" nicht die Effekte von X_1 auf die beiden abhängigen Variablen Y_1 und Y_2 problemlos miteinander zu vergleichen sind (also von $X_1 \rightarrow Y_1$ und von $X_1 \rightarrow Y_2$). Auch in diesem Beispiel würden unterschiedliche Varianzen von Y_1 und Y_2 (die mehr als wahrscheinlich sind) aus identischen b-Effekten unterschiedliche standardisierte Effekte machen.

Hinzu kommt, dass es falsch ist davon auszugehen, dass die standardisierten Koeffizienten keinen Bezug auf empirische Messeinheiten nehmen und deshalb problemlos miteinander verglichen werden können. Eine Veränderung um eine Standardeinheit bei einem bestimmten Prädiktor steht in direkter Verbindung zur

---

16 Nach M. Frone in SEMNET vom 8.1.2003.

empirischen Metrik dieses Prädiktors und würde oftmals anders ausfallen, wenn mit einer anderen Metrik/Skala gemessen worden wäre.

Noch heikler werden die Probleme, wenn in einer SEM-Analyse dichotome Prädiktoren (Dummy-Variablen) verwendet werden und deren Effekte als standardisierte Koeffizienten geschätzt werden. Denn da die Varianz einer Dichotomie eine Funktion von deren Mittelwert ist, werden die standardisierten Koeffizienten nicht nur von den jeweiligen Varianzen, sondern auch von den jeweiligen Mittelwerten abhängig sein.

Man könnte also mit guten Gründen fordern, bei der SEM-Analyse ganz auf die Interpretation standardisierter Pfadkoeffizienten zu verzichten: "Traditionally standardized coefficients confound effects of interest with irrelevant features of study design. Because more sensible unconfounded alternatives are always available, use of traditionally standardized coefficients is never justified and should be avoided in any thoughtful analysis, without exception." (Greenland et al. 1991: 391). Man würde dann jedoch auch die Effektstärken der verschiedenen Pfade in einem SE-Modell nicht mehr direkt miteinander vergleichen können (wie problematisch das auch immer ist).

Was könnte also in der praktischen SEM-Analyse gemacht werden, um Effektstärken in einem Modell miteinander vergleichen zu können?

Eine gangbare Möglichkeit wäre, bei allen Variablen die gleiche Metrik in der Skalierung zu benutzen und dann stets die unstandardisierten Effektstärken miteinander zu vergleichen.

Wenn dies nicht möglich ist, sollten in der SEM-Analyse zumindest stets beide Koeffizienten eines Pfades (unstandardisiert und standardisiert) berichtet werden. So könnte sich dann z.B. im oben skizzierten "$X_1, X_2 \rightarrow Y$"-Modell eine Interpretation ergeben, nach der X_1 und X_2 einen gleich großen Effekt auf Y haben, weil eine Veränderung von X_1 um eine empirische Einheit die gleichen Konsequenzen für Y hat, wie eine Veränderung um eine empirische Einheit von X_2. Es könnte dann aber auch hinzugefügt werden, dass die Effekte in praktischer Hinsicht sehr wohl zu unterscheiden sind, da z.B. die Variable X_1 viel stärker variiert als X_2 und deshalb X_1 in der Praxis auch viel stärker für Variationen von Y verantwortlich sein könnte als die Variable X_2.

Als radikale Alternative zur Interpretation standardisierter Pfadkoeffizienten in der SEM-Analyse bietet sich eine Interpretation der unterschiedlichen Fit-Werte verschiedener Modellschätzungen an. So könnte z.B. für jeden Pfad die Differenz zwischen dem Fit einer Modellschätzung mit frei zu schätzendem Pfadparameter und dem Fit einer Modellschätzung mit einem auf "0.00" fixierten Pfadparameter ermittelt werden. Für jeden Pfad ergäbe sich somit ein bestimmter Differenzwert und ein Vergleich dieser Differenzwerte würde etwas über die relative Bedeutsamkeit der verschiedenen Modellpfade aussagen können.

Sollen jedoch, trotz der hier vorgetragenen Kritik, die standardisierten Pfadkoeffizienten weiterhin in der SEM-Analyse benutzt werden, so sollten zumindest folgende Hinweise berücksichtigt werden:

(1) Die Pfadkoeffizienten, die in der SEM-Analyse geschätzt werden, sind nicht mit den Pfadkoeffizienten aus anderen Statistikmodellen vergleichbar, in denen die Analysen mit denselben Daten durchgeführt wurden. Z.B. ergibt eine Pfadanalyse mit Faktoren, die als additive Indizes gebildet werden (etwa als factor-score-Variablen), höhere Pfadkoeffizienten und einen höheren Determinationskoeffizienten (a.a.O.) als sie in der SEM-Analyse geschätzt werden. Dies liegt daran, dass die Varianz der Faktoren bei additiver Konstruktion als zweifache Summe der Kovarianzen plus der Summe der Varianzen aller beteiligten Items geschätzt wird, während sie in der SEM-Analyse allein als eine gewichtete Summe der Item-Kovarianzen entsteht und somit geringer ausfallen muss als in der index-basierten Analyse. Eine höhere Varianz bei abhängigen Faktorindizes ermöglicht dann aber auch einen höheren Determinationskoeffizienten (a.a.O.).[17]

(2) Bevor Pfadkoeffizienten inhaltlich interpretiert werden, sollte immer erst überlegt werden, ob sie das theoretisch erwartete Vorzeichen aufweisen und ob ihre Höhe durch Vorabüberlegungen zu erwarten gewesen wäre. Falls nicht, sollte man sehr skeptisch hinsichtlich der erzielten Schätzergebnisse sein.

(3) Es sollte stets überprüft werden, ob die Schätzung eines Modells vielleicht nur deshalb zu einem vordergründigen "Erfolg" in Form eines ausreichenden Fits führt, weil sie auf einzelnen unrealistischen bzw. artifiziellen Modellparametern aufbaut. Dazu gehören z.B. Schätzresultate wie negative Varianzen (a.a.O.), Varianzen vom Ausmaß 0.00 und standardisierte Faktorladungen oder Pfadkoeffizienten oberhalb von 1.00 oder unterhalb von -1.00. Denn die geschätzten SEM-Pfadkoeffizienten sind zwar standardisierte Größen und liegen üblicherweise zwischen Werten von -1.00 und +1.00. Allerdings hat Jöreskog gezeigt, dass standardisierte Pfadkoeffizienten auch Werte von 1.04, 1.40 oder gar 2.80 annehmen können.[18] Solche Werte, die außerhalb des Wertebereichs von ±1.00 liegen, signalisieren eventuell eine hohe Multikollinearität (a.a.O.) zwischen den Variablen oder andere, unterschiedlichste

---

17 Nach Wittmann, W.W. in SEMNET vom 19.6.2001.
18 Vgl.: www.ssicentral.com/lisrel/techdocs/HowLargeCanaStandardizedCoefficientbe.pdf

Modellprobleme (s.u.), die die SEM-Schätzungen sehr instabil machen können. Deshalb sollten in der SEM-Analyse immer die Gründe für Werte von standardisierten Pfadkoeffizienten größer als ±1.00 aufgespürt und beseitigt werden.
Generell sind die Ursachen von geschätzten Parameterwerten außerhalb des zulässigen Wertebereichs recht zahlreich. Als Hauptgründe gelten (nach Wothke 1993):
(-) Es steht nicht genügend empirische Information zur Verfügung (zu geringe Fallzahl, zu wenige Indikatoren pro Faktor, zu geringe Ladungsschätzungen, alle: a.a.O.).
(-) Es gibt zu viele Ausreißerwerte.
(-) Die Daten sind nicht multivariat-normalverteilt (a.a.O.).
(-) Es gibt zu viele zu schätzende Parameter (Überparametrisierung), d.h. es sind mehr Parameter zu schätzen als Freiheitsgrade vorhanden sind.
(-) Es liegt eine empirische Unteridentifikation vor (a.a.O.) (z.B. wenn es zwei Messmodelle mit jeweils nur zwei Indikatoren gibt und wenn die für die Identifikation notwendige Inter-Faktorenkorrelation empirisch nahe einem Wert von 0.00 liegt).
(-) Es bestehen Spezifikationsfehler (a.a.O.) (z.B. wenn Korrelationen zwischen Indikatoren unterschiedlicher Faktoren höher sind als Korrelationen zwischen den Indikatoren des gleichen Faktors sowie wenn Pfade fälschlicherweise verdreht wurden, überflüssig sind, ausgelassen wurden oder rekursiv bzw. non-rekursiv sein sollten). Dabei ist immer daran zu denken, dass Spezifikationsfehler nicht allein dort vorliegen müssen, wo Anomalien (hier: standardisierte Werte von größer 1.00) auftreten. Denn aufgrund der iterativen Modellschätzung können Fehlspezifikationen im Modell weitergereicht werden. Um dies zu überprüfen, kann ein entsprechender Pfad auf einem hohen, aber nicht unmöglichen Wert fixiert werden (z.B. auf 0.85) und kann dann nach anderen Anomalien gesucht werden, die evtl. der eigentliche Verursacher des Problems sind.
(-) Es besteht eine hohe Multikollinearität (a.a.O.) zwischen exogenen Variablen.
(-) Der Modellfit (a.a.O.) ist zu gering.
(-) Es gibt negative oder nicht signifikante Konstruktfehler/ Faktorresiduen (Disturbances bzw. D's).
Eine oftmals erfolgreiche, rein pragmatische Vorgehensweise beim Umgang mit "out of range"-Schätzwerten besteht darin (neben der Überprüfung der hier genannten, möglichen Ursachen), zusätzliche Fehlerkorrelationen über die Konstruktgrenzen hinaus in das Modell aufzunehmen und es damit erneut zu schätzen.

SEM-Grundlagen 53

Selbstverständlich müssten diese Fehlerkorrelationen analytisch oder substanziell gut begründet werden können (a.a.O.: Messfehlerkovarianzen).[19] Unter bestimmten Bedingungen können standardisierte Pfadkoeffizienten recht hohe absolute Werte aufweisen (z.B. 0.74) und dennoch kann der dazugehörige unstandardisierte Koeffizient ohne statistische Signifikanz sein. Irritierend ist eine solche Anomalie erst recht dann, wenn andere Effekte wiederum eher von kleinem standardisiertem Ausmaß sind, jedoch ihre unstandardisierten Effektgrößen signifikant sind.

Solche Anomalien können eine Folge von unverhältnismäßig großen Standardfehlern sein, die verhindern, dass betragsmäßig hohe Koeffizienten als signifikant geschätzt werden. Für die Entstehung solch großer Standardfehler kann es viele Ursachen geben. Einer der wichtigsten ist eine hohe Kollinearität/ Multikollinearität (a.a.O.) zwischen mindestens zwei Prädiktoren, die die Effektvariable (oder einen von deren Indikatoren) beeinflussen. Zusätzlich kann die daraus entstehende Standardfehler-Überzeichnung noch dadurch verstärkt werden, dass die Analyse nur mit einer geringen Fallzahl (N) durchgeführt wird.

Generell gilt, dass immer, wenn die Messung von Modellvariablen nicht gut gelungen ist und zugleich deren unstandardisierte Varianzen eher klein sind (ohne dass dafür eine überzeugende inhaltliche Begründung gegeben werden könnte), im SE-Modell die genannten Probleme mit hohen Standardfehlern und der daraus resultierenden Nicht-Signifikanz von Pfaden auftreten können. In solchen Fällen sollten also nicht die hohen absoluten Koeffizientenwerte interpretiert werden, sondern es sollte dann nach Gründen für die schlechte Variablenmessung gesucht werden. Sollten diesbezüglich keine überzeugenden Gründe gefunden werden, dann sollte in der Interpretation der Schätzung auf die fehlende Signifikanz und nicht auf die Höhe des standardisierten Pfadkoeffizienten abgestellt werden.

Es kann in der SEM-Analyse zwischen den Pfadkoeffizienten von direkten, indirekten und totalen Effekten unterschieden werden (vgl. dazu Abb. 2.9).

Der Pfadkoeffizient eines indirekten Effektes (z.B. des Effektes von X auf Y über den Einflussweg: X→Z→Y) berechnet sich durch Multiplikation der (unstandardisierten oder standardisierten) Teileffekte (hier $b_{YX} = b_{ZX} \times b_{YX}$).

Ein totaler Effekt (von X auf Y) ergibt sich aus der Summe aller direkten und indirekten Effekte, die eine Verbindung zwischen den beiden beteiligten Variablen (hier: X und Y) herstellen. Die intervenierende Variable Z wird auch häufig als "Mediatorvariable" (a.a.O.) bezeichnet.

---

19 Eine weitere, rein pragmatische "Notlösung" besteht darin, die "out of range"-Schätzwerte zu fixieren, z.B. eine negative Residualvarianz auf den Wert "0.001" festzulegen.

In welcher Weise die Bedeutung indirekter Effekte zu vermitteln ist, wird in Kap. 2.2.4 beschrieben.

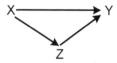

Abbildung 2.9: *Direkte und indirekte Effekte*

Zur Interpretation der Signifikanz von Pfadkoeffizienten vgl. auch die folgenden Gliederungspunkte: "2.5.4 Standardfehler/ Signifikanztests", "2.5.5 Konfidenzintervalle" sowie "3.3.1 Fallzahl und Teststärke".

2.5.2 Faktorladungen

Als "Faktorladung" (λ) wird in der SEM-Analyse die Stärke des Effektes bezeichnet, mit dem ein latenter Faktor (F) eine ihn indizierende, manifeste Indikatorvariable (Y) beeinflusst. Faktorladungen sind ganz analog zu Regressionskoeffizienten zu interpretieren. So werden auch unstandardisierte von standardisierten Faktorladungen unterschieden:

Die standardisierte Faktorladung wird nach der Formel berechnet:

(stand. Faktorladung) = [λ_j × SD(F)] / SD(Y)

Aus der standardisierten Faktorladung lässt sich auch die gemeinsame Varianz von Faktor und Indikator berechnen. Sie entspricht dem Quadrat der standardisierten Faktorladung. So indiziert z.b. eine standardisierte Faktorladung von 0.80, dass 64% der Varianz des Indikators "Y" durch den zugehörigen Faktor "F" ausgeschöpft bzw. statistisch "erklärt" wird.

Die Höhe der standardisierten Faktorladung gilt auch als Hinweis auf die formale Validität (oftmals auch als "interne Validität" bezeichnet) eines Faktors (s.u.). Üblicherweise wird in SEM-Analysen eine standardisierte Faktorladung von >0.50 angestrebt (Daumenregel), es werden in der SEM-Literatur aber auch Faktorladungen von >0.70 gefordert (vgl. Kap. 1.3).

Gegen standardisierte Faktorladungen können dieselben Einwände erhoben werden, die oben im Zusammenhang mit Pfadkoeffizienten erläutert wurden (vgl. Kap. 2.5.1).

In exploratorischen und konfirmatorischen Faktorenanalysen werden oftmals bestimmte Indikatoren nur einem einzigen Faktor zugeordnet und die Gültigkeit dieser Modellspezifikation anhand der Höhe der geschätzten Faktorladung überprüft. Ein solches Vorgehen ist irreführend, wenn der entsprechende Faktor entgegengesetzt der Annahme mit einem anderen Faktor in bedeutsamer Weise korreliert. Denn wenn der Indikator Y_1 nur dem Faktor F_1 zugeordnet wird und evtl. mit einer Faktorladung von 0.65 auf F_1 lädt, kann trotzdem eine bedeutende Beziehung von F_2 zu Y_1 bestehen, nämlich immer dann, wenn F_1 mit F_2 bedeutsam korreliert (z.B. mit 0.70).

In diesem Falle gäbe es einen "Faktorstruktur-Koeffizienten" (Graham et al. 2003) von 0.46 zwischen Y_1 und F_2, obwohl die Faktorladung von Y_1 bei F_2 auf 0.00 fixiert worden ist. Der Faktorstruktur-Koeffizient entspricht dabei im Prinzip einem indirekten Effekt von F_2 auf Y_1 über F_1. Entsprechend lässt sich dieser Koeffizient wie ein indirekter Effekt (a.a.O.) berechnen:
$(F_1 \leftrightarrow F_2) \times (F_1 \rightarrow Y_1) = 0.70 \times 0.65 = 0.455$.

Bei hoch korrelierenden Faktoren sollten deshalb nicht nur die Faktorladungen ("factor pattern coefficients"), sondern auch die Faktorstruktur-Koeffizienten ("factor structure coefficients") berücksichtigt werden.[20] Diese informieren über die indirekten Zusammenhänge zwischen den Faktoren und den Indikatoren anderer Faktoren innerhalb des SE-Modells.

Hohe Faktorstruktur-Koeffizienten können auch ein Indiz für das Vorliegen von Multikollinearität (a.a.O.) oder einer komplexeren Faktorstruktur höherer Ordnung (a.a.O.) sein.

Im Folgenden werden noch einmal die Zusammenhänge zwischen Faktor, Faktorladung und Indikatorvariable formelhaft zusammengefasst:
stand. Faktorladung =
[unstand. Faktorladung × SD(F)] / SD(Y)
rel. Anteil (in %) der vom Faktor "erklärten" Varianz in Y =
(stand. Faktorladung von Y)² × 100
abs. Anteil der vom Faktor "erklärten" Varianz in Y =
(stand. Faktorladung von Y)² × Var(Indikator)
Var(Indikator) =
[(unstand. Faktorladung)² × Var(Faktor)] + Var(Fehler)
Var(Faktor) =
(stand. Faktorladung des Referenzindikators)² × Var(Referenzindikator)

---

20 Vgl. dazu die ausf. beispielsorientierte Diskussion in Graham et al. 2003.

Diese Zusammenhänge werden in den folgenden Ausführungen zur Konstruktion von Messmodellen (Kap. 4.1) noch ausführlicher erörtert werden.

2.5.3 Determinationskoeffizienten (R^2)

Die Determinationskoeffizienten (R^2) berichten den relativen Anteil der Varianz einer abhängigen Variablen (latent oder manifest), der von denjenigen Variablen, die diese Variable beeinflussen, "ausgeschöpft" oder "gebunden" oder "statistisch erklärt" wird, wenn gleichzeitig alle anderen freien Parameter eines SE-Modells (nicht nur diejenigen der betreffenden Abhängigkeitsbeziehung) mit bestimmten Werten geschätzt werden.

So besagt z.B. ein Determinationskoeffizient von 0.56 bei der abhängigen Variablen Y, dass bei einer bestimmten Modellspezifikation und Modellschätzung die erklärenden Variablen X_k insgesamt 56% der Varianz von Y an sich binden bzw. statistisch "erklären".

Üblicherweise wird R^2 definiert durch 1-Var(E)/Var(Y), wobei Y die abhängige Variable und E die zufällige Fehlergröße von Y ist, die in Linearkombination mit den gewichteten X-Variablen bzw. den gewichteten Prädiktoren die Ausprägung von Y bestimmt.[21]

Oder anders ausgedrückt: Da die standardisierte Varianz der Fehlergröße identisch mit dem Anteil "unerklärter" Varianz in der abhängigen Variablen Y ist, ergibt sich der Anteil "erklärter" Varianz als die Differenz der standardisierten Fehlervarianz zu 1.00.

Die Ausprägungen von Determinationskoeffizienten liegen im Wertebereich von 0.00 bis +1.00. Bei einem Wert von 0.00 besteht im Strukturmodell keinerlei linearer Zusammenhang zwischen abhängigen und unabhängigen Variablen/Faktoren, während bei einem Wert von 1.00 eine perfekte lineare Abhängigkeit der abhängigen Variablen/des abhängigen Faktors von den unabhängigen Variablen/Faktoren besteht.

---

21 Bei der Interpretation von R^2 im Kontext von SEM-Analysen ist zu beachten, dass nach der SEM-Methodik (anders als bei der OLS-Regression) keine Residuen auf der Basis einzelner Beobachtungsfälle ermittelt werden können. Die oben genannte Varianz der Fehler "Var(E)" ergibt sich somit bei den Fehlern bzw. Residuen eines Indikators "Y" im Messmodell zu Faktor "F" nach der Gleichung:
Var(E) = Var(Y) - [(unstand. Faktorladung)^2 × Var(F)]
(vgl. dazu auch die in Kap. 2.5.2 berichteten SEM-Gleichungen).

Joereskog hat darauf hingewiesen, dass zwischen Determinationskoeffizienten im Regressionsmodell und im Gleichungssystem eines Kausalmodells zu unterscheiden ist.[22] Insbesondere in non-rekursiven Modellen (a.a.O.), also in Modellen mit Feedback-Schleifen, kann eine Y-Variable mit einer E-Fehlergröße korrelieren, sodass dann die oben angeführte, üblicherweise benutzte Interpretation von R^2 nicht mehr gültig ist. Das ist z.B. in folgendem Gleichungssystem der Fall:

$$Y_1 = Y_2 + X_1 + E_1 \qquad (1)$$
$$Y_2 = 0.5Y_1 + X_2 + X_3 + E_2 \qquad (2)$$

In Gleichung (1) zur Schätzung von Y_1 ist E_1 nicht unkorreliert mit Y_2. Dies liegt daran, dass nach Gleichung (2) die Variable Y_2 ihrerseits von Y_1 abhängig ist, sodass Y_2 auch Varianzanteile von Y_1 und damit auch deren nicht-ausgeschöpften Anteil E_1 beinhaltet. Deshalb kann zur Berechnung von R^2 in Gl.(1) keine Division der Varianz von E durch die Varianz von Y durchgeführt werden. Wird dies trotzdem gemacht und besteht die erläuterte Abhängigkeit, kann R^2 nicht eindeutig interpretiert werden.

Zur Lösung dieses Problems schlägt Joereskog die Berechnung eines Determinationskoeffizienten in "reduzierter Form" vor (implementiert in LISREL), bei dem nicht die Varianz von E, sondern von E^* benutzt wird, wobei E^* aus einer Linearkombination von E besteht und deshalb mit allen Prädiktoren unkorreliert ist. Die so berechneten R^{2*} liegen betragsmäßig in aller Regel deutlich tiefer als die traditionellen R^2 (die nunmehr von Joereskog als Determinationskoeffizienten in "struktureller Form" bezeichnet werden). In Beispielsrechnungen von Joereskog reduzieren sich die Werte von Determinationskoeffizienten z.B. von 0.95 und 0.93 auf 0.60 und 0.64 sowie von 0.50/0.83/0.95 auf 0.50/0.67/0.73.[23]

Die reduzierte Form von R^2 (Abk.: RF-R^2) sollte stets benutzt werden, wenn non-rekursive SE-Modelle (a.a.O.) mit dem Softwarepaket LISREL analysiert werden. Im SEM-Softwarepaket EQS wird bei Schätzung non-rekursiver Modelle das nach Bentler-Raykov korrigierte R^2 (Abk.: BR-R^2) ausgegeben. Beide Versionen liefern deutlich unterschiedliche Werte.[24] Wenn möglich, sollten deshalb in der SEM-Forschungspraxis bei Analyse von non-rekursiven Modellen alle drei Versionen von Determinationskoeffizienten (R^2, RF-R^2 und BR-R^2) berichtet und interpretiert werden.[25]

22　Vgl.: http://www.ssicentral.com/lisrel/techdocs/r2rev.pdf
23　Vgl.: http://www.ssicentral.com/lisrel/techdocs/r2rev.pdf
24　Vgl. dazu die Gegenüberstellung der verschiedenen R^2-Versionen in Kline 2011: 187f.
25　Der hier erläuterte RF-R^2-Koeffizient ist nicht identisch mit dem "coefficient of determination" (COD), der die gesamte ausgeschöpfte Varianz in einem Strukturgleichungsmodell mit mehreren abhängigen Variablen/Faktoren benennen will. Dieser wurde im Output von früheren LISREL-Versionen ausgegeben, dann aber fallen gelassen, als sich zeigte, dass der COD unter bestimmten

Als generelle Kritik an der Verwendung/Interpretation des Determinationskoeffizienten ist auf die obigen Ausführungen zur Problematik von standardisierten Regressionskoeffizienten zu verweisen (vgl. Kap. 2.5.1).[26] Die Kritik an der Verwendung standardisierter Pfadkoeffizienten lässt sich auch auf die Verwendung/Interpretation des Determinationskoeffizienten (R^2) bzw. des Anteils erklärter/ausgeschöpfter Varianz ausweiten, da sich der R^2-Wert auf die quadrierten standardisierten Regressionskoeffizienten zurückführen lässt (der R^2-Wert ist im einfachsten bivariaten "X→Y"-Modell nichts anderes als das Quadrat des standardisierten Koeffizienten). Somit ist die Interpretation der Höhe von R^2 oder ein Vergleich mehrerer R^2 mit der gleichen Problematik verbunden, die oben für standardisierte Regressionskoeffizienten skizziert wurde.

Wird diese Kritik akzeptiert, so folgt daraus, dass R^2 in der SEM-Analyse nur äußerst zurückhaltend (wenn überhaupt) interpretiert werden sollte. Es ist sicherlich sinnvoller, ein korrekt spezifiziertes, gut gefittetes Modell mit signifikanten oder nicht-signifikanten Effekten interpretieren zu können als ein Modell mit hohen R^2-Werten.

Sollen dennoch die R^2-Werte interpretiert werden, und sind diese eher gering, so kann ohne zusätzliche Analysen nicht darüber entschieden werden, ob die niedrigen R^2-Werte darauf zurückzuführen sind,
(-) dass die spezifizierten Effekte keine Kausaleffekte im spezifizierten Sinne ausüben,
(-) dass die Variablen schlecht gemessen wurden,
(-) dass wichtige Variablen im Modell unberücksichtigt bleiben (Spezifikationsfehler),
(-) dass falsche Beziehungsfunktionen verwendet wurden (z.B. additiv statt non-additiv oder linear statt non-linear) (Spezifikationsfehler).

2.5.4 Standardfehler / Signifikanztest

Der Standardfehler (S.E., engl. "standard error") bemisst die Variabilität eines jeden Parameter-Schätzwertes. Er ist ein Schätzwert für die Varianz der einzelnen Effektschätzungen und indiziert damit die Stabilität dieser Schätzwerte.

In der Maximum-Likelihood (ML)-Schätzung (a.a.O.) werden die Standardfehler aus den Varianzen derjenigen Parameter-Schätzwerte berechnet, die sich

---
Bedingungen kaum sinnvoll zu interpretierende Werte aufweist (z.B. in dem Fall, wenn alle einzelnen R^2-Werte eher geringe Werte aufweisen, aber der COD nahe 1.00 liegt).
26 Vgl. dazu auch Urban/Mayerl 2011: 59-65, 109-111.

in der Hauptdiagonalen der geschätzten Kovarianzmatrix befinden.[27] Obwohl die Standardfehler somit (streng genommen) nicht zu den zu schätzenden Parametern eines Modells gehören, spricht die SEM-Analyse dennoch von "geschätzten" Standardfehlern (vgl. Bollen 1989: 286).

Die Division eines Schätzwertes durch seinen Standardfehler ergibt den t-Wert. Ab einer Fallzahl von ca. 120 nähert sich die theoretische Verteilung dieser Werte (die "t-Verteilung") so stark der z-Verteilung an (bzw. der "Standardnormalverteilung" an), dass sie durch diese ersetzt werden kann.

Bei der z-Verteilung signalisiert ein t-Wert kleiner als -1.96 oder größer als +1.96 ein statistisch signifikantes Ergebnis bei einem Signifikanzniveau (α) von 0.05 und einem zweiseitigen Test. Bei einem zweiseitigen Test und einem Signifikanzniveau von 0.01 beträgt der kritische Grenzwert: ±2.58.

Bei einem einseitigen Test liegt der kritische Wert bei ±1.64 (mit α=0.05) bzw. bei ±2.33 (mit α=0.01). Allerdings sollte ein einseitiger Test mit großer Vorsicht (wenn überhaupt) durchgeführt werden. Denn auch, wenn in der SEM-Analyse in aller Regel gerichtete Hypothesen getestet werden, ist ein einseitiger Test nur dann zu rechtfertigen, wenn in überzeugender Weise argumentiert werden kann, dass ein Schätzwert am "falschen Ende" der Verteilung absolut bedeutungslos und ein reines Zufallsergebnis ist. In der Forschungspraxis werden aber Schätzergebnisse, die "am falschen Ende" liegen, eher als Hinweis auf eine falsche oder eine zu erweiternde Hypothese betrachtet (vgl. Abelson 1995: 58; Kimmel 1957). Deshalb kann als Daumenregel der gängigen, zweiseitigen Testpraxis gelten: Wenn der absolute t-Wert größer als 2.00 ist, ist der entsprechende Schätzwert auf einem Signifikanzniveau von α=0.05 signifikant von 0.00 verschieden. Liegt der absolute t-Wert darunter, kann er als Hinweis auf einen wahren Parameterwert von 0.00 in der Population verstanden werden. Interpretiert man den Signifikanztest als Test auf Zufälligkeit, so kann man auch sagen: ist der absolute t-Wert größer als 2.00, dann ist der zu testende Schätzwert nicht mehr zufällig ungleich null (bei einer Irrtumswahrscheinlichkeit von maximal 5%).

Wenn ein oder mehrere Standardfehler außergewöhnlich groß sind (z.B. im Verhältnis zu den anderen Standardfehlern der Schätzung), erbringt das geschätzte Modell keine zuverlässige Information über den dazugehörigen Parameter (z.B. über den Wert eines Pfadkoeffizienten). In diesem Falle sollten alle Interpretationen mit besonderer Vorsicht durchgeführt werden.

---

27 "When the sample estimates are substituted for the unknown parameters, the square root of the main diagonal of the asymptotic covariance matrix provides estimated asymptotic standard errors." (Bollen 1989: 286).

Große Standardfehler können auch darauf hinweisen, dass ein Modell nicht ausreichend spezifiziert wurde und dass es u.U. empirisch unteridentifiziert ist, was z.b. dadurch geschehen kann, dass zur Messung latenter Konstrukte nur zwei Indikatoren benutzt wurden[28] (vgl. dazu auch das Kapitel 4.1 "Wie viele Indikatoren sollten pro Faktor vorhanden sein?").

Nach einem mittlerweile klassischen Vorschlag von Sobel (1982, 1987) wird der Standardfehler von indirekten Effekten (a.a.O.: Pfadkoeffizient) nach folgender Gleichung berechnet (z.B. in LISREL und EQS):

$$SE_{ab} = \sqrt{(SE_a^2 \times b^2) + (SE_b^2 \times a^2)}$$

Dabei sind a und b die unstandardisierten Regressionskoeffizienten der Pfade, die in Kombination den indirekten Effekt ergeben, während SE_a^2 und SE_b^2 die entsprechenden Standardfehler sind. Die Testgröße, die entsprechend der oben skizzierten Logik größer als 1.96 sein sollte, ergibt sich dann aus:

$$t_{ab} = (a \times b) / \sqrt{(SE_a^2 \times b^2) + (SE_b^2 \times a^2)}$$

Eine einfache Möglichkeit zur Berechnung der Signifikanz von indirekten Effekten eröffnet eine Eingabemaske im Internet (http://quantpsy.org/sobel/sobel.htm).

Viele SEM-Softwarepakete berechnen die Standardfehler unter der Annahme, dass die jeweilige Stichprobe als einfache Wahrscheinlichkeitsauswahl realisiert wurde. Wenn aber im Samplingverfahren komplexe Techniken, wie z.B. Schichtung (stratification), Gewichtung oder Clusterbildung, eingesetzt wurden, sollte dies auch in der Berechnung der Standardfehler berücksichtigt werden (was u.a. im Mplus-Softwarepaket mit der Option "TYPE=COMPLEX" erreicht werden kann). Denn komplexe Samplingtechniken erzeugen einen Designeffekt, der zu größeren Standardfehlern und damit auch zu kleineren t-Werten führen kann.

Schwierige Probleme entstehen, wenn die SEM-Schätzung zwar nichtsignifikante Koeffizientenschätzungen liefert, jedoch die absoluten Werte dieser Schätzungen hoch (bzw. mittelhoch) sind. Denn dann ist die Nicht-Signifikanz der Koeffizientenschätzwerte in aller Regel eine Folge hoher Standardfehler (da diese nach der oben skizzierten Testlogik kleine t-Werte erzeugen). In diesen Fällen muss nach Gründen dafür gesucht werden, warum die Standardfehler dermaßen groß sind. Bei der Ursachensuche ist natürlich in erster Linie an systematische

---

28 Zur Beseitigung dieser Identifikationsschwäche können die Residuen eines solchen Messmodells als "gleich groß" definiert werden.

SEM-Grundlagen 61

und/oder zufällige Messfehler bei den diesbezüglichen Indikatoren zu denken. Es sollten aber auch folgende Ursachen in Betracht gezogen werden:
(-) unteridentifizierte Modellspezifikationen (evtl. müssen zusätzliche Variablen in das Modell hinein oder müssen andere Variablen aus dem Modell entfernt werden) (a.a.O.: Identifikation, Messmodelle));
(-) zu hohe Kollinearität (a.a.O.) zwischen Modellprädiktoren;
(-) zu geringe Fallzahlen (a.a.O.) für die Schätzung eines zu komplexen Modell;
(-) zu viele zu schätzende Modellparameter (evtl. müssen Constraints gesetzt werden);
(-) zu große Heterogenität der Daten in Bezug auf eine bestimmte Modellspezifikation (hohes Ausmaß an unberücksichtigter Heterogenität), die z.B. dadurch entstehen kann, dass multiple Populationen in der Stichprobe vertreten sind (evtl. muss deshalb eine Mehrgruppenanalyse durchgeführt werden, a.a.O.);
(-) zu niedrige Fallzahl (a.a.O.) und/oder zu niedrige Teststärke (a.a.O.).

Standardfehler können verzerrt sein, wenn die SEM-Schätzung mit Variablen durchgeführt wird, deren Werteverteilung sehr deutlich vom Normalverteilungsmodell abweichen (a.a.O.). Dann können Bootstrapping-Verfahren (a.a.O.) eingesetzt werden, um die betreffenden Standardfehler zu korrigieren.

Weitere Informationen zur Robustheit von Standardfehlern finden sich im Kapitel 3.3 "Wie viele Fälle werden benötigt?". Weitere Informationen zur Logik von Signifikanztests finden sich insbesondere in Kapitel 3.3.1 "Fallzahl und Teststärke".

2.5.5 Konfidenzintervalle

Wird das Zweifache (bzw. genauer: das 1.96-fache) des Standardfehlers (a.a.O.) zum unstandardisierten Schätzwert eines Effektparameters addiert bzw. das Zweifache des Standardfehlers von einem Schätzwert subtrahiert, enthält man die Ober- und Untergrenze des 95%-Konfidenzintervalls für diesen Parameter.

Das Konfidenzintervall lässt sich auch nutzen, um herauszufinden, ob und in welchem Ausmaß ein Schätzwert signifikant von einem bestimmten Wert in der Population abweicht (z.B. eine unstandardisierte Faktorladung von 1.53 vom Populationswert 2.03). Wenn der als "wahr" angenommene oder bekannte Populationswert X innerhalb des Konfidenzintervalls liegt, kann die Hypothese über einen "wahren" Populationswert "X" (von 2.03) durch die Stichprobendaten und im Kontext des geschätzten Modells nicht zurückgewiesen werden (mit einer Irrtumswahrscheinlichkeit von 5%).

Nach dieser Logik wird in Signifikanztests auch häufig geprüft, ob ein mit der Nullhypothese vermuteter Populationswert von 0.00 zu verwerfen ist oder nicht. Wenn sich der Wert "0.00" nicht innerhalb des Konfidenzintervalls befindet, dann ist diese Nullhypothese zu verwerfen (mit einer bestimmten Irrtumswahrscheinlichkeit).

Breite Konfidenzintervalle (und damit größere Standardfehler) bedeuten eine geringere Präzision für diese Pro- oder Contra-Entscheidung. Da Konfidenzintervalle mit Hilfe der Standardfehler (a.a.O.) ermittelt werden, sind Konfidenzintervalle ebenso wie Signifikanztests abhängig von der möglichst exakten Schätzung der Standardfehler und entsprechend durch über- oder unterschätzte Standardfehler verzerrt (zu den Ursachen verzerrter Standardfehler vgl. Kap. 2.5.4).

2.6 Sollten geschätzte SE-Modelle nachträglich modifiziert werden?

Die SEM-Analyse ist vor allem eine konfirmatorische Analyse. Mit ihr werden theoriebestimmte Modelle empirisch getestet. Ergänzend zu ihrem konfirmatorisch ausgerichteten Vorgehen bietet die SEM-Analyse aber auch die Möglichkeit, Struktur- und Messmodelle mittels einer sog. "Modifikationsanalyse" explorativ zu verbessern.

Durch Einsatz der Modifikationsanalyse können Modellspezifikationen partiell (am besten: marginal) verändert werden. Niemals jedoch sollte eine Modifikationsanalyse eingesetzt werden, um SE-Modelle von Grund auf neu zu generieren.

In der Modifikationsanalyse wird u.a. untersucht, ob durch Freisetzung und statistische Schätzung von ursprünglich nicht zur freien Schätzung vorgesehenen Parametern die Gesamtanpassung eines SE-Modells an empirisch beobachtete Datenpunkte (das sind vor allem die beobachteten Kovarianzen zwischen den empirisch ermittelten Indikatoren) verbessert werden kann. Dazu werden in EQS sogenannte "LM-Tests" (Lagrange Multiplier-Tests)[29] durchgeführt (a.a.O.), während in LISREL und MPLUS sog. "Modifikationsindizes" berechnet werden.[30]

Allerdings ist zu berücksichtigen, dass bei einer ergänzenden, explorativen Modellspezifikation mittels LM-Tests und anderer Verfahren sehr leicht schwer-

---

29 Zur Konstruktion und Logik von LM-Tests vgl. Bentler/Chou 1992.
30 Zur Technik dieser Tests vgl. die sehr verständlichen Erläuterungen in Byrne 2006: 108-113, 214-217; Tabachnick/Fidell 2013: 726-733.

wiegende Fehler als Folge von inkorrekten Sampling- und Spezifikationsverfahren gemacht werden können. Denn von LM-Tests werden stets nur diejenigen Parameter zur freien Schätzung vorgeschlagen, die den Modellfit (a.a.O.) einer als gültig angenommenen Modellstruktur bedeutsam erhöhen können. Solche Parameter können aber u.U. in einem SE-Modell völlig überflüssig sein. Denn LM-Tests versuchen, auch dann ein SE-Modell zu optimieren, wenn es ein fehlspezifiziertes Modell ist. So können die von einem LM-Test vorgeschlagenen, frei zu schätzenden Parameter völlig irrelevant sein, weil sie bei korrekt spezifizierter Modellstruktur im Modell nichts zu suchen hätten.[31]

Auf jeden Fall sollte bei einer Modifikationsanalyse schrittweise immer nur eine Parameterspezifikation verändert werden. Bei einem empirie- bzw. datenorientierten Vorgehen sollte das immer diejenige Neuspezifikation mit dem niedrigsten p-Wert bzw. mit der höchsten zu erwartenden Chi^2-Änderung im LM-Test sein. Zudem sollten bei jedem Modifikationsschritt die Konsequenzen der Veränderung für die Schätzung der anderen Modellparameter beobachtet werden. Da jede einzelne Spezifikationsveränderung zu weitreichenden Veränderungen bei allen anderen, zunächst nicht modifizierten Spezifikationen führen kann, und diese dann aus einer ursprünglichen Modifikationsempfehlung herrausfallen können, reicht u.U. schon eine einzige Modifikation, um viele weitere empfohlene Modifikationen überflüssig zu machen.

Generell muss jedoch vor einem drohenden "Overfitting" (a.a.O.) als Folge von Modifikationsanalysen gewarnt werden. Deshalb sollte immer Folgendes beachtet werden:

Bei einer SEM-Analyse sind die von LM-Tests vorgeschlagenen Modellmodifikationen nur dann zu akzeptieren, wenn es dafür gute theoretische, analytische und/oder inhaltliche Gründe gibt. Nachträglich implementierte Modellspezifikationen müssen stets mit der ursprünglichen, analytisch begründeten SE-Modellstruktur kompatibel sein.

Weitere, ausführliche Informationen zu diesem Thema sind in Kapitel 3.2.1 "Overfitting (Überanpassung) und Modell-Respezifikation" zu finden.

---

[31] Beispiel: In einem Modell mit drei exogenen X-Variablen und zwei endogenen Y-Variablen, in dem kein Parameter zur Schätzung freigegeben wird, wird ein LM-Test immer zunächst die Beziehung zwischen den beiden endogenen Y-Variablen zur freien Schätzung vorschlagen, weil damit die beste Fit-Verbesserung zu erreichen ist. Wenn jedoch im Modell die Effekte der drei X-Variablen auf die Y-Variablen frei geschätzt werden, kann u.U. die "$Y_1 \rightarrow Y_2$"-Verbindung ganz ohne Bedeutung sein (vgl. Green et al. 1999: 116).

2.7 Welche Verfahren sollten zur SE-Modellschätzung benutzt werden?

Die Berechnung der freien und auch der restringiert-freien[32] Modellparameter eines SE-Modells erfolgt in der SEM-Analyse mittels aufwändiger statistischer Schätzverfahren. In diesen Verfahren werden diejenigen Werte als bestmögliche Schätzwerte für die freien Modellparameter ermittelt, mit denen die empirisch beobachteten Datenstrukturen eines beliebigen Datensatzes im Kontext des analysierten SE-Modells möglichst exakt reproduziert werden können.

Dies erfolgt in Form eines Datenabgleichs. Bei diesem Datenabgleich werden diejenigen Parameterwerte, die als Kandidaten für die letztendlich auszuwählenden, optimalen Schätzwerte anzusehen sind, dazu benutzt, eine Kovarianzmatrix (Σ) aller im jeweiligen Modell berücksichtigten manifesten Variablen zu berechnen. Wenn die Werte dieser, mittels Verwendung von Parameter-Schätzwerten berechneten Kovarianzmatrix (Σ) möglichst dicht an den empirisch beobachteten Werten der Kovarianzmatrix (S) der entsprechenden Variablen im gegebenen Datensatz liegen, dann können die Parameter-Schätzwerte als "gute" Schätzwerte gelten. Und die besten Schätzwerte sind diejenigen Werte, bei denen die Differenz zwischen Σ und S am geringsten ist.

Abbildung 2.10 verdeutlicht dieses Schätzprinzip an einem didaktisch vereinfachten, fiktiven Modellbeispiel:

In einem Datensatz lasse sich die in Abbildung 2.10a veranschaulichte Korrelation (=standardisierte Kovarianz) zwischen den beiden Variablen Y_1 und Y_2 von r=0.70 empirisch ermitteln. Mit dieser Korrelation sei das in Abbildung 2.10b gezeigte Modell zu schätzen. Nach diesem Modell beinflusst die exogene Variable F die beiden endogenen Y-Variablen durch zwei direkte Pfadverbindungen und die Koeffizienten der beiden Pfade von F auf Y_1 und von F auf Y_2 seien statistisch zu schätzen (was durch Sternchen in Abb. 2.10b gekennzeichnet ist.).

In einem ersten Verfahrensschritt werden für die beiden Pfade die Startwerte "0.80" und "0.50" angenommen (vgl. Abb. 2.10c). Mit diesen beiden Werten lässt sich die Korrelation zwischen Y_1 und Y_2 berechnen. Denn nach einer Rechenregel der Pfadanalyse kann in einem rekursiven Pfadmodell (d.h. in einem Pfadmodell ohne Feedback-Schleifen) die Korrelation zwischen zwei Variablen ermittelt werden, indem das Produkt aus den Koeffizienten derjenigen Pfade gebildet wird, auf

---

32 Unter "restringiert-freien" Parametern werden solche Modellparameter verstanden, die zwar zu schätzen sind und in diesem Sinne "frei" sind, für die jedoch bestimmte Restriktionen festgelegt werden (auch "constraints" genannt). Eine typische Anwendung erfolgt in der Multigruppenanalyse (a.a.O.). Dort wird üblicherweise vorgegeben, dass die unstandardisierten Faktorladungen von jedem Faktor in allen Gruppen mit identischen Werten geschätzt werden.

SEM-Grundlagen

denen entlang zu wandern ist, um von der einen Variablen zur anderen Variablen zu gelangen (wobei evtl. auch gegen die Pfeilrichtung "anzuschwimmen" ist). Im Beispiel beträgt dieses Produkt: 0.80×0.50=0.40 (vgl. Abb. 2.10c). Mit diesem Korrelationswert von 0.40 ist die Schätzung der beiden freien Parameter nicht besonders gut gelungen, denn die Korrelation von 0.40 wäre relativ weit von der empirisch beobachteten Korrelation von 0.70 entfernt.

Besser ist die in Abbildung 2.10d dargestelle Schätzung gelungen. Die beiden geschätzten Pfadkoeffizienten von 0.80 und 0.75 ergeben eine Korrelation von 0.60 und diese liegt wesentlich näher an der beobachteten Korrelation von 0.70. Deshalb ist die zweite Schätzung (Abb. 2.10d) deutlich besser als die erste Schätzung (Abb. 2.10c).

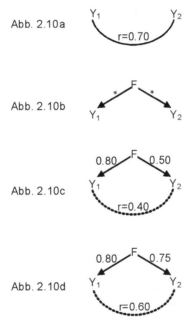

Abbildung 2.10: Schätzung von Pfadkoeffizienten (didaktisch vereinfachtes Beispiel)

Bei der SEM-Schätzung wird also eine geschätzte Kovarianzmatrix mit der empirisch beobachteten Kovarianzmatrix verglichen. Die Distanz zwischen beiden Matrizen wird durch den minimalen Wert der sogenannten "Fit-Funktion" angezeigt. Dieser Funktionswert liegt zwischen 0 und ∞. Ist er null, dann sind die beiden Matrizen identisch. Für eine gute Schätzung sollte er also möglichst nahe an null liegen.

Rein praktisch betrachtet arbeiten alle hier betrachteten Schätzverfahren bei überidentifizierten Modellen (a.a.O.: Identifikation) in iterativer Weise, d.h. sie suchen schrittweise nach Schätzwerten für die freien Parameter, um Σ möglichst dicht an S heranzubringen. Dazu beginnen sie mit bestimmten Startwerten und versuchen, so lange den Wert der Fit-Funktion zu optimieren, wie dies durch Veränderung der Schätzwerte noch möglich ist. Liegt die Veränderung unterhalb eines sehr geringen Schwellenwertes (häufig: 0.000001), so brechen sie die Iteration ab und konvergieren zu einer finalen Lösung. Kommt keine Konvergenz zustande, d.h. bewegt sich das Schätzverfahren in einer Endlosschleife, bei der die Veränderungen niemals so klein ausfallen, dass sie unterhalb des Abbruchkriteriums liegen, wird die Schätzung erfolglos beendet. Dafür kann es viele Gründe geben (vgl. dazu das folgende Kapitel 3).

Im Folgenden werden in aller Kürze einige Erläuterungen zu den zwei am häufigsten eingesetzten Schätzverfahren in der SEM-Analyse gegeben. Erläutert wird:
(a) das "maximum likelihood" (ML/ML-robust)-Schätzverfahren, das zur Schätzung von Modellen mit metrischen und metrisch-definierten Variablen benutzt wird, und
(b) das "weighted least squares" (WLS/WLSMV)-Schätzverfahren, das zur Schätzung von Modellen mit kategorialen Variablen zu verwenden ist.[33]

Beide Schätzverfahren arbeiten nach dem Prinzip, dass sie diejenigen Schätzwerte suchen, die ihre Fit-Funktion minimieren. Sie liefern konsistente Schätzwerte, sodass mit größeren Fallzahlen (a.a.O.) auch eine größere Annäherung an die wahren Parameter der Population zu erwarten ist (sie werden deshalb auch als asymptotische Verfahren bezeichnet). Zudem sind ihre Schätzwerte bei großen Samples zumindest annäherungsweise normalverteilt, zeigen in ihrem Verteilungszentrum den wahren Wert der Population und sind zudem effizient, was bedeutet, dass die Verteilung der einzelnen Schätzwerte im Prinzip die kleinste mögliche Varianz erreichen kann, wodurch sie besonders präzise sein können (vgl. dazu auch die folgenden Unterkapitel).

---

33 Im SEM-Programmpaket EQS wird noch eine weitere Möglichkeit zur Schätzung von SE-Modellen mit kategorialen Indikatoren angeboten, bei der einzelne Schritte aus ML- und WLS-Schätzung miteinander kombiniert werden (Byrne 2006: 163-176). Vgl. dazu die Erläuterungen im letzten Teil von Kap. 2.7.2.

2.7.1 Die ML/ML(robust)-Schätzung

Die Maximum-Likelihood-Schätzung (ML-Schätzung) wird in SEM-Analysen mit kontinuierlich verteilten bzw. metrisch skalierten endogenen Modellvariablen am häufigsten eingesetzt.[34] Bei Berechnung der Fit-Funktion im ML-Schätzverfahren (s.o.) wird eine Gewichtung der Summe der quadrierten Differenzen zwischen Σ und S (s.o.) benutzt. Im Detail ist die Fit-Funktion der ML-Schätzung kompliziert und wird hier nicht vorgestellt (vgl. dazu Bollen 1989: 107-111).

Die Bezeichnung "ML" kommt daher, dass im Schätzverfahren solche Schätzwerte gesucht werden, welche die Wahrscheinlichkeit (likelihood) dafür maximieren, dass bei Gültigkeit dieser Schätzwerte in der Population auch mit der jeweiligen Modellspezifikation die empirischen Kovarianzen gut zu beobachten sind.

Die Logik des ML-Verfahrens lässt sich an folgendem kleinen Beispiel verdeutlichen (nach Andreß et al. 1997: 40-45):

Gegeben seien zwei Populationen von jeweils 10 Personen. In der Population A sind 3 Personen als Postmaterialisten zu bezeichnen, in der Population B sind es 8 Personen. Bei einer Stichprobe von N=3 Personen sind alle 3 Personen als Postmaterialisten zu bezeichnen. Aus welcher Population stammt diese Stichprobe mit der höchsten Wahrscheinlichkeit? Dies lässt sich mit Hilfe der Binomialverteilung leicht berechnen (Urban/Mayerl 2011: 327). Die darin einzusetzenden Werte sind: n=3, s=3 (s = Personenanzahl mit der interessierenden Eigenschaft), π=0.3 (bei A), π=0.8 (bei B). Es ergeben sich Wahrscheinlichkeiten von 0.03 für A und 0.51 für B. Demnach bestätigt die Stichprobe die Gültigkeit von π=0.8 mit der maximal erreichbaren Wahrscheinlichkeit.

Die maximal erreichbare Wahrscheinlichkeit wird im ML-Schätzverfahren als "likelihood" bezeichnet, weil es sich dabei streng genommen nach den Axiomen der Wahrscheinlichkeitstheorie nicht um eine Wahrscheinlichkeit handelt (denn die Summe der likelihood-Werte kann größer 1.00 werden). Diese Unterscheidung ist aber für ein adäquates Verständnis des Schätzverfahrens nicht wichtig.[35]

---

34 In SEM-Analysen mit ML-Schätzung dürfen allerdings die exogenen Prädiktoren auch dichotom skaliert sein (z.B. die Variable "Geschlecht").

35 In der Praxis benutzen die meisten Iterationsverfahren den negativen Log-Likelihoodwert "-LL" als Annäherungskriterium, so dass das Maximum der Schätzung dort erreicht wird, wo der absolute Wert von -LL am geringsten ist (d.h., dass bei Vergleich der beiden Log-Likelihoodwerte "-7.986" und "-10.658" der Wert von -7.986 einen besseren Fit indiziert).

Voraussetzung für eine möglichst unverzerrte ML-Schätzung ist die Gültigkeit zweier Annahmen:

Zum einen sollten die Werte aller exogenen Variablen (soweit sie metrisch verteilt sind) und die Werte aller endogenen Variablen möglichst gut multivariat normalverteilt sein (allerdings sind geringe bis mittlere Abweichungen vom Modell der Normalverteilung bei Einsatz einer Modifikation der Schätzung, s.u., tolerierbar).

Zum anderen sollten die exogenen Variablen nicht mit den Schätzfehlern (Residuen) der endogenen Variablen korrelieren (was eine ML-Schätzung von non-rekursiven Modellen, d.h. von Modellen mit Feedback-Schleifen, schwierig macht).

Ein spezielles Maximum-Likelihood-Schätzverfahren (hier als "ML(robust)"-Schätzung bezeichnet (a.a.O.)) ist u.a. in EQS und MPLUS implementiert und sollte bei leichten bis mittelgradigen Abweichungen der empirischen Variablenverteilungen vom Normalverteilungsmodell eingesetzt werden. Es liefert verteilungsrobust korrigierte Schätzwerte der Standardfehler (a.a.O.), die korrigierte Satorra-Bentler-SCALED-χ^2-Statistik (a.a.O.), den robusten Anpassungsindex CFI (a.a.O.) sowie den robusten RMSEA-Wert (a.a.O.).

Vorteile der ML-Schätzung sind:

(-) Sie ist weniger abhängig von der Fallzahl (a.a.O.) des zu analysierenden Datensatzes und von der Kurtosis der Modellvariablen, und ist deshalb auch stabiler und von höherer Präzision als andere Schätzverfahren (vgl. Olsson et al. 2000; Boomsma/Hoogland 2001).

(-) Sie liefert bei Abwesenheit von Spezifikationsfehlern und bei Existenz von (annäherungsweise) normalverteilten Daten solche χ^2-Testergebnisse (a.a.O.), die auch bei kleineren Stichproben (N<=200) unverzerrt sind (Curran et al. 1996).

(-) ML(robust) (a.a.O.) liefert mit Satorra-Bentler-Korrektur (a.a.O.) auch bei nicht normalverteilten Variablen (und auch bei kleinen Fallzahlen von ca. N=200) relativ unverzerrte χ^2-Testwerte (Curran et al. 1996).

Insgesamt betrachtet ist die ML-Schätzung bei Abwägung aller Störeinflüsse und deren Kombinationen (geringe Fallzahlen, nicht-normalverteilte Daten, Spezifikationsfehler) im Vergleich zu anderen Schätzverfahren die beste Wahl (Olsson et al. 2000; Boomsma/Hoogland 2001). Allerdings muss stets berücksichtigt werden, dass auch für das ML-Schätzverfahren die Schätzung von Standardfehlern (a.a.O.) und die Berechnung von Chi-Quadrat-Statistiken (a.a.O.) zum Test des Modellfits (a.a.O.) problematisch ist, wenn die Fallzahlen eher klein sind (Daumenregel: N sollte oberhalb von 200 liegen, a.a.O.: Fallzahlen), oder wenn wenige Indikatoren pro Faktor benutzt werden (Daumenregel: pro Faktor sollten mehr als 3 Indikatoren gegeben sein, a.a.O.: Fallzahlen), oder wenn die Daten nicht (oder zumindest nicht annäherungsweise) multivariat normalverteilt sind (Boomsma/ Hoogland 2001).

Wenn bei einer SEM-Analyse zwar keine metrisch skalierten jedoch kategorial geordnete Indikatoren mit mindestens 5 Kategorien pro Variable zur Verfügung stehen, und wenn die Variablen höchstens moderat von der Normalverteilungsform abweichen (a.a.O.), wird von einigen SEM-Autoren empfohlen (u.a. von Bentler 2006), auch unter diesen Bedingungen die ML-Schätzung bzw. die ML(robust)-Schätzung einzusetzen. So könne den Problemen verzerrter Standardfehler-Schätzungen, die oftmals bei Schätzungen nach der WLS-Methode auftreten (vgl. die nachfolgenden Ausführungen) aus dem Weg gegangen werden.

Weitere ausführliche Informationen zur ML-Schätzung mit ordinal verteilten Variablen, die als metrisch definiert werden können, finden sich in Kap. 4.4 "Müssen die empirischen Variablenwerte immer metrisch und normalverteilt sein?".

2.7.2 Die WLS/WLSMV-Schätzung[36]

Die WLS-Schätzmethode wird in der SEM-Analyse vor allem dann eingesetzt, wenn bei der Modellschätzung kategoriale Daten (d.h. Variablen, die auf nominalem oder ordinalem Messniveau liegen) als endogene Indikatorvariablen zu berücksichtigen sind. In den folgenden Erläuterungen konzentrieren wir uns auf eine spezielle Variante der WLS-Schätzmethode, die im SEM-Softwarepaket "Mplus" implementiert ist, und die von uns deshalb auch als "Mplus-Strategie zur WLS-Schätzung" bezeichnet wird.[37][38]

Die WLS-Schätzmethode ist recht kompliziert und in ihren mathematischen Algorithmen für den sozialwissenschaftlichen SEM-Anwender nur schwer zu verstehen. Im Folgenden sollen dennoch einige Hinweise zur WLS-Schätzmethode gegeben werden, um so zumindest eine erste Vorstellung von der Logik des Verfahrens zu vermitteln.

---

36 Die folgenden Ausführungen zum WLS-Schätzverfahren entsprechen weitgehend den Erläuterungen des Verfahrens in: Urban 2004: 18-26.
37 Vgl. dazu Muthén 1983, 1984, 1993; Muthén/Satorra 1995; Xie 1989; Muthén/Muthén 2001: "Appendix 1: Regression with a categorical dependent variable" (S. 339-343) und "Appendix 2: The general modeling framework" (S. 345-352).
38 In anderen Software-Paketen ist die WLS-Schätzung unter anderen Bezeichnungen implementiert z.B. als ADF in Amos und als AGLS in EQS.

Die Schätzmethode basiert auf einem WLS (weighted least squares)-Verfahren, das als Input empirische Informationen über Verteilungen und Zusammenhänge von kategorialen Variablen (z.B. polychorische Korrelationen oder Probitkoeffizienten, dazu mehr im Folgenden) sowie eine Schätzung von deren asymptotischer Kovarianzmatrix nutzt. Auf diese Weise kann das WLS-Verfahren auch solche Modellschätzwerte erzielen, für welche die Voraussetzung multivariater Normalverteilung nicht erfüllt ist.

Für das WLS-Verfahren ist vorauszusetzen, dass es für jede kategoriale Indikatorvariable (Y) eine dieser zugrunde liegende, kontinuierlich- und normalverteilte, latente Indikatorvariable (Y*) gibt. Hinsichtlich dieser zugrunde liegenden, kontinuierlich verteilten Variablen (Y*) wird angenommen, dass sie aus prinzipiellen oder auch aus praktischen Gründen nur unvollkommen gemessen werden kann und dass deshalb ihre jeweiligen Ausprägungen in der empirischen Forschung allein in kategorialer Form zu beobachten sind (mehr dazu im Folgenden).

Allerdings hat das "klassische" WLS-Schätzverfahren, das z.B. auch im Programmpaket LISREL installiert ist, einen entscheidenden Pferdefuß. Es werden sehr große Datensätze mit mehreren tausend Fällen (ca. 2000 bis 5000 Fälle)[39] benötigt, um die dafür erforderliche asymptotische Kovarianzmatrix zu schätzen (a.a.O.). Ohne solch große Fallzahlen kann das Verfahren zwar stabile Parameter-Schätzwerte, aber keine unverzerrten Schätzwerte für Standardfehler (a.a.O.) und Chi-Quadrat-Wert (a.a.O.) liefern. Letztere sind dann häufig so unzuverlässig, dass z.B. der für den üblichen Chi-Quadrat-Anpassungstest (a.a.O.) und für diverse, darauf beruhende Fit-Indizes (a.a.O.) benötigte Chi-Quadrat-Wert weit überhöht und deshalb unbrauchbar wird.

Somit ergibt sich das Dilemma, dass mit der WLS-Methode zwar ein Verfahren zur Schätzung von Strukturmodellen mit kategorialen Daten vorhanden ist, dafür jedoch Fallzahlen verlangt werden, die in sozialwissenschaftlichen Studien kaum zu erreichen sind. Um mit kategorialen Messwerten und kleineren Fallzahlen (z.B. schon mit N=150) dennoch zuverlässige und aussagekräftige SEM-Analysen durchführen zu können, muss zur Modellschätzung eine modifizierte Version des oben angesprochenen WLS-Verfahrens benutzt werden: die von uns sogenannte Mplus-Strategie der WLS-Schätzung.

Die Mplus-WLS-Schätzung benutzt einen Schätzalgorithmus, der auch noch kategoriale SE-Modelle mit 150 bis 200 Fällen relativ stabil schätzen kann.[40] Denn er verwendet eine diagonale Weight-Matrix, die nicht die Stabilitätsproble-

---

39 Vgl. Muthén/Kaplan 1985; Yuan/Bentler 1994.
40 Nach Brown 2006: 389; Flora/Curran 2004.

me des traditionellen WLS-Ansatzes (s.o.) kennt.[41] Zudem gibt es eine Variante der Mplus-WLS-Schätzung, die für die praktische Sozialforschung höchst interessant ist. Sie wird als WLSMV-Schätzung bezeichnet (WLSMV= "weighted least squares estimator with standard errors and mean- and variance adjusted chi-square test statistic"). Diese WLS-Variante liefert mittelwert- und varianzjustiert robuste Schätzwerte für Standardfehler und Chi-Quadrat-Wert (vergleichbar mit der ML-Variante "ML(robust)", a.a.O.). Deshalb bleiben WLSMV-Schätzungen auch bei schief verteilten kategorialen Indikatorwerten noch relativ unverzerrt und können besonders gut für substanziell gehaltvolle inferenzstatistische Analysen genutzt werden.[42]

Die WLS/WLSMV-Schätzung basiert im Wesentlichen auf einer Annahme und auf drei Schritten (S1 bis S3):[43]

Die Annahme betrifft die bereits oben angesprochene Existenz einer kontinuierlich normalverteilten, latenten Indikatorvariablen (Y*), auf die jede beobachtete geordnet-kategoriale Indikatorvariable (Y) zurückzuführen ist. Hinter jeder kategorialen Ausprägung von Y (also z.B. hinter den Zustimmungskategorien: 0=nein, 1=vielleicht, 2=ja eines trichotomen Items Y_1) stehen demnach ganze Wertebereiche der kontinuierlichen Variablen Y*, und im ersten Schritt der WLS-Schätzung (S1) müssen die Grenzwerte, die sogenannten "Schwellenwerte" (thresholds) der Y*-Variablen ermittelt werden, welche die einzelnen Wertebereiche für jeden Wert von Y voneinander abgrenzen. Was ist damit gemeint?

Wie bereits erwähnt, wird die Annahme getroffen, dass jeder Messwert einer kategorialen Y-Variablen stellvertretend für die sehr vielen Werte eines bestimmten Wertebereichs einer kontinuierlich normalverteilten Y*-Variablen steht. Die Abbildung 2.11 verdeutlicht dies am Beispiel der kategorialen Variablen Y_1, die prinzipiell nur einen von drei Variablenwerten annehmen kann (0, 1 oder 2). Zu jedem dieser drei Werte korrespondiert ein bestimmter Wertebereich der Y_1*-Variablen. Für den kategorialen Wert "0" ist dies der gesamte Y_1*-Bereich, der in Abbildung 2.11 links des Wertes von τ_1 liegt (unter Einschluss von τ_1 selbst). Für den kategorialen Wert "1" ist das der Y_1*-Skalenabschnitt zwischen τ_1 und

---

41 Nach: B.O. Muthén in SEMNET vom 18.5.1999. Vgl. auch: Brown 2006: 388f; Kaplan 2000: 85-87.
42 Vgl. Muthén 1993; Kaplan 2000: 85-87. Die mittelwertjustierte Schätzung wird dabei ähnlich des "Satorra-Bentler-Verfahrens" zur Skalierung korrigierter Chi-Quadrat-Werte bei kontinuierlichen Indikatoren durchgeführt (vgl. Hu/Bentler/Kano 1992; Satorra/Bentler 1994).
43 Vgl. dazu: Kaplan 2000: 83f; Muthén/Muthén 2001: Appendix 1 ("Regression with a categorical dependent variable"), Appendix 2 ("The general modeling framework") und Appendix 4 ("Estimators").

τ_2 (unter Einschluss von τ_2). Und für den kategorialen Wert "2" ist dies der Y_1^*-Skalenabschnitt, der oberhalb von τ_2 liegt.

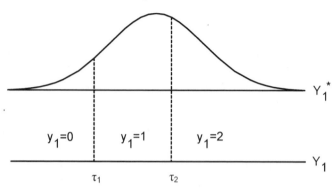

Abbildung 2.11: Illustration des Zusammenhangs zwischen der kategorialen manifesten Variablen Y_1 und der ihr zugrunde liegenden, kontinuierlich normalverteilten, latenten Variablen Y_1^*

Die Zuordnung von Y-Werten zu Y*-Abschnitten erfordert also die Festlegung von τ-Werten, die auch als "Schwellenwerte" bezeichnet werden. Ihre Anzahl ist immer um eins kleiner als die Anzahl aller Kategorien (k) der Y-Variablen (k-1, hier also: 3-1 = 2 Schwellenwerte: τ_1 und τ_2).

Diese Schwellenwerte können in der WLS/WLSMV-Schätzstrategie von Mplus auf zwei verschiedenen Wegen ermittelt werden:

(a) Wenn es für einen Faktor mehrere kategoriale Indikatoren und gleichzeitig noch mindestens einen Prädikator für diesen Faktor oder zumindest für einen seiner Indikatoren gibt, wird ein multivariates Probit-Regressionsverfahren zur Schätzung der Schwellenwerte eingesetzt.[44]

(b) Wenn es mehrere kategoriale Indikatoren ohne zusätzliche Prädiktoren (X-Variablen) gibt, sind die Schwellenwerte nichts anderes als "Z-Werte". Diese werden berechnet, indem der kumulative Prozentanteil von Fällen für jede Y-Kategorie ermittelt wird und mit diesem Prozentwert dann der dazu korrespondierende Wert der Wahrscheinlichkeitsverteilung einer Standardnormalverteilung gesucht wird (die entsprechenden Verteilungswerte gibt es in vielen Statistikbüchern in Tabellenform). Haben z.B. etwa 28% aller Beob-

---

44 Dieses Verfahren verlangt noch nicht einmal die umfassende multivariate Normalverteilung aller Y*-Indikatoren, sondern begnügt sich mit der weniger restriktiven Annahme einer konditionalen Normalverteilung von Y* bei Vorliegen bestimmter Werte der entsprechenden Kovariaten (vgl. Muthén/Muthén 2001: 342).

achtungsfälle einen Wert von 0, so ergibt dafür ein Schwellenwert von 0.58. Und haben 88% der Beobachtungsfälle einen Wert von 0 oder 1, so ergibt sich dafür ein Schwellenwert von 1.17.

Sind die Schwellenwerte ermittelt, können im zweiten Schritt (S2) der WLS/ WLSMV-Schätzung die latenten Korrelationen berechnet werden. Die Korrelationen zwischen direkt beobachteten Prädiktorvariablen X und den Y*-Variablen werden als "polyserielle Korrelationen"[45] berechnet und die Korrelationen zwischen Variablen, die allein Y*-Variablen sind, werden als "polychorische Korrelationen" ermittelt.[46] Dabei werden statistische Informationen benutzt, die sich auf jede mögliche Kombination von Werten der kategorial gemessenen Y-Variablen beziehen (so ergeben sich z.B. für zwei kategoriale Variablen mit den gemessenen Wertekategorien von 0/1/2 und 0/1 insgesamt sechs mögliche Wertekombinationen). Zu den benötigten Informationen gehören u.a. sowohl die Anzahl der Beobachtungsfälle, die für jede Wertekombination vorhanden sind (mehr dazu im Folgenden), als auch die Schwellenwerte, die dem jeweiligen Wertepaar zugeordnet werden können.[47]

Somit steht für den anschließenden, dritten WLS/WLSMV-Schritt (S3) keine Kovarianzmatrix (wie in der traditionellen SEM-Schätzung mit kontinuierlichen Indikatorvariablen), sondern eine Korrelationsmatrix der Y*-Variablen bzw. der Y*- und X-Variablen zur Verfügung. Es wird dann ein Schätzer für die Kovarianzmatrix der latenten Korrelationen ermittelt und zur Kalkulation der WLS/ WLSMV-Schätzung aller freien Parameter des SE-Modells benutzt. Für diese Schätzung wird im Falle einer robusten WLSMV-Schätzung die oben erwähnte

---

45 Eine polyserielle Korrelation ist eine Korrelation "between an observed continuous variable and a latent continuous variable that underlies an ordinal variable, assuming that the oberserved and the latent continuous variables follow a bivariate normal distribution." (Xie 1989: 329).

46 Eine polychorische Korrelation ist eine Korrelation "between two latent continuous variables that are assumed to be distributed as bivariate normal and to have generated the observed ordinal variables through thresholds." (Xie 1989: 329). Die ML-Schätzung der polychorischen Korrelation erfolgt nach den Gleichungen 9.105 und 9.106 in Bollen 1989: 442.

47 Die Abhängigkeit polychorischer Korrelationskoeffizienten von den Fallzahlen einzelner Kategorienkombinationen kann erklären, warum die Schätzung der Koeffizienten instabil wird, wenn für viele Wertekombinationen keine oder nur sehr wenige Beobachtungsfälle vorhanden sind. Zudem ist eine polychorische Korrelationsschätzung unmöglich, wenn alle Fälle einer bestimmten Kategorie der Variablen Y1 nur in Kombination mit einer einzigen Kategorie der Variablen Y2 auftreten (wenn also die Fälle für jede Kategorie einer beliebigen Variablen Y1 nicht über mehrere Kategorien einer beliebigen Variablen Y2 streuen).
Das entsprechende Risiko wird natürlich gemeinsam von der Kategorienanzahl der einzelnen kategorialen Indikatoren und von den vorhandenen Fallzahlen beeinflusst. Bei kleinen Fallzahlen sollten deshalb möglichst Kategorisierungen mit wenigen Werten benutzt werden.

diagonale Weight-Matrix benutzt. Sie liefert u.a. die Schätzwerte für die freien Pfadkoeffizienten und Faktorladungen des SE-Modells.

Die ermittelten Schätzwerte sind nicht einfach zu interpretieren, wenn als abhängige Variable die geordnet-kategoriale Variable Y betrachtet werden soll.[48] Deshalb wird in der kategorialen SEM-Analyse mit WLS/WLSMV-Schätzung fast immer nicht Y sondern Y* als abhängige Variable betrachtet. Die Variable Y* wird bei Analyse eines "X→Y"-Effektes stets als zwischengeschaltete, kontinuierliche Größe verstanden (X→Y*→Y), die in einer nicht-linearen (S-kurvigen) Beziehung zur Wahrscheinlichkeit von Y steht. Und ist nicht Y sondern Y* die abhängige Variable, so sind die Pfadkoeffizienten als kontinuierliche Veränderungsraten einer kontinuierlich skalierten abhängigen Variablen Y* zu interpretieren (so wie bei der klassischen OLS-Regression).

Allerdings fehlt den Y*-Variablen eine empirisch zu interpretierende Skalierung. Um diese zu erhalten, müsste auf das komplizierte, nicht-lineare Verhältnis zu Y zurückgegriffen werden. Wenn aber darauf, wie üblich, verzichtet wird, kann über die Beziehung zwischen Y* und Y allein gesagt werden, dass wenn Y* ansteigt (z.B. aufgrund eines positiven Effektes von X), auch die Wahrscheinlichkeit für einen höheren Wert bei Y ansteigt. Eine exakte, quantitative Kalkulation dieses Anstiegs erforderte jedoch eine recht aufwändige Berechnung.

Alternativ zur hier erläuterten WLS/WLSMV-Schätzmethode kann zur Schätzung von SE-Modellen mit kategorialen Variablen auch das im EQS-Programmpaket implementierte dreistufige Schätzverfahren eingesetzt werden, in dem einzelne Schritte aus WLS- und ML-Schätzung miteinander kombiniert werden (vgl. dazu Byrne 2006: 163-176):

Schritt 1: Schätzung von "Schwellenwerten" (s.o.) unter Annahme von normalverteilten, kontinuierlichen Variablen Y*, die den kategorialen Messwerten zugrunde liegen (s.o.);

Schritt 2: Berechnung von polychorischen/polyseriellen Korrelationen (s.o.) zwischen den metrisch rekodierten, ursprünglich kategorial gemessenen Modellvariablen (s.o.);

Schritt 3: Schätzung der freien Modellparameter auf der Basis der berechneten polychorischen/polyseriellen Korrelationen (s.o.) unter Verwendung des ML(robust)-Schätzverfahrens (a.a.O.).

Allerdings fehlen zu dieser Methode noch systematische Evaluationen, die insbesondere die Stabilität und Unverzerrtheit des Verfahrens in Abhängigkeit von der

---

48 Vgl. dazu Muthén/Muthén 2001: Appendix 1 ("Regression with a categorical dependent variable"); Agresti 1990; Hosmer/Lemeshow 1989; Maddala 1983.

modellspezifischen Messkomplexität (Anzahl der Schwellenwerte pro Modellvariable) und den jeweils zur Verfügung stehenden Fallzahlen untersuchen.

2.8 Wann entsteht ein "Identifikationsproblem" bei der Konstruktion von SE-Modellen?

Damit die freien (und auch die restringiert-freien, a.a.O.) Parameter eines Strukturgleichungsmodells eindeutig geschätzt werden können, muss jedes SE-Modell "identifiziert" sein. Identifiziertsein heißt, dass genügend empirische Information zur Verfügung steht, um alle zu schätzenden Modellparameter auch unzweifelhaft ermitteln zu können. Denn genau so, wie arithmetische Gleichungssysteme mit mehr Unbekannten als Gleichungen nicht zu lösen sind,[49] sind auch die Gleichungssysteme von SE-Modellen, in denen eine möglichst weitgehende Annäherung von Σ und S erreicht werden soll (a.a.O.: Modellschätzung), immer dann nicht zu schätzen, wenn dazu die zur Verfügung stehende empirische Information nicht ausreicht.

Für eine erfolgreiche SEM-Schätzung wird also ein empirisch identifiziertes SE-Modell benötigt. Wenn allerdings in einer SEM-Analyse auch noch statistische Tests durchgeführt werden sollen, wenn z.B. der Modellfit (a.a.O.) des Gesamtmodells getestet werden soll, oder wenn überprüft werden soll, ob bestimmte Einflussverbindungen sinnvoll sind oder durch alternative Pfade ersetzt werden sollen, muss das zu schätzende SE-Modell überidentifiziert sein.

SE-Modelle sind dann überidentifiziert, wenn zu ihrer Schätzung mehr empirische Information zur Verfügung steht, als eigentlich zur Ermittlung der Parameter-Schätzwerte des betreffenden Modells erforderlich wäre. Da solche statistischen Tests üblicherweise in jeder SEM-Analyse durchgeführt werden, sollten die zu analysierenden SE-Modelle in aller Regel auch überidentifiziert sein (s.u.).

Grundsätzlich sollte der Identifikationsgrad von SE-Modellen für drei verschiedene Modellebenen festgestellt werden:
(a) für jedes einzelne Messmodell,
(b) für das Strukturmodell,
(c) für das Gesamtmodell (bestehend aus Messmodell/en und Strukturmodell).

---

49 Die Gleichung: "x+2y=7" ist unteridentifiziert, weil es eine unendliche Anzahl von Lösungen für x und y gibt (z.B. x=5, y=1 oder x=6, y=0,5). Es gibt in der Gleichung mehr Unbekannte als Bekannte. Demgegenüber ist das Gleichungssystem, das aus den zwei Gleichungen besteht: "x+2y=7" und "3x-y=7", genau identifiziert, weil es dafür nur eine einzige Lösung gibt (x=3, y=2).

Idealiter hätte ein SE-Modell auf allen drei genannten Ebenen überidentifiziert zu sein. Als Mindestanforderung für einen SE-Modelltest gilt, dass das Gesamtmodell (bestehend aus Mesmodell/en und Strukturmodell) überidentifiziert sein muss. In der Praxis tritt allerdings häufig der Fall auf, dass zwar das Gesamtmodell überidentifiziert ist, aber entweder einzelne Messmodelle und/oder das Strukturmodell für sich alleine betrachtet unteridentifiziert sind. In solchen Fällen können die betreffenden Messmodelle und/oder das Strukturmodell nicht mehr separat empirisch überprüft werden. Dies soll im Folgenden noch ein wenig näher erläutert werden.

Eine der populärsten Regeln zur Feststellung der Identifiziertheit eines Strukturgleichungsmodells ist die t-Regel (auch "counting rule" genannt). Nach ihr gilt:

$$t \leq p(p+1)/2$$

In dieser Formel bezeichnet "p" die Anzahl der exogenen und endogenen, beobachteten (bzw. manifesten) Modellvariablen, und "t" bezeichnet die Anzahl der zu schätzenden Modellparameter. Ist die Ungleichung erfüllt, so ist das Modell überidentifiziert. Ist die Gleichung erfüllt ($t = p(p+1)/2$), so ist das Modell exakt identifiziert.

Allerdings formuliert die t-Regel nur eine notwendige, aber keine hinreichende Bedingung für eine Überidentifikation![50]

Wie auch Abbildung 2.12a zeigt, ist nach dieser t-Regel ein Messmodell mit einem Faktor (F_1) und zwei Indikatoren (Y_1, Y_2) unteridentifiziert (auch wenn die Messfehler E_1 und E_2 nicht miteinander korrelieren), weil darin fünf freie Parameter geschätzt werden müssen (die Varianzen von F_1, E_1 und E_2 sowie die beiden Faktorladungen $\lambda_{1,1}$ und $\lambda_{1,2}$) und weil gleichzeitig nur drei empirische Informationseinheiten zur Verfügung stehen (die Varianzen von Y_1 und Y_2 sowie die Kovarianz zwischen Y_1 und Y_2). Auch wenn in diesem Modell eine Faktorladung zur Identifikation des Faktors auf einen Wert von 1.0 festgesetzt wird (vgl. Kap. 4.1.1), stehen sich noch immer vier zu schätzende Parameter und nur drei empirische Informationseinheiten gegenüber.[51]

Die oben vorgestellte t-Regel kann auch als Regel zur Ermittlung der sog. Freiheitsgrade (df=degrees of freedom) von SE-Modellen benutzt werden:

$$df = p(p+1)/2 - t$$

wobei "p" wiederum die Anzahl der beobachteten Variablen bezeichnet und "t" die Anzahl der zu schätzenden Modellparameter betrifft. Besteht das SE-Modell z.B.

---
[50] Zu weiteren Regeln und Bedingungen der Identifikation von SE-Modellen vgl. Bollen 1989: 104.
[51] Für weitere Informationen über die Anzahl von Indikatoren pro Faktor in SEM-Messmodellen vgl. Kapitel 4.1.

ausschließlich aus zwei miteinander korrelierenden Faktoren mit jeweils 3 Indikatoren (vgl. auch Abb. 2.12 für weitere Identifikationsbeispiele), so ist p=6 (6 Indikatoren) und t=13 (2 Faktorvarianzen, 1 Faktorkovarianz, 6-2=4 Faktorladungen,[52] 6 Residuenvarianzen). Dementsprechend wäre df=21-13=8. Die Abkürzung "df" bezeichnet somit die Anzahl der Freiheitsgrade eines Modells hinsichtlich seines Identifikationslevels.

Bei Überidentifikation steht also mehr Information zur Verfügung, als eigentlich zur Schätzung der jeweiligen Modellparameter benötigt wird. Wie oben bereits erwähnt, ist das in der SEM-Methodik kein Manko, sondern sehr erwünscht. Denn mit der überschüssigen Information lassen sich alternative Modellspezifikationen testen (z.B. im oben genannten Modell eine Erweiterung, bei der zwei Fehlergrößen/Residuen miteinander korrelieren, vgl. dazu Kap. 4.3). Mit jedem df kann ein weiterer zu schätzender Parameter aufgenommen werden. In überidentifizierten Modellen lässt sich somit feststellen, ob evtl. alternative Modelle zu bevorzugen sind, weil bestimmte Modellannahmen (z.b. die Nicht-Korrelation der Residuen) von den gegebenen Daten nicht bestätigt werden. Dies wäre in überidentifizierten Modellen z.b. dadurch herauszufinden, dass die konkurrierenden Modelle einem Chi-Quadrat-Differenzentest (a.a.O.) unterzogen werden. Es ist somit ein erstrebenswertes Ziel in der SEM-Analyse, möglichst überidentifizierte Modelle zu spezifizieren.

Problematisch ist jedoch eine solche Überspezifikation von SE-Modellen, bei der die Überidentifikation allein aufgrund der zahlreichen Indikatoren in den einzelnen Messmodellen des Gesamtmodells entsteht.

So kann z.B. in überidentifizierten Gesamtmodellen der Strukturteil des Modells überhaupt nicht überidentifiziert sein. Dies ist immer dann der Fall, wenn dort alle möglichen Verknüpfungen zwischen den Faktoren (Pfade, Faktorkovarianzen, Faktorresiduen-Kovarianzen) als freie Parameter spezifiziert werden. Dann wäre ein solches Modell zwar ausreichend identifiziert und damit auch zu schätzen. Jedoch könnte ein solches Modell in seinem Strukturteil nicht überprüft werden. Auch würde in solch einem Modell der Modellanpassungstest (a.a.O.) nur auf den Freiheitsgraden im Messteil des Gesamtmodells aufbauen.

Ob eine Unterspezifikation (negativer df-Wert in obiger Gleichung) im Strukturteil eines SE-Modells gegeben ist, lässt sich mittels der obigen df-Gleichung überprüfen:

---

52 Pro Faktor muss in diesem Modell eine Faktorladung auf 1.0 fixiert werden (dazu mehr in Kap. 4.1.1). Deshalb können hier von den 6 vorhandenen Faktorladungen insgesamt 2 fixierte Ladungen subtrahiert werden, sodass im Modell nur noch 4 freie Faktorladungen zu schätzen sind.

Dazu wird die Formel nur im Bereich des Strukturteils benutzt und werden die Faktoren als separate (pseudo-empirische) Informationseinheiten gezählt. Besteht der Strukturteil z.b. nur aus zwei kovariierenden Faktoren, so ist p=2 (2 Faktoren) und t=3 (2 Faktorvarianzen, 1 Faktorkovarianz) und es ergibt sich somit nach der oben angeführten df-Formel: $df_{Strukturmodell}$ = 2(2+1)/2-3 = 3-3 = 0, was einen saturierten bzw. einen "gerade identifizierten" Strukturteil signalisiert.

Demnach stände zwar in diesem Beispiel zur Schätzung des Strukturteils im Gesamtmodell ausreichend Information zur Verfügung, jedoch könnte keine alternative Modellspezifikation getestet werden, wenn diese zusätzliche freie Parameter enthalten würde (allerdings könnte ein alternatives Modell ohne Kovarianz zwischen den beiden Faktoren getestet werden).

Wenn eine Unteridentifikation für ein Gesamtmodell vorliegt (Struktur- plus Messteil), unterbrechen in fast allen SEM-Softwarepaketen die Schätzverfahren ihre Arbeit und vermelden, dass das betreffende Modell nicht eindeutig geschätzt werden kann.

Sollten jedoch Schätzverfahren trotz Unteridentifikation zu einem Ergebnis führen, so sollte ein solches Resultat misstrauisch machen und sollte die Unterspezifikation vor einer erneuten Schätzung beseitigt werden. Dazu können z.B. Parameter auf 0 gesetzt werden oder zuvor freie Parameter restringiert werden (indem z.B. für zwei freie Parameter die Vorgabe, auch "constraint" genannt, gemacht wird, dass ihre Parameter-Schätzwerte identisch ausfallen sollten).

In Abbildung 2.12 werden zusammenfassend einige Beispiele für unter-, genau- und überidentifizierte Modelle dargestellt. Dabei wird in den Beispielen a, b und c die Identifikation von Messmodellen und in den Beispielen d und e die Identifikation von Gesamtmodellen betrachtet.

SEM-Grundlagen

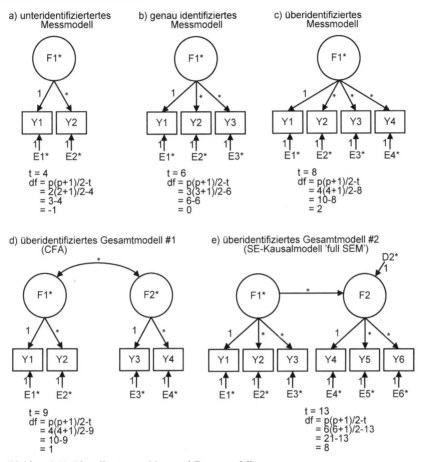

Abbildung 2.12: Identifikation von Mess- und Gesamtmodellen

Genau-identifizierte Modelle sind saturierte Modelle (auch die klassischen Regressionsmodelle sind saturierte Modelle). Für die freien Parameter von genau-identifizierten Modellen lassen sich zwar immer eindeutige Schätzwerte ermitteln, aber die Schätzung erreicht darin auch immer die maximal mögliche Anpassung von Σ an S (a.a.O.), d.h. erzeugt einen perfekten Fit (a.a.O.).

Exakt identifizierte Modelle können deshalb auch nicht in einem Modellanpassungstest (a.a.O.) überprüft werden. Da bei genau-identifizierten Modellen die perfekte Modellanpassung immer ein reines "Kunstergebnis" ist, sollten die

Parameter-Schätzwerte eines saturierten Modells auch nicht inhaltlich interpretiert werden, sondern es sollten immer durch Neuspezifikation des Modells zusätzliche Freiheitsgrade gewonnen werden (z.b. durch die zuvor erwähnten Einschränkungen bzw. Constraints).

Wenn das nicht möglich ist, sollten bei einer Schätzung von saturierten Modellen nur die Signifikanzen der Schätzwerte interpretiert werden. Aber auch dabei ist Vorsicht geraten, weil häufig bei saturierten Modellen alternative, äquivalente Modellspezifikationen möglich sind (a.a.O: Äquivalenz), in denen ebenfalls für bestimmte Parameter signifikante Schätzergebnisse erzielt werden können.

Weitere Identifikationsprobleme können insbesondere bei non-rekursiven Modellen bzw. bei Modellen mit reziproken oder Feedback-Effekten auftreten (a.a.O.: non-rekursive Modelle), in denen korrelierte Fehlervariablen auf der Ebene der Strukturmodelle (d.h. korrelierte Disturbances) vorliegen (vgl. dazu Abb. 2.13).[53]

Solche Modelle gelten nur dann als identifiziert, wenn sogenannte Instrumentalvariablen (IVs) im Modell enthalten sind. Nach der IV-Regel (vgl. auch Rang-Regel, a.a.O.) sind non-rekursive Modelle mit korrelierten Fehlervariablen dann identifiziert, wenn sie Instrumentalvariablen enthalten, welche diejenigen Variablen beeinflussen, deren Fehler an der jeweiligen Fehlerkorrelation beteiligt sind, und wenn sie nicht mit den entsprechenden Fehlern verknüpft sind.

Zur Schätzung der Pfade zwischen zwei über eine Disturbance-Korrelation reziprok verbundener Variablen (Abb. 2.13: F1 und F2) sind zumindest zwei Instrumentalvariablen notwendig (A, B), von denen eine nur (!) als Prädiktor für F1 und eine nur (!) als Prädiktor für F2 fungiert (vgl. dazu Abb. 2.13).

Weitere Informationen über die Analyse von non-rekursiven Modellen finden sich in Kapitel 5.5 "Wie werden Modelle mit Feedback-Schleifen (non-rekursive Modelle) geschätzt?".

Anders als bei non-rekursiven Modellen verhält es sich mit Modellen, in denen zwar auch Faktorfehler (Disturbances) miteinander korrelieren, jedoch die betreffenden Faktoren nicht miteinander kovariieren. Für diese Modelle gilt die sog. "bow-free"-Regel (Brito/Pearl 2002). Demnach sind Modelle mit korrelierten Disturbance-Fehlern dann identifiziert, wenn die betreffenden Fehler zu Faktoren gehören, die nicht miteinander in direkter Weise verbunden sind, die also nicht miteinander korrelieren oder zwischen denen kein <u>direkter</u> kausaler Pfad besteht (indirekte Verbindungen sind demgegenüber möglich).

---

53 Davon nicht betroffen sind Modelle, in denen innerhalb von einzelnen Messmodellen zusätzliche Messfehlerkorrelationen der Indikatoren auftauchen.

SEM-Grundlagen

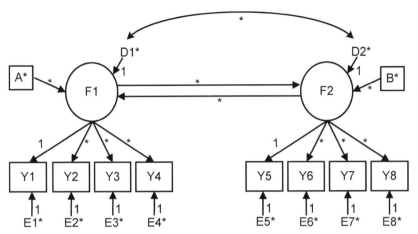

Abbildung 2.13: Non-rekursives SE-Modell

Von dem in diesem Kapitel diskutierten Problem der "strukturellen" Identifiziertheit ist das Problem der "empirischen Unteridentifikation" zu unterscheiden.

Eine empirische Unteridentifikation liegt immer dann vor, wenn das Modell aufgrund seiner strukturellen Spezifikation zwar identifiziert oder sogar überidentifiziert ist, jedoch aufgrund der zur Verfügung stehenden Daten unteridentifiziert und damit auch nicht geschätzt werden kann.

So ist z.B. ein Modell, das aus zwei Messmodellen mit jeweils einem Faktor und zwei Indikatoren besteht, strukturell identifiziert, wenn die beiden Faktoren via einer strukturell spezifizierten Kovarianz miteinander verbunden sind. Wenn es jedoch die empirischen Daten nicht ermöglichen, eine Korrelation mit einem Wert > 0.00 zu schätzen, so ist das Gesamtmodell empirisch unteridentifiziert.

Die in diesem Kapitel diskutierten Identifikationsprobleme sind dementsprechend nur zu lösen, wenn die betreffenden SE-Modelle nicht nur strukturell sondern auch empirisch identifiziert bzw. überidentifiziert sind.

3 Probleme bei der Schätzung von SE-Modellen

Wie schon in Kapitel 2.7 herausgestellt, konzentrieren wir uns in diesem Ratgeber aus rein pragmatischen Gründen auf die Probleme von nur zwei Schätzverfahren: dem "maximum likelihood (ML)"-Schätzverfahren (a.a.O.) und dem "weighted least squares (WLS)"-Schätzverfahren (a.a.O.) (bzw. deren Varianten "ML(robust)" und "WLSMV"). Diese beiden Schätzverfahren dürften auch die am häufigsten eingesetzten Schätzverfahren in der SEM-Analyse sein.

3.1 Warum funktioniert die Schätzung nicht?

Matrizen können bestimmte formal-mathematische Eigenschaften aufweisen, die als "positive Definitheit" bezeichnet werden.[1] Wenn in der SEM-Analyse die Kovarianzmatrizen nicht positiv definit sind, kann es im ML-Verfahren entweder überhaupt zu keinem Schätzergebnis kommen (weil im iterativen Schätzverfahren keine Konvergenz erreicht wird), oder es kann nur deshalb zu einer Konvergenz kommen, weil Modellparameter außerhalb ihres zulässigen Wertebereichs ("out of range") geschätzt werden.[2]

Es gibt zahlreiche Gründe für nicht konvergierende ML-Schätzungen. Aber es können auch einige Hauptverursacher benannt werden (nach Wothke 1993). Demnach sind nicht positiv definite Matrizen vor allem dann zu erwarten:

(-) wenn die verwendeten Indikatoren hochgradig kollinear bzw. multikollinear sind (bzw. linear voneinander abhängig sind) (a.a.O.: Multikollinearität) (zur Problemlösung kann dann u.a. eine der redundanten Variablen aus der Modellierung ausgeschlossen werden);

(-) wenn viele Fälle mit fehlenden Werten paar- oder listenweise ausgeschlossen wurden, und fehlende Werte nicht rein zufällig aufgetreten sind (dann sollte evtl. ein anderes Verfahren zum Umgang mit fehlenden Werten eingesetzt werden, a.a.O.: missing values);

(-) wenn die Schätzung auf der Basis von polychorischen oder polyseriellen Korrelationsmatrizen erfolgt, die auch bei großen Fallzahlen häufig nicht positiv definit sind;

---

1 Wenn eine Matrix positiv definit ist, dann sind z.B. alle ihre Eigenwerte positiv.
2 Vgl. auch die informative Homepage von Ed Rigdon: http://www.gsu.edu/~mkteer/npdmatri.html

(-) wenn es zu viele zu schätzende, freie Parameter gibt (Überparametrisierung), d.h. wenn mehr Parameter zu schätzen sind als Freiheitsgrade vorhanden sind.

Wenn die genannten Ursachen nicht abgestellt werden können, kann auch oftmals die Verwendung anderer Startwerte im Schätzverfahren weiterhelfen. Jedoch sollte darauf geachtet werden, dass die Schätzung eines Modells nicht nur vordergründig erfolgreich verlaufen ist. So könnte z.B. durch Schätzung einzelner, nicht-realistischer Parameterwerte nur eine rein artifizielle Konvergenz im Schätzverfahren erreicht worden sein. Unrealistische Schätzwerte sind z.B. negative Varianzen (a.a.O.), Varianzen vom Ausmaß 0.000 sowie standardisierte Faktorladungen oder Pfadkoeffizienten (a.a.O.) oberhalb von 1.00 oder unterhalb von -1.00.

Die Ursachen für geschätzte Parameterwerte außerhalb des zulässigen Wertebereichs sind noch zahlreicher als die oben genannten Ursachen für nicht konvergierende Modellschätzungen. Sie werden ausführlich in Kapitel 2.5.1 vorgestellt.

3.1.1 Negative Fehlervarianz, negative Faktorvarianz (Heywood cases)

Ein weiterer Hinweis auf eine fehlgeschlagene SEM-Schätzung sind negative Varianzen in der Modellschätzung. Negative Varianzen können entstehen, wenn die geschätzte Kovarianzmatrix der beobachteten Variablen negativ definit ist, d.h. wenn die Matrix negative Eigenwerte aufweist (vgl. dazu Kap. 3.1). Solche negative Varianzen sind sinnlos, da Varianzen auf der Basis von Quadratsummen berechnet werden und deshalb immer positiv sein müssen.[3]

Negative Varianzen können signalisieren, dass das geschätzte Modell falsch ist (Spezifikationsfehler), oder dass das Modell zwar richtig ist, aber die Schätzungen falsch sind. Beseitigt man die negativen Varianzen nicht, oder beseitigt man sie falsch (z.B. durch vorschnelle Null-Constraints bei Fehlervarianzen), besteht das große Risiko, dass alle Parameterschätzungen, die im Modell in der Nähe der aufgetretenen negativen Fehlervarianz angesiedelt sind, stark verzerrt werden. Dies wird auch häufig durch große Standardfehler (a.a.O.) bei den entsprechenden Schätzwerten angezeigt, während die Werte der Chi-Quadrat-Teststatistik (a.a.O.) von negativen Varianzschätzungen wohl eher nicht berührt werden (Chen et al. 2001: 502).

In der Literatur wird eine Schätzung als "Heywood case" bezeichnet, bei der eine negative Varianz in der Matrix der Y-Residuen, d.h. in der Matrix der Mess-

---

3 In EQS z.B. werden deshalb auch nur positive Fehlervarianzen zugelassen und negative Werte auf null fixiert (allerdings kann diese Voreinstellung außer Kraft gesetzt werden).

fehler von Indikatoren (in LISREL-Notation: Theta Epsilon Matrix) auftaucht und deshalb diese Matrix nicht positiv definit ist (a.a.O.). Diese negative Varianz entsteht bei der Schätzung von Faktoren- bzw. Messmodellen als Resultat einer Kommunalitätsschätzung[4] von größer 1.00.

Heywood-Fälle können vielerlei Ursachen haben, z.B. zu geringe Fallzahlen, schlechte Startwerte für die Schätzung oder ungenügend spezifizierte Modelle (vor allem wenn eine "empirische Unteridentifikation" besteht).[5] Zur Beseitigung von Heywood-Fällen müssen somit entweder diese Ursachen beseitigt werden, oder die Schätzung muss mit einem anderen Schätzverfahren durchgeführt werden (z.B. statt ML-Verfahren nunmehr Kleinst-Quadrate-Verfahren (oftmals als Befehl: UL) oder verallgemeinertes Kleinst-Quadrate-Verfahren (oftmals als Befehl: GLS)).

Da negative Varianzen häufig erst im Zusammenspiel von mehreren Ursachen auftreten, haben Chen et al. (2001) eine komplexe, mehrstufige Strategie zum Umgang mit negativen Varianzen vorgeschlagen. Diese Strategie wurde zwar anhand von Monte Carlo-Simulationen entwickelt und ist deshalb nur bedingt zu generalisieren, jedoch ist sie in Ermangelung besserer Strategien immer noch sinnvoller als eine Strategie der "blinden" Modellmodifikation, bei der die negativen Varianzen aus rein schätztechnischen Gründen und ohne inhaltliche Argumentation auf null fixiert werden.

Die 6-Stufen-Strategie lautet:

1. Stufe: Überprüfe die Identifikation des Modells (a.a.O.; Identifikation). Beseitige Unteridentifikationen. Fahre nur fort, wenn das Modell identifiziert ist.
2. Stufe: Wenn die Schätzung dann nicht konvergiert und noch immer negative Varianzen bestehen, sollten andere Startwerte gesucht werden oder ein anderes Schätzverfahren eingesetzt werden.
3. Stufe: Wenn die Schätzung konvergiert, aber negative Varianzen bestehen, sollte nach Ausreißern (outliers) oder hoch einflussstarken Fällen gesucht werden. Ausreißerfälle sollten aus der Schätzung ausgeschlossen werden.
4. Stufe: Wenn Stufe 3 keinen Erfolg bringt, sollte nach möglichen "empirischen Unteridentifikationen" (a.a.O.: Identifikation) gesucht werden.
5. Stufe: Bei anhaltendem Misserfolg sollte nach Ursachen im Bereich der empirischen Datenbasis gesucht werden. Verdächtig sind kleine Fallzahlen, weil dabei die Schätzungen ganz besonders stark von Stichprobenbeson-

---

4 D.h. die quadrierte Korrelation zwischen Konstrukt und Indikator.
5 Diese lässt sich u.a. an sehr großen Standardfehlern der geschätzten Parameter erkennen.

derheiten beeinflusst werden können. Auch sollten Wald-Test, Chi-Quadrat-Ratio-Test und Lagrange Multiplier-Test (alle: a.a.O.) eingesetzt werden, um zu überprüfen, ob die Fehlervarianzen signifikant unter null liegen. Wenn ja, sollte das Modell respezifiziert werden.

6. Stufe: Erst jetzt sollte bei anhaltendem Misserfolg die negative Fehlervarianz auf null oder einen sehr kleinen positiven Wert fixiert werden. Noch besser wäre es sogar, Varianzen mit "inequality constriants" zu schätzen. Dies würde z.b. bedeuten, dass eine Varianz "größer null" zu schätzen ist, anstatt die Varianz auf einen bestimmten Wert zu fixieren.[6] Auch könnte jetzt erzwungen werden, dass bei einem Faktor mit zwei Indikatoren beide Ladungen mit identischen Werten geschätzt werden.

Je größer der negative Varianzwert ist, umso größer ist auch das Risiko, durch Fixierungen und Constraints eine starke Verzerrung bei den Parameterschätzwerten zu erzeugen. Dann kann oftmals nur eine rein pragmatische Modellmodifikation (a.a.O.) helfen, indem z.b. eine Fehlerkorrelation (a.a.O.), welche die betroffene Variable einbezieht, neu in das Modell aufgenommen wird. In der Folge können sich zwar auch noch die Ladungen ändern, aber evtl. kann dadurch die negative Varianz verschwinden.

3.2 Welche Fit-Indizes sollten benutzt werden?

Die Qualität einer SEM-Schätzung wird durch die Anpassungsgüte einer Modellschätzung bestimmt. Die Anpassungsgüte eines SE-Modells betrifft die Übereinstimmung zwischen:

(a) den beobachteten Kovarianzen der direkt gemessenen manifesten Variablen eines SE-Modells und

(b) den modellbestimmten Kovarianzen, die aufgrund einer bestimmten Modellspezifikation und der Schätzung der freien Parameterwerte dieser Modellspezifikation berechnet wurden.

Was dies genau bedeutet und in welcher Weise die angesprochene Übereinstimmung in SEM-Schätzverfahren zu erreichen ist, wird in Kapitel 2.7 erläutert.

Die Anpassungsgüte bzw. der Fit eines SE-Modells ist das wichtigste Qualitätskriterium einer SEM-Analyse. Im Folgenden werden wir einige ausgewählte

---

6 Allerdings ist dies nicht in allen Softwarepaketen möglich. Möglich ist es z.B. im SEM-Softwarepaket EQS.

Maße (bzw. "Statistiken") und Tests zur Beurteilung des Modellfits kurz erläutern und einige Hinweise zur Interpretation dieser Werte geben.[7][8]

Im Einzelnen werden hier vorgestellt:
(-) standardisierte Residuen
(-) RMSR-Index / SRMR-Index
(-) WRMR-Index / kategorialer WRMR-Index (WRMR-kategorial)
(-) χ^2-Anpassungstest
(-) CF-Index (CFI) / robuster CF-Index bzw. CFI(robust)
(-) RMSEA-Index
(-) AIC-Index

Die genannten Maßzahlen/Statistiken/Tests beruhen auf unterschiedlichen Logiken darüber, was ein guter Modellfit sein soll (dazu mehr im Folgenden). Deshalb sollten auch in der Forschungspraxis neben dem klassischen χ^2-Anpassungstest zwei (oder noch besser: mehr als zwei) logisch unterschiedliche Anpassungskriterien parallel berücksichtigt werden. Zur Auswahl dementsprechender Maßzahlen können folgende allgemeine Hinweise nützlich sein (im Anschluss daran werden die einzelnen Fit-Indizes im Detail vorgestellt):

(1) Der χ^2-Anpassungstest ist zentral für die Bewertung von SE-Modellen. Da dieser Test jedoch auch problembehaftet ist (s.u.), werden in der SEM-Literatur mehrere χ^2-basierte Fit-Indizes vorgeschlagen, die einige dieser Probleme vermeiden sollen (z.b. CFI, RMSEA-Index, s.u.).

(2) In einer SEM-Analyse sollten sowohl absolute als auch relative/inkrementelle Fit-Indizes benutzt werden. Die absoluten Indizes (z.B. RMSR, WRMR, χ^2, RMSEA) berichten darüber, wie gut die im Datensatz beobachteten Kovarianzen mit den im geschätzten Modell berechneten Kovarianzen übereinstimmen. Demgegenüber informieren die sogenannten relativen Indizes (z.B. CFI) darüber, wie gut es im Rahmen der jeweiligen Modellstruktur und mit den geschätzten Modellparametern möglich ist, sich von einem extrem schlechten "worst-fitting" Vergleichs-, Null- oder Baselinemodell zu entfernen.

(3) Die Fit-Indizes unterscheiden sich hinsichtlich ihrer Robustheit, mit der sie auf problematische Stichprobenmerkmale reagieren. Bei problematischen

---

7   Neben den hier vorgestellten Maßen und Indizes werden in der Forschungspraxis noch viele andere Fitkriterien eingesetzt, die hier nicht behandelt werden. Dazu gehört z.B. der TLI (Tucker Lewis Index), der auch bekannt ist unter der Bezeichnung NNFI (Non-Normed Fit Index). Der TLI/NNFI sollte für einen guten Fit >0.95 sein.
8   Vgl. dazu die resümierenden Aufsätze: Hu/Bentler 1999; Yu/Muthén 2001; Muthén/Muthén 2001: 361f.

Verteilungsmustern (geringe Skalenbreiten, hohe Schiefe, geringe Normalverteilungsaffinität) hat sich insbesondere der CFI(robust) bewährt. Dieser sollte aber immer in Kombination mit dem RMSEA-Index, der einer anderen Logik folgt, eingesetzt werden. Werden die Analysen mit geringen Fallzahlen durchgeführt, sollte zusätzlich zu CFI(robust) und RMSEA-Index auf jeden Fall auch noch der RMSR-Index interpretiert werden.

(4) Bei SEM-Analysen mit geordnet-kategorialen (bzw. ordinalen) Indikatoren sollten parallel der CFI(robust) und der WRMR-kategorial-Index eingesetzt werden. Beide folgen unterschiedlichen Logiken (s.u.) und haben sich in der Forschungspraxis bewährt.

(5) Sollen in der SEM-Analyse mehrere Modelle miteinander verglichen werden, die nicht geschachtelt[9] sind, so sollte auf jeden Fall der AIC-Index eingesetzt werden. In solchen Fällen kann auch der RMSR-Index hilfreich sein.

(6) Bislang gibt es für SEM-Analysen kein Gütekriterium, das den Anpassungsgrad eines Modells aufgrund von Residuen bestimmt, die auf der Basis der einzelnen Beobachtungsfälle ermittelt werden (wie dies z.B. beim Determinationskoeffizienten R^2 in der Regressionsanalyse der Fall ist). Dies liegt u.a. daran, dass in der SEM-Analyse latente Variablen bestimmt werden, für die keine personenbezogenen Messwerte vorliegen.

(7) Bis auf die "standardisierten Residuen" geben alle im Folgenden erläuterten Statistiken und Tests nur Informationen zur Beurteilung der Anpassung (bzw. des Fits) des gesamten SE-Modells. Es ist aber durchaus möglich, dass bestimmte Teile des Modells eine recht schlechte Anpassung aufweisen und dass dies nicht erkannt wird, weil für das Gesamtmodell eine gute Modellschätzung konstatiert wird. Um dem vorzubeugen, sollten in jeder SEM-Analyse die (standardisierten) Residuen der jeweiligen Schätzung sorgfältig betrachtet werden. Die Residuen können wichtige Informationen über den Anpassungsgrad aller Modellteile bzw. aller Modellelemente liefern.

(8) Besonders informativ sind Fit-Maße, für die nicht nur eine Punktschätzung, sondern auch das dazugehörige Konfidenzintervall angegeben werden kann. Denn dann kann auch die zufällige Streuung von Fit-Werten bei der Ergebnisinterpretation berücksichtigt werden. Bezüglich der hier diskutierten

---

9 Als geschachtelte (engl. "nested") Modelle werden solche Modelle bezeichnet, die ineinander überführbar sind. Sind zwei Modelle geschachtelt, so ist das restriktivere Modell (mit weniger freien Parametern) als Teilmenge des komplexeren Modells darstellbar. Dies ist beispielsweise immer dann der Fall, wenn bei ansonsten identischen Modellspezifikationen zwischen zwei latenten Variablen in dem einem Modell keine Beziehung spezifiziert wird (d.h.: die Beziehung wird implizit auf null fixiert), während im komplexeren bzw. allgemeinerem Modell eine Kausalbeziehung zwischen diesen Variablen angenommen und frei geschätzt wird.

Maße wird in den meisten SEM-Softwarepaketen nur für den RMSEA-Index ein Konfidenzintervall ausgewiesen. Deshalb sollte der RMSEA-Index in jedem Fall verwendet werden.

Als Daumenregel zur Überprüfung des Anpassungsgrads von SEM-Analysen kann somit formuliert werden:

(-) in SEM-Analysen mit metrischen/kontinuierlichen Indikatoren sollten mindestens immer interpretiert werden: χ^2-Test (insbesondere dessen p-Wert), standardisierte Residuen, RMSR, CFI(robust), RMSEA;

(-) in SEM-Analysen mit kategorialen Indikatoren sollten mindestens immer interpretiert werden: χ^2-Test (insbesondere dessen p-Wert), standardisierte Residuen, WRMR, CFI(robust), RMSEA;

(-) nicht-geschachtelte SEM-Analysen (a.a.O.: geschachtelte Modelle) sind nur schwierig miteinander zu vergleichen; hilfreich können dabei sein: AIC, RMSR.

Im Folgenden werden die zuvor genannten Maßzahlen/ Statistiken/ Tests zur Beurteilung des Anpassungsgrads von SEM-Schätzungen ein wenig detailreicher erläutert:

standardisierte Residuen

Die Differenzen zwischen den beobachteten und geschätzten Kovarianzen werden in der SEM-Analyse als Residuen bezeichnet. Die Residuen können einen wichtigen Hinweis auf die Anpassungsqualität eines geschätzten Modells ergeben.

Um die Anpassung eines Modells in allen seinen Teilen zu überprüfen, bietet sich eine Analyse seiner Residuen an. Jede Modellschätzung erzeugt so viele Residuen, wie seine Kovarianzmatrix Elemente hat. Ein Residuum ist die Differenz zwischen einem Element in der Σ-Matrix und dem korrespondierenden Element in der S-Matrix (a.a.O.). Zur Beurteilung der Anpassungsgüte werden vor allem die standardisierten oder normalisierten Residuen betrachtet. In den meisten SEM-Computerprogrammen (wie auch in LISREL und Mplus) werden die standardisierten Residuen als Quotient aus unstandardisiertem Residuenwert und diesbezüglichem Standardfehler berechnet. Sie sind dann als z-transformierte Werte zu interpretieren und sollten kleiner als $|2.58|$ sein. Im SEM-Computerprogramm EQS werden die standardisierten Residuen als "correlation residuals" d.h. als Differenzwerte zwischen den entsprechenden Elementen in der beobachteten und in der geschätzten Korrelationsmatrix (= standardisierte Kovarianzmatrizen) berechnet und sollten kleiner als $|0.10|$ sein.

Zur Begutachtung der Residuen bietet es sich an, diese in einem Stem-and-Leaf-Diagramm abzubilden. Darin sollten die standardisierten Residuen möglichst symmetrisch im Intervall zwischen ±2.58 bzw. zwischen ± 0.10 verteilt sein. Größere Residuen geben Hinweise auf Modell-Spezifikationen, die verändert werden sollten, da sie nicht mit den beobachteten Datenstrukturen kompatibel sind.

RMSR-Index (root mean square residual)
SRMR-Index (standardized root mean square residual)

Der RMSR-Index fasst die Informationen über die Residuen einer Modellschätzung in einem einzigen Maß zusammen. Er misst somit die mittlere Differenz zwischen geschätzter und beobachteter Kovarianzmatrix. Der RMSR-Index sollte unterhalb von 0.06 und sein standardisierter Wert (SRMR) unterhalb von 0.08 liegen (Hu/Bentler 1999). [10]

Nach Hu/Bentler (1999) reagiert der RMSR/SRMR-Index im Vergleich zu anderen Fit-Indizes am sensitivsten auf falsch spezifizierte latente Beziehungen im Strukturteil des SE-Modells.

Einige Simulationsstudien kommen jedoch auch zu eher negativen Einschätzungen dieser Index-Familie. So wird kritisiert, dass der standardisierte SRMR-Index sehr abhängig von der jeweiligen Fallzahl ist und deshalb ein bestimmter Grenzwert, der stets für Analysen mit unterschiedlich großen Fallzahlen gelten sollte, nicht angegeben werden kann (Yu 2002: 161).

WRMR-Index (weighted root mean square residual)

Ein weiterer Index, der die Residuen von SEM-Schätzungen zu einem einzigen Anpassungsmaß zusammenfügt ist der WRMR-Index. Der Index wurde von Muthén/Muthén vorgeschlagen. Er soll verwendet werden, wenn Sample-Variablen sehr unterschiedliche Varianzen und/oder Skalenbreiten aufweisen. Dies kommt insbesondere in Modellen mit kategorialen Variablen und diesbezüglichen Schwellenwert-Strukturen (a.a.O.) sowie in Modellen mit nicht-normalverteilten Indikatoren vor.[11] Deshalb gibt es auch eine Version des WRMR für Modelle mit kategorialen Indikatoren. Nach Simulationsstudien kann der WRMR-Index mit

---

10 Der standardisierte SRMR-Index wird in allen SEM-Computerprogrammen auf der Basis von "correlation residuals" (a.a.O.: standardisierte Residuen) berechnet.
11 Allerdings scheint der Index nicht für alle SE-Modelle geeignet zu sein. Z.B. ist er nicht in der SEM-Analyse von latenten Wachstumskurvenmodellen (a.a.O.) einsetzbar, weil er dort allzu häufig (insbesondere bei Modellen mit vielen Beobachtungszeitpunkten) korrekt spezifizierte Modelle zurückweist (Yu 2002: 161).

Werten < 0.90 eine gute Modellanpassung indizieren. Akzeptabel sind auch noch kategoriale SE-Modelle mit einem WRMR-Wert kleiner 1.0 (vgl. Yu 2002).

χ^2-Anpassungstest

Zur Bewertung der Qualität eines geschätzten Strukturgleichungsmodells wird in der SEM-Analyse klassischerweise ein sogenannter Chi-Quadrat-Anpassungstest durchgeführt. Mit diesem wird überprüft, ob die im spezifizierten Modell geschätzten Kovarianzen signifikant (d.h. mit einer sehr kleinen Irrtumswahrscheinlichkeit) von den empirisch beobachteten Kovarianzen abweichen (was in aller Regel nicht erwünscht wird), oder ob die Unterschiede so gering sind, dass die Abweichungen zwischen beiden Kovarianzmatrizen als eher zufällig betrachtet werden können und deshalb das geschätzte Modell eine akzeptable Anpassungsqualität besitzt (was in aller Regel erwünscht wird).

Das Ziel des χ^2-Anpassungstests ist es also, statistische Argumente dafür zu liefern, dass die theoretisch spezifizierte Modellstruktur und die empirisch beobachtete Datenstruktur zusammenpassen. Im Unterschied zum Vorgehen bei üblichen Signifikanztests strebt der SEM-Forscher also nach einem möglichst nicht-signifikanten χ^2-Testwert, d.h. nach Beibehaltung der Nullhypothese, die behauptet, dass keine Unterschiede zwischen der modellbestimmten und der empirisch beobachteten Datenstruktur bestehen. Es wird nicht getestet, ob ein Modell wahr oder richtig ist, und es wird auch nicht getestet, ob die geschätzten Parameter korrekt sind. Getestet wird lediglich, ob das spezifizierte Modell, das ja aus Restriktionen besteht (z.B. werden Pfade ausgeschlossen und für andere Pfade werden bestimmte Constraints formuliert), konsistent mit den beobachteten Kovarianzstrukturen ist.

Die im χ^2-Anpassungstest benutzte Testgröße "T(χ^2)" wird berechnet als:

$$T(\chi^2) = (N-1) F^*$$

wobei F^* der minimale Wert der im Schätzverfahren benutzten Diskrepanzfunktion ist (z.B. einer ML-Schätzung, a.a.O.). Die Anzahl der Freiheitsgrade (df) (a.a.O.) für diesen Test entspricht exakt der Anzahl an Freiheitsgraden des Gesamtmodells, deren Ermittlung in Kapitel 2.8 ausführlich vorgestellt wird.

Seinen Namen bekommt der χ^2-Test daher, dass sich die Verteilung von T(χ^2) bei sehr großen Stichproben einer Chi-Quadrat-Verteilung annähert und deshalb nach der Logik eines klassischen Signifikanztests überprüft werden kann.

Um im Test davon ausgehen zu können, dass das spezifizierte Modell keine Kovarianzen schätzt, die sich signifikant von den beobachteten Kovarianzen unterscheiden, sollte die Irrtumswahrscheinlichkeit für das Verwerfen der Nullhypothese (H_0), die behauptet, dass Modell und Daten zusammenpassen (d.h. dass sich diese nicht unterscheiden), im Chi-Quadrat-Anpassungstest möglichst hoch sein und mindestens über 5% (p>0.05) liegen. Nur dann lässt sich davon ausgehen (entsprechend der üblicherweise benutzten Test-Konvention), dass die Zurückweisung der Vermutung, dass Modell und Daten zusammen gehören, ein zu hohes Risiko in sich birgt, und dass deshalb von einem Zusammenhang zwischen Modell und Daten ausgegangen werden sollte.

Es gibt aber auch Methodiker, die fordern, dass das Wahrscheinlichkeitskriterium des Tests sehr viel höher als 0.05 angesetzt werden sollte, da ansonsten die Nullhypothese (keine Unterschiede zwischen Modell und Daten) zu sehr begünstigt werde. Deshalb müsste die Nullhypothese deutlich härter als mit einer Irrtumswahrscheinlichkeit von 5% getestet werden.

Allerdings würde ein sehr hartes Kriterium für den Test der Nullhypothese häufig zu einem anderen Fehler führen, nämlich zur fälschlichen Behauptung einer Differenz zwischen Modell und Daten. Deshalb gibt es Forderungen, nach denen das erhöhte Wahrscheinlichkeitskriterium "nur" zwischen 0.50 und 0.75 liegen sollte (z.B. nach Hayduk/ Glaser 2000). Aber auch das wird von einigen Methodikern bestritten. Nach deren Position ist ein höheres Wahrscheinlichkeitskriterium nicht praktikabel, da die Teststärke (power)[12] (a.a.O.) des Chi-Quadrat-Tests insbesondere mit großen Fallzahlen sehr hoch bzw. zu hoch sei (Mulaik/Millsap 2000). Daher wird in der SEM-Literatur zum Chi-Quadrat-Anpassungstest zumeist an einer Irrtumswahrscheinlichkeit von p>0.05 festgehalten oder es wird der p-Wert bei hohen Fallzahlen ignoriert und auf die anderen Fit-Indizes verwiesen.

Voraussetzung für die Gültigkeit des χ^2-Anpassungstests ist bei Verwendung des Maximum-Likelihood-Schätzverfahrens (a.a.O.), dass alle für die Schätzung ausgewerteten Daten normalverteilt sind und alle mehrdimensionalen Datenverteilungen eine Multinormalverteilung aufweisen (a.a.O.). Ist dies nicht der Fall (was in der empirischen Sozialforschung eher die Regel als die Ausnahme sein dürfte), und/oder sind die Fallzahlen sehr klein oder sehr groß[13] (a.a.O.), und/oder wird mit einer großen Anzahl von Indikatoren pro Faktor gearbeitet[14] (a.a.O.), so

---

12 Teststärke (power) = 1 - [Typ II-Fehler im Signifikanztest] (a.a.O.)
13 Als Faustformel hinsichtlich der Fallzahl, die für einen relativ unverzerrten Chi-Quadrat-Test benötigt wird (ohne ROBUST-Korrektur!) gilt je nach durchschnittlicher Schiefe der analysierten Daten eine Richtgröße von 5mal bis 10mal die Modellgröße (= df des geschätzten Modells) (vgl. Hoogland/Boomsma 1998).
14 Vgl. Marsh et al. 1998.

wird die Chi-Quadrat-Teststatistik sehr überschätzt und es kommt häufig zu falschen Testergebnissen. Deshalb sollte in SEM-Analysen mit eingeschränkter Datenqualität (was in der Forschungspraxis wohl eher der Normalfall sein dürfte) zusätzlich zur traditionellen χ^2-Statistik auch noch die robuste Satorra-Bentler-SCALED-χ^2-Statistik (a.a.O.) interpretiert werden. Allerdings führt auch der SB-χ^2-Test (wie auch der ML-χ^2-Test) zu inflationierten Typ I-Fehlerraten, wenn die Fallzahl gering ist (N<100) und/oder die Daten nicht normalverteilt sind (vgl. Yu 2002: 160). Unter diesen Bedingungen würden bei Anwendung des χ^2-Tests (egal ob in der SB-Version oder nicht) korrekt spezifizierte Modelle viel zu häufig zurückgewiesen.[15]

Wie bereits erwähnt, ist das Ergebnis eines jeden Chi-Quadrat-Tests stark abhängig von der im Test zur Verfügung stehenden Fallzahl aber auch von der durchschnittlichen Anzahl von Indikatoren "p" pro Faktor "F" (p/F) (a.a.O.) (vgl. Bentler/Bonett 1980). Je höher die Fallzahl und je größer das p/F-Verhältnis, umso wahrscheinlicher liefert der Chi-Quadrat-Test ein signifikantes Ergebnis. Denn wie die oben gezeigte Gleichung zur Berechnung von T(χ^2) zeigt, ist der Chi-Quadrat-Wert des geschätzten Modells eine direkte Funktion der Fallzahl. Steigt die Fallzahl, vergrößert sich T automatisch, und große T-Werte sind in aller Regel mit kleinen Irrtumswahrscheinlichkeiten verbunden.

Saris et al. (1987) haben in beeindruckender Weise eine fast perfekte Beziehung zwischen Fallzahl und fehlender Modellakzeptanz in SEM-Analysen, die zwischen 1979 und 1982 veröffentlicht wurden, nachgewiesen (natürlich war die fehlende Modellakzeptanz auch noch von anderen Faktoren, wie z.B. Spezifikationsfehlern, abhängig). Danach könnte in diesen Studien nur als Folge einer hohen Fallzahl die Irrtumswahrscheinlichkeit im Anpassungstest unter 5% gelegen haben und könnte allein deshalb in den Analysen eine systematische Abweichung zwischen geschätztem Modell und beobachteten Daten ermittelt worden sein.

Bei Schätzungen mit kleinen Fallzahlen erzeugt die lineare Abhängigkeit zwischen T(χ^2) und N eine Tendenz, die dazu führt, dass dort sehr viel häufiger hohe p-Werte im Anpassungstest ermittelt werden und deshalb möglicherweise allzu vorschnell von einer guten Übereinstimmung zwischen Daten und geschätztem Modell ausgegangen wird.

Deshalb sollten zusätzlich zur Überprüfung der Anpassungsqualität mittels χ^2-Anpassungstest mindestens zwei verschiedene Anpassungsindizes (Fit-Indizes) berechnet werden, die sich auch möglichst vom Typ her unterscheiden. Insbesondere eine Kombination der Indizes CFI, CFI(robust), RMSEA-Index und RMSR-

---

15 Interessanterweise scheint das für latente Wachstumskurvenmodelle (a.a.O.) nicht zu gelten (vgl. Yu 2002: 160).

Index gilt für "schwierige" Modelle, d.h. für Modelle mit leicht schief verteilten Indikatoren und/oder mit leichten Spezifikationsfehlern sowie für Modelle mit vielen Variablen als zweckmäßig, um daraus relativ sichere Interpretationen zum Anpassungsgrad eines geschätzten Modells ableiten zu können (vgl. Hu/Bentler 1995, 1999; Hutchinson/Olmos 1998; Kenny/McCoach 2003).[16]

Fassen wir also zusammen:

Um bei χ^2-Anpassungstests davon ausgehen zu können, dass im geschätzten Modell keine Kennwerte berechnet werden, die sich signifikant von den beobachteten Sample-Statistiken unterscheiden, sollte die Irrtumswahrscheinlichkeit für das Verwerfen der Nullhypothese (welche die Passung von Modell und Daten postuliert) möglichst hoch sein und mindestens über 5% liegen. Es ist jedoch dabei zu berücksichtigen, dass das Ergebnis von Chi-Quadrat-Tests, wie oben erläutert, stark von der Fallzahl des analysierten Datensatzes abhängt und dass bei kleinen Fallzahlen der Chi-Quadrat-Testwert oftmals eine inflationiert gute Anpassung und bei hohen Fallzahlen eine inflationiert schlechte Anpassung signalisiert. Alle Chi-Quadrat-Werte können deshalb nur unter Vorbehalt als valide Anpassungstests interpretiert werden.

CFI und CFI(robust) (Comparative Fit-Index)

Der CF-Index vergleicht die Schätzergebnisse eines sogenannten "Nullmodells", bei dem alle Einflussbeziehungen und Kovarianzen zwischen den Variablen eines SE-Modells auf 0.00 gesetzt sind (zu einer bestimmten Spielart von Nullmodell s.u.) mit den Ergebnissen aus der Schätzung des vom Forscher spezifizierten Alternativmodells. Je näher der CF-Indexwert seinem Maximum von 1.00 kommt, umso besser ist die Anpassung des Alternativmodells im Verhältnis zum Schätzergebnis für das Nullmodell. Eine akzeptable Modellanpassung sollte CFI-Werte > 0.95 aufweisen.

Die folgende Formel zeigt die Berechnung des CFI, wobei χ^2_0 den Chi-Quadrat-Wert des Nullmodells und χ^2_k den Chi-Quadrat-Wert des spezifizierten Alternativmodells bezeichnet (zur Berechnung von χ^2-Wert und df-Anzahl vgl. die Ausführungen in Kapitel 2.8).

---

16 Bei allen Fit-Indizes ist zu berücksichtigen, dass ihre Werte von der Wahl des eingesetzten Schätzverfahrens abhängen und deshalb verschiedene Fit-Werte nicht direkt miteinander verglichen werden sollten, wenn unterschiedliche Schätzmethoden (z.B. ML und GLS) eingesetzt wurden (vgl. Fan et al. 1999).

$$\text{CFI} = \left| \frac{\left(\chi_0^2 - df_0\right) - \left(\chi_k^2 - df_k\right)}{\left(\chi_0^2 - df_0\right)} \right|$$

Der verteilungsrobust korrigierte Satorra-Bentler-SCALED-CF-Index (kurz: CFI(robust)) (a.a.O.) berücksichtigt auch die Abweichungen der analysierten Datenverteilungen von der Normalverteilungsform. Er sollte deshalb unabhängig von der Fallzahl stets bei mittlerer bis schwerer Nicht-Normalität eingesetzt werden. Zusätzlich erbringt der CFI(robust) auch Vorteile gegenüber dem einfachen CFI, wenn die Daten zwar normalverteilt sind, aber die Fallzahl unterhalb von N=250 liegt. Dann lässt sich durch Verwendung des SB-basierten CFI(robust) der Typ I-Fehler relativ gut kontrollieren (vgl. Yu 2002: 160f).

Beide CF-Indizes eignen sich ebenfalls für eher explorativ ausgerichtete Analysedesigns (Rigdon 1996).

Der CF-Index tendiert allerdings bei sehr großen Modellen (Modelle mit einer großen Anzahl von Variablen) zur Unterschätzung des Anpassungsgrades, deshalb sollte bei solchen Modellen immer zusätzlich auch der RMSEA-Index (a.a.O.) interpretiert werden (Kenny/McCoach 2003).

Beide CF-Indizes sind in ihrer Gültigkeit davon abhängig, dass das Nullmodell berechtigterweise als Baseline- bzw. Vergleichsmodell gewählt wurde.

In solchen Nullmodellen müssen nicht immer alle Einflussbeziehungen zwischen den Variablen auf einen Wert von 0 gesetzt sein. So wird z.B. im SEM-Softwarepaket Mplus jedes Nullmodell mit Korrelationen zwischen den exogenen Variablen geschätzt (diese Korrelationen sind die bivariaten Korrelationen zwischen den exogen-manifesten Variablen).

Die Begründung dafür lautet, dass ohne diese Spezifikation der geschätzte Fit eines SE-Modells auch allein von den Korrelationen zwischen den exogenen Variablen abhängen kann, obwohl diese Korrelationen eigentlich kein Bestandteil der SEM-Analyse sein sollten.[17]

---

17 "Take as a simple example a path model with 3 equations and 2 exogenous variables. In the first equation, y1 is regressed on x1 and x2. In the second, y2 is regressed on y1, x1, and x2. In the third, y3 is regressed on y2, x1 and x2. This implies that the model has 1 degree of freedom and the single model restriction that we want to test is that y1 influences y3 only indirectly via y2. With a baseline model that has x1 uncorrelated with x2, the amount of correlation between x1 and x2 contributes to the fit assessment. This does not make sense since the model says nothing about the x1-x2 relationship but its only content is the hypothesis of an indirect effect from y1 to y3. As a second example, consider a Mimic model with x's influencing factors measured by multiple indicators y. The model content that we want to test is that the y's only correlate due to their com-

Allerdings lässt sich auch ein solches Vorgehen kritisieren. Die Kritik weist darauf hin, dass durch dieses Verfahren wiederum neue Verzerrungen bei der Berechnung des Modellfits anderer Typen von SE-Modellen entstehen könnten.[18] Zudem erschwere es die Kommunikation unter SEM-Anwendern, wenn ein Fit-Index unter dem gleichen Namen (CFI) auf unterschiedliche Weisen zu berechnen und zu interpretieren sei.

RMSEA-Index (Root Mean Square Error of Approximation)

Der RMSEA-Index informiert darüber, wie stark der Fit einer bestimmten Modellschätzung vom Fit einer perfekten Modellschätzung abweicht. Dazu berichtet der Index die Diskrepanz zwischen modellspezifisch geschätzter und empirisch beobachteter Kovarianzmatrix in Abhängigkeit:
(a) von der Modellkomplexität (bzw. der Anzahl der Freiheitsgrade einer Modellschätzung) und
(b) von der Fallzahl, die für eine Modellschätzung zur Verfügung steht.
Der RMSEA-Wert lässt sich berechnen als:

$$RMSEA = \sqrt{\frac{\chi^2 - df}{(N-1) \times df}}$$

mit: df = Anzahl der Freiheitsgrade, N = Fallzahl.

Der RMSEA-Indexwert sollte kleiner als 0.05 sein, mindestens jedoch unterhalb von 0.08 liegen (vgl. Browne/Cudeck 1992). Ein RMSEA-Wert von 0.00 indiziert einen perfekten Modellfit. Alle RMSEA-Werte unterhalb von 0.05 ver-

---

mon dependence on the factors and that the x's influence the indicators indirectly via the factors. Using a baseline model with uncorrelated x's, however, would distort the fit assessment and make it possible to get a better fit simply by choosing x's that are weak predictors of the factors (so there is low power to reject the H0 model based on x-y covariances) and correlate strongly among themselves (so the baseline model has poor fit)." (Bengt Muthén in SEMNET vom 7.2.2005)
"The commonly used baseline that uses uncorrelated covariates seems to me as inflating model fit and obscuring misfit - the more correlated the covariates are the better the model fits." (Bengt Muthén in SEMNET vom 9.2.2005)

18 "Take, for example, a regression model with 10 measured predictors and one latent outcome variable with two indicators. The traditional null model would have 66 df. The Mplus null model will be tested with 66 - 45 = 21 df. Now, the concern I have here is that I think this model should fit very well, assuming a valid measurement model for the dv [dependent variable; die Autoren], because it is a nearly saturated model. The fit between the observed and implied covariance matrices will be good, because there are few restrictions on the implied covariance matrix (it is very close to a just-identified regression model)." (Jason Newsom in SEMNET vom 7.2.2005).

weisen auf einen guten Modellfit. Sind die RMSEA-Werte größer als 0.05 aber immer noch unterhalb von 0.08, so kann der Modellfit als "befriedigend" angesehen werden. RMSEA-Werte zwischen 0.08 und 0.10 können auch noch als Hinweis auf einen ausreichenden bzw. einen bedingt akzeptablen Modellfit gewertet werden (vgl. MacCallum et al. 1996).

Zu berücksichtigen ist, dass der RMSEA-Index sehr sensibel auf kleine Fallzahlen reagiert und erst bei Fallzahlen von über 300 stabile Statistiken erbringt (Rigdon 1996). Bei sehr kleinen Fallzahlen (N < 100) und bei Verwendung eines Grenzwertes von 0.05 hat er die Tendenz, korrekt spezifizierte Modelle überhäufig zu verwerfen (Yu 2002: 161).

Allerdings hat der RMSEA-Index auch viele Vorteile: so reagiert er z.b. wenig sensibel auf Fehlspezifikationen und wird auch nicht stark von der Schätzmethode (Fan et al. 1999) oder von der Anzahl der Modellvariablen (Kenny/ McCoach 2003) beeinflusst.

Bei der Interpretation des RMSEA-Indexes sollte nicht nur auf dessen Höhe geachtet werden, sondern sollte auch die Präzision der RMSEA-Schätzung berücksichtigt werden, denn letztendlich ist auch der RMSEA-Wert nur ein Schätzwert für den Modellfit einer SEM-Analyse. Deshalb sollte nicht allein die RMSEA-Punktschätzung ausgewertet werden (wenn überhaupt), sondern sollten auch die geschätzten Grenzwerte seines 90%-Konfidenzintervalls in der Analyse berücksichtigt werden (MacCallum et al.1996).[19]

Steiger, der zu den Entwicklern von RMSEA gehört, schreibt dazu: "... our primary emphasis is on a confidence-interval-based approach, rather than one based on point estimates." (Steiger 2000: 156) und "it seems clear that the use of precise numerical, 'cutoff values' (like .05) should not be taken too seriously" (Steiger 2000: 161).

Idealerweise sollte das 90%-Konfidenzintervall einen unteren Wert von 0.00 (mindestens jedoch kleiner 0.05) und einen oberen Wert unterhalb von 0.08 aufweisen. Mit Hilfe des Konfidenzintervalls lässt sich sagen, dass mit einer bestimmten prozentualen Sicherheit der wahre Wert des Fit-Indizes innerhalb der Grenzen des Konfidenzintervalls liegt und dass die Präzision der Schätzung umso größer ist, je enger das Intervall ist.

Wenn also z.B. ein RMSEA-Index einen Wert von 0.041 aufwiese, jedoch die beiden Grenzen des dazugehörigen Konfidenzintervalls bei Werten von 0.027 und 0.085 lägen, sollte der niedrige Indexwert nicht als Hinweis auf einen "guten"

---

19 Üblicherweise wird in der SEM-Praxis zum Test des RMSEA-Werts ein 90%-Konfidenzintervall benutzt. Dafür sprechen einige formal-statistische Gründe, jedoch sind auch andere Konfidenzintervalle, wie z.B. ein 95%-Intervall, möglich (vgl. Curran et al. 2003: 243ff).

Modellfit interpretiert werden, sondern sollte stattdessen von einer mangelnden Präzision der RMSEA-Schätzung ausgegangen werden, die keine sicheren Aussagen über die Qualität des Modellfits (gemessen nach der RMSEA-Logik) zulässt. Durch Inspektion der RMSEA-Konfidenzintervalle können auch zwei geschachtelte Modellschätzungen (a.a.O.: geschachtelte Modelle) zusätzlich zum Chi-Quadrat-Differenzentest (a.a.O.) miteinander verglichen werden. Dabei wird danach geschaut, ob sich die Konfidenzintervalle der betreffenden RMSEA-Indizes überschneiden oder nicht.

Zur Bewertung des RMSEA gibt es nicht nur die oben berichteten Daumenregeln (RMSEA < 0.05, Grenzen des RMSEA-90%-Konfidenzintervall möglichst zwischen 0.00 und maximal 0.08), sondern zusätzlich auch einen sogenannten "test of close fit". Dabei wird ein einseitiger Hypothesentest durchgeführt, bei dem die Nullhypothese besagt, dass RMSEA ≤ 0.05 sein soll (und nicht, wie sonst bei Signifikanztests üblich, RMSEA=0.00). Die Nullhypothese bezieht sich demnach darauf, dass das Modell einen ausreichend guten Fit aufweist (daher der Begriff "close fit"). Die Alternativhypothese behauptet entsprechend, dass der RMSEA größer als 0.05 ist, was indizieren würde, dass das geschätzte Modell nicht mehr zu akzeptieren wäre (der Modellfit wäre dann schlechter als ein akzeptabler Fit).

Ist der Signifikanztest auf "close fit" statistisch nicht signifikant (üblicherweise mit p > 0.05), dann kann die Nullhypothese beibehalten werden und es kann gesagt werden, dass das Modell einen ausreichend guten Fit hat. Wenn die Irrtumswahrscheinlichkeit "p" kleiner als 0.05 ist, so ist der Fit des Modells schlechter als ein "close fit".

Natürlich wird der Test auf "close fit", so wie alle Signifikanztests, vom Stichprobenumfang beeinflusst (je größer N, umso eher ist der Test signifikant, was eher nicht erwünscht ist, s.o.). Auch ist die Teststärke (a.a.O.) umso höher, je geringer die Anzahl der Freiheitsgrade (df) ist.

AIC (Akaike information criterion)

Der AIC-Index kann vor allem dann eingesetzt werden, wenn nicht-geschachtelte (nicht-hierarchisch organisierte), konkurrierende Modelle miteinander verglichen werden sollen und deshalb kein Chi-Quadrat-Differenzentest (a.a.O.) zum Vergleich von zwei oder mehreren SE-Modellen verwendet werden kann/soll.

Je kleiner der AIC-Index ist, umso besser ist die Anpassungsqualität des entsprechenden Modells, und von zwei zu vergleichenden Modellschätzungen ist diejenige besser gelungen, die den kleineren AIC-Index aufweist (der Index kann auch negative Werte annehmen!).

Der AIC-Index berücksichtigt sowohl das Ausmaß der Anpassung eines geschätzten Modells als auch dessen Modellkomplexität (Akaike 1987). Der AIC-Index lässt sich ermitteln nach:[20]

$$AIC = -2\log L + 2r \quad (\text{mit } r = \text{Anzahl der freien Schätzparameter})$$

oder alternativ nach:[21]

$$AIC = \chi^2 - 2df$$

Beide Gleichungen zeigen, dass der AIC-Index nicht nur auf der χ^2-Logik beruht, sondern auch die Modellkomplexität berücksichtigt. Denn komplexere Modelle sind zwar in aller Regel besser angepasst als weniger komplexe Modelle, aber aus wissenschaftlicher Modellierungsperspektive sind sparsamere Modelle mit wenigen Parametern gegenüber komplexeren Modellen zu bevorzugen. Entsprechend wird der AIC-Wert niedriger, je weniger komplex ein Modell ist. Dies ist ein Vorteil des AIC-Index im Vergleich zu manch anderen Fit-Indizes.

Fazit: Welche Fit-Indizes sollten benutzt werden?

Hinsichtlich des Gebrauchs von Fit-Indizes empfehlen wir Folgendes: In einer SEM-Analyse sollten stets die standardisierten Residuen (Daumenregel: <|3|), der RMSR- bzw. SRMR-Index (<0.06 bzw. <0.08) oder bei kategorialen Schätzverfahren der WRMR-Index (<0.90), die Irrtumswahrscheinlichkeit des χ^2-Tests (>0.05), der CFI bzw. CFI(robust) (>0.95) und der RMSEA-Index (<0.05 bzw. <0.06) inklusive dessen Konfidenzintervall berücksichtigt werden.

Jedoch ist bei Anwendung dieser Grenzwerte eine gewisse Vorsicht geboten. Sie sollten lediglich als grobe Richtlinien verstanden und nicht allzu rigide eingesetzt werden (v.a. nicht im Bereich der dritten und vierten Kommastellen interpretiert werden). Zudem sollte jeder Fit-Index stets nur im Verbund mit allen anderen genannten Fit-Maßen beurteilt werden.

3.2.1 Overfitting (Überanpassung) und Modell-Respezifikation

Viele SEM-Anwender stehen immer wieder vor dem folgenden Problem: Ein nach intensiver theoretischer und methodischer Vorarbeit konstruiertes, bestmögliches Strukturgleichungsmodell weist nach der Schätzung unerwartet schlechte Fit-

---

20 Vgl. Muthén/Muthén 2001: 360; Kline 1998: 138.
21 Vgl. Kline 1998: 138.

Werte (a.a.O.) auf, sodass zu vermuten ist, dass (schlimmstenfalls) das theoretische Modell und die empirisch beobachteten Daten nicht zusammenpassen. Was ist dann zu tun? Eine mögliche, aber häufig allzu vorschnelle Strategie zur Problemlösung bestünde darin, einen Blick auf die "modification indices" (bzw. je nach Software auf die Ergebnisse des "LM-Tests"; a.a.O.) zu werfen und dann alle vorgeschlagenen, erfolgversprechenden Modellmodifikationen "blind" zu übernehmen, ohne die Modellmodifikationen substanziell oder theoretisch zu begründen. Bei einem solchen, rein dateninduzierten Vorgehen droht der SEM-Analyse jedoch ein *"Overfitting"*.

Mit Overfitting wird in der SEM-Analyse ein Vorgehen bezeichnet, bei dem ungeachtet einer ursprünglich theoretisch oder analytisch begründeten Modellkonstruktion im Verlauf von beliebig vielen SEM-Schätzungen so lange neue, zusätzliche Parameter im Modell zugelassen werden, bis die Fit-Werte der Modellschätzung ein (nahezu) "perfektes" Modell anzeigen bzw. bis der Chi^2-Test (a.a.O.) einen nicht-signifikanten Chi^2-Wert erbringt. Overfitting bezeichnet also die Spezifikation und Schätzung eines überkomplexen Modells, bei dem zur Erreichung eines ausreichenden Fits mehr Parameter im Modell spezifiziert werden, als im theoretischen oder analytischen Sinne eigentlich notwendig wären.

Gegen eine solche Strategie ist folgendes Grundsätzliche einzuwenden: Ein Strukturgleichungsmodell ist – wie es der Name schon ausdrückt – stets nur ein Modell der Wirklichkeit. Das Modell ist umso realistischer, je mehr es die Struktur der Wirklichkeit abbildet, und nicht selten ist dies ein Modell, bei dem alles mit allem zusammenhängt (also z.B. ein SE-Modell, bei dem alle manifesten Indikatoren miteinander korrelieren). Ein solches Modell wäre jedoch ineffizient und wissenschaftlich völlig wertlos. Ein wissenschaftlich "gutes" Modell ist vielmehr ein solches, das mit möglichst wenig zu spezifizierenden Annahmen so realistisch wie nötig ist.[22] Die Forderung "so realistisch wie nötig" bedeutet somit für die SEM-Analyse, dass der Fit eines Modells immer "nur" ausreichend gut sein muss. Denn Modell-Fitting ist immer zweckgebunden. Das Modell-Fitting erfolgt stets mit einem bestimmten Ziel, und dieses Ziel ist häufig die möglichst sparsame Überprüfung von theoretischen Hypothesen, die sich zwar auf einen bestimmten Wirklichkeitsausschnitt beziehen, die aber nicht alle Zusammenhänge in diesem Wirklichkeitsausschnitt thematisieren wollen bzw. müssen.

Begünstigt wird ein Overfitting durch die ausschließliche Verwendung von Chi^2-Tests (a.a.O.) als Fit-Indikator. Denn wie a.a.O. erläutert, sind die Chi^2-Werte von der Fallzahl des analysierten Datensatzes abhängig, und Chi^2-Tests berichten

---

22 Vgl. in diesem Kontext auch das Prinzip der abnehmenden Abstraktion für die sozialwissenschaftliche und ökonomische Modellierung (Lindenberg 1991).

ab einer bestimmten Fallzahl (i.d.R. bei mehr als 200 Fällen, vgl. Kenny 2012) so gut wie immer signifikante Abweichungen von Modell und Beobachtungsdaten, was schnell zu einer Strategie des Overfittings verleiten kann. Deshalb ist, wie in Kapitel 3.2 ausgeführt, für die SEM-Analyse anzuraten, stets zusätzlich zum Chi^2-Test auch andere absolute (v.a. RMSEA, SRMR, a.a.O.) und inkrementelle Fit-Maße (v.a. CFI, a.a.O.) zu interpretieren.

Was ist aber bei einer SEM-Schätzung mit nicht akzeptablen Fit-Werten und einer dementsprechenden Respezifikation des SE-Modells zu tun, um dabei ein Overfitting zu vermeiden?

Folgende Regeln können vielleicht hilfreich sein, um ein problematisches Overfitting zu vermeiden oder zumindest zu erschweren:

R1: Vor einer Modell-Respezifikation ist zunächst zu prüfen, ob alle (oder die wichtigsten) Anwendungsvoraussetzungen für die Durchführung einer ML-Schätzung (oder einer WLSMV-Schätzung) (a.a.O.) erfüllt sind, und es ist abzuwägen, ob nicht z.b. ein anderes Schätzverfahren verwendet werden muss (z.B. bei Verletzung von Normalverteilungsannahmen und/oder bei ordinalem Skalenniveau einzelner Indikatoren).

R2: Bei einer Modell-Respezifikation müssen alle neu aufgenommenen Modellparameter theoretisch/analytisch, methodologisch und/oder substanziell gut begründet werden können, und diese Begründungen müssen im Falle einer Publikation der SEM-Analyse auch offen dargelegt werden.

R3: Konstrukt-immanente Modifikationen von Messmodellen (wie z.B. die Herausnahme von Indikatoren mit geringer Faktorladung) sind besser als eine Erweiterung der Modellkomplexität durch zusätzliche Modellparameter, welche die Beziehungen *zwischen* Konstrukten betreffen (wie z.B. ergänzende Kovariationen zwischen latenten Konstrukten).

R4: Akzeptable, konstrukt-immanente Modifikationen können Messfehlerkorrelationen (a.a.O.) sein, solange diese erstens gut begründet werden können und zweitens nicht zu hoch sind (Daumenregel: r < 0.5). Hohe Messfehlerkorrelationen können auch zu inakzeptabel niedrigen, standardisierten Faktorladungen (a.a.O.) führen. Akzeptable standardisierte Faktorladungen (a.a.O.) sollten nicht kleiner als 0.50 sein (Daumenregel).

R5: Zusätzliche Beziehungen *zwischen* latenten Konstrukten (z.B. in Form von Kreuzladungen oder Messfehlerkorrelationen) sind eher zwischen unabhängigen Konstrukten zu akzeptieren als zwischen unabhängigen und abhängigen Konstrukten. Denn Kreuzladungen zwischen unabhängigen und abhängigen Konstrukten machen den Test von theoretischen Kausalaussagen schwierig bis unmöglich, da dann die Konstrukte auf Messebene nicht mehr unabhängig voneinander sind.

R6: Neu ins Modell aufzunehmende Beziehungen *zwischen* latenten Konstrukten (s.o.) sind nur dann zu akzeptieren, wenn die Diskriminanz der Messmodelle nicht gefährdet ist. Deshalb sollten Kreuzladungen vermieden werden. Bei Hinweisen auf Kreuzladungen sollte geprüft werden, ob einer der betroffenen Indikatoren aus dem jeweiligen Messmodell entfernt werden kann. Dies kann geschehen, wenn die Identifikation (a.a.O.) des betroffenen Messmodells durch den Ausschluss nicht gefährdet wird, und wenn der Ausschluss auch nicht die inhaltliche Bedeutung des latenten Konstrukts verändert. Zusätzliche Messfehlerkorrelationen zwischen Konstrukten sind in Längsschnittmodellen (a.a.O.) zu akzeptieren, wenn es sich um bedeutungskonstante Indikatoren handelt, deren Messfehler über die Zeit hinweg korrelieren (a.a.O.: diachrone Messfehlerkorrelationen). Andere Messfehlerkorrelationen über Konstrukte hinweg sollten nur mit Vorsicht in die Modell-Respezifikation eingebunden werden, da auch hier eine Verletzung der Konstrukt-Diskriminanz (s.o.) droht.

R7: Bei einer Modell-Respezifikation sollte zunächst schrittweise nur immer ein neuer Parameter in das jeweilige Modell aufgenommen werden. Niemals sollten mehrere neue Parameter gleichzeitig in die Modell-Respezifikation aufgenommen werden. Nach Modell-Respezifikation und Modellschätzung mit nur jeweils einem neuen Parameter sollte der Modellfit (a.a.O.) geprüft werden und erst dann sollte über weitere Modifikationen entschieden werden.

R8: Nach der Modifikation von Messmodellen müssen weiterhin Diskriminanz und Konvergenz der Messmodelle gegeben sein. D.h., dass die Messmodelle nicht durch zahlreiche Kreuzladungen und Fehlerkorrelationen ihre Diskriminanz eingebüßt haben dürfen, und dass die Messmodelle intern valide konstruiert sein müssen (bzw. intern konvergieren müssen), was bedeutsame Faktorladungen (standardisiert > 0.50) erforderlich macht (a.a.O.: Reliabilität, Validität von Messmodellen).

Grundsätzlich gilt für die Respezifikation von SE-Modellen das Folgende:

Respezifizierte SE-Modelle sind immer alternative SE-Modelle, und die Modelle aus der Arbeitsphase vor und nach der Respezifikation müssen gegeneinander getestet werden (z.B. mittels Chi-Quadrat-Differenzentests, a.a.O.). Jedoch erfordert jede Respezifikation auch unabhängig vom Ausgang des Differenzentests eine überzeugende theoretische oder analytische Begründung. Dabei sollte man sich als SEM-Anwender stets den oben skizzierten Grundsatz zu Herzen neh-

Probleme bei der Schätzung von SE-Modellen 103

men, dass jedes SE-Modell so einfach wie möglich und so realistisch wie nötig aufzustellen ist. Gute Fit-Werte alleine machen noch kein gutes SE-Modell aus. Weitere Informationen zu diesem Thema sind in Kapitel 2.6 "Sollten geschätzte SE-Modelle nachträglich modifiziert werden?"zu finden.

3.3 Wie viele Fälle werden benötigt? [23] [24]

Wie viele Fälle werden benötigt, um für ein bestimmtes Strukturgleichungsmodell ein stabiles oder zumindest halbwegs robustes Schätzergebnis erzielen zu können? Welche Fallzahlen werden mindestens gebraucht, um den Resultaten einer Strukturgleichungsmodellierung vertrauen zu können?

Ein jeder SEM-Anwender kennt dieses Problem. Reichen die vorhandenen 100, 200 oder 1000 Beobachtungsfälle aus, um für die freien Parameter eines Strukturgleichungsmodells, das zumeist in sehr anspruchsvoller Weise und mit einer hohen (viel zu hohen?) Komplexität spezifiziert wurde, mehr als nur numerische Zufallstreffer im Rahmen eines bestimmten statistischen Schätzverfahrens (vor allem: ML oder WLS, a.a.O.) geliefert zu bekommen?

Die einschlägige Methodenliteratur hilft bei diesem Problem in aller Regel nicht viel weiter. So ist dort z.B. häufig zu lesen, dass alle gängigen Schätzverfahren zur Bestimmung der freien Parameter in Strukturgleichungsmodellen auf einer asymptotischen Schätztheorie beruhen, nach der nur bei einer möglichst großen Fallzahl (und bei Einhaltung bestimmter Annahmen) vertrauenswürdige Schätzwerte zu erhalten sind.[25]

Wann eine solche, möglichst große Fallzahl gegeben ist, sagt die statistische Schätztheorie leider jedoch nicht.

Der SEM-Anwender ist dementsprechend schnell verunsichert und greift häufig nach bestimmten Daumenregeln zur Festlegung der Fallzahl für seine SEM-Analyse. In der SEM-Literatur werden viele solcher Daumenregeln angeboten (wie z.B. die N:t-Regel, mehr dazu im Folgenden). Leider sind diese jedoch stets umstritten (auch in der Literatur) und basieren zumeist auf Simulationsstudien mit spezifischen Modellspezifikationen, die ganz anders als diejenigen des

---
23 Die folgenden Ausführungen enthalten Textstellen aus Urban/Mayerl 2003: Kap. 1, 2, 3, 5.
24 Gedankt wird Linda K. Muthén und Bengt O. Muthén für Hinweise und Informationen, die sie u.a. über das Internet-Diskussionsforum "Mplus Discussion" (www.statmodel.com/discussion) zur Verfügung stellten.
25 So ist z.B. zu lesen: "Because the GLS estimates are only asymptotically correct, large samples are required for the estimates to be trustworthy." (Xie 1989: 340).

leidgeplagten Anwenders aussehen können, sodass sie häufig auch nicht zu übertragen sind.[26]

Noch schwieriger wird das Problem, wenn die SEM-Indikatorvariablen als kategoriale Variablen (geordnet oder ungeordnet) gemessen wurden und auch als solche in die SEM-Analyse einbezogen werden sollen. Dann erfährt der Anwender in der Literatur und in einschlägigen Internet-Diskussionsforen (SEMNET, Mplus-Discussion, o.ä.) höchst Verwirrendes über die dafür benötigten Mindest-Fallzahlen.

Soll z.B. die kategoriale SEM-Analyse nach der LISREL-WLS-Strategie durchgeführt werden und sollen dabei polychorische bzw. polyserielle Korrelationskoeffizienten berechnet werden, empfiehlt die SEM-Literatur, mindestens 2000 oder sogar 5000 Fälle in die Schätzung einzubeziehen, da ansonsten die Schätzwerte für die Standardfehler extrem verzerrte Werte annehmen können.[27] Wenn Anwender aber die Mplus-Strategie bevorzugen und die dortige Implementation der WLSMV-Schätzung für Modelle mit kategorialen Indikatorvariablen benutzen wollen (a.a.O.: WLSMV),[28] werden bereits brauchbare Schätzungen mit nur 150 Fällen (bei geringer Anzahl freier Parameter und symmetrischer Werteverteilung) für machbar erklärt.[29]

Einen Ausweg aus dieser Misere scheinen Monte Carlo-Simulationen (a.a.O.) zu ermöglichen, in denen für ein spezielles, zu testendes Strukturgleichungsmodell (und nicht für ein beliebiges bzw. nach methodischen Kriterien spezifiziertes Modell!) bestimmte Parameterwerte als richtig angenommen werden und sodann große Mengen von Zufallsstichproben für jeweils unterschiedliche Fallzahlen gezogen werden, um diese Werte zu replizieren. Über das Ausmaß der in diesen Simulationen erhaltenen Abweichungen zwischen "wahren" und geschätzten Werten lässt sich dann ermitteln, welche Fallzahlen als akzeptabel und welche als nicht ausreichend gelten können.

---

26 So wurden und werden z.B. als Richtlinien bei Analysen mit kontinuierlichen Variablen häufig die Simulationsstudien von Boomsma (1982, 1983) und die Studie von Hoogland (1999) herangezogen.
27 Olsson et al. (2000) empfehlen 2000 bis 3000 Fälle. Yuan/Bentler (1994) empfehlen sogar 2000 bis 5000 Fälle pro Gruppe von Variablenwerten, da die Anzahl der Elemente in der weight matrix mit einem Exponenten von 4 für die Anzahl der Variablen anwachse.
28 Als "Mplus-Strategie" wird hier die Schätzmethode bezeichnet, die im EDV-Programmpaket Mplus implementiert ist (vgl. www.statmodel.com). Vgl. dazu Muthén 1983, 1984, 1993; Muthén/Satorra 1995; Xie 1989; Muthén/Muthén 2001: 339-343 (Appendix 1: Regression with a categorical dependent variable), 345-352 (Appendix 2: The general modeling framework).
29 Nach Brown 2006: 389; Flora/Curran 2004. Vgl. auch die Mitteilung von Linda K. Muthén im Internet-Diskussionsforum "Mplus-Discussion" (www.statmodel.com/discussion) vom 23.5.2001.

Linda K. Muthén und Bengt O. Muthén haben in einem viel beachteten Vorschlag diese Methode zur Festlegung einer sinnvollen Stichprobengröße für die Schätzung von Strukturgleichungsmodellen mit latenten Variablen vorgestellt (Muthén/Muthén 2002a, 2002b; Muthén 2002).

Im weiteren Verlauf dieses Kapitels werden wir dieses Monte Carlo-Simulationsverfahren für die Festlegung von Mindest-Fallzahlen bei SEM-Analysen noch näher erläutern. Zuvor werden wir aber noch einige typische Praxistipps und Daumenregeln zur Festlegung von Mindest-Fallzahlen für SEM-Analysen vorstellen sowie einige Kriterien zur Bestimmung des Zusammenhangs zwischen Stichprobengröße und SEM-Analysequalität erläutern.

Welche Beziehungen gibt es nun zwischen der Qualität einer SEM-Schätzung und der Anzahl der dazu zur Verfügung stehenden Datenfälle?

Im Allgemeinen ist es allen SEM-Anwendern bekannt: die Ergebnisse von SEM-Analysen können durch zu kleine Stichprobengrößen in unerwünschter Weise beeinflusst werden. So tendiert z.B. die χ^2-Teststatistik (a.a.O.) bei einem niedrigen Stichprobenumfang (N < 100) zu deflationierten Werten und die H_0 wird in diesem Fall allzu oft nicht verworfen, was zu falschen Interpretationen der Modellschätzung führt.

Auf der anderen Seite steigt χ^2 mit zunehmendem Stichprobenumfang an, sodass die H_0 (und damit das Modell des Forschers) bei hohen Fallzahlen sehr häufig verworfen wird, auch wenn der Unterschied zwischen Modell und Beobachtungsdaten inhaltlich vernachlässigbar gering ist. Dies liegt an der steigenden Teststärke (a.a.O.) von Signifikanztests bei steigendem Stichprobenumfang (unter sonst gleichen Bedingungen).

Ebenso kann bei einer kleinen Fallzahl eine Verzerrung der Parameterschätzungen und der geschätzten Standardfehler (a.a.O.) auftreten, wovon die Schätzung der Konfidenzintervalle (a.a.O.) beeinflusst wird: unterschätzte Standardfehler können zur Überschätzung und überschätzte Standardfehler zur Unterschätzung der Signifikanz von Effekten führen (vgl. Muthén/Muthén 2002: 600).

Des Weiteren nimmt die Breite des Konfidenzintervalls mit abnehmender Fallzahl zu. Eine zu kleine Stichprobe kann folglich zu einer deutlichen Verschlechterung der Qualität der Modellschätzung führen, wodurch eine zuverlässige substanzielle Interpretation erschwert wird (vgl. Algina/Olejnik 2000).

Wir wollen im Folgenden die Argumentation ein wenig systematisieren: Die Qualität einer SEM-Analyse wird in ganz entscheidendem Maße von der Robustheit einer SEM-Schätzung bestimmt. Die Robustheit einer SEM-Schätzung betrifft wiederum:
(a) die Robustheit aller geschätzten Effektparameter,

(b) die Robustheit der Standardfehler aller geschätzten Effektparameter,
(c) die Robustheit der χ^2-Teststatistik und aller darauf basierenden Fit-Indizes.

Alle diese drei Robustheiten werden durch die jeweils zur Verfügung stehende Fallzahl positiv beeinflusst: je höher die Fallzahl, umso höher ist die Robustheit der SEM-Schätzung (in jedweder Hinsicht).

Allerdings wirkt die Fallzahl nicht in direkter Weise auf die Robustheit, sondern nur in Abhängigkeit von vielen anderen Merkmalen des jeweils analysierten Modells und der ausgewerteten Daten sowie in Abhängigkeit vom jeweils benutzten Schätzverfahren (z.B. ML- oder WLS-Schätzung, a.a.O.).

Zu den fallzahl-relevanten Modell- und Datenmerkmalen gehören insbesondere:[30]
(-) die Gesamtzahl der Indikatoren im Modell (p),
(-) die durchschnittliche Anzahl von Indikatoren pro Faktor (p/F),
(-) die durchschnittliche Faktorladung (L) in allen Messmodellen,
(-) die durchschnittliche Schiefe aller Werteverteilungen (S),
(-) die Standardabweichung der Schiefe (sd(S)),
(-) die durchschnittliche Kurtosis der Verteilungen aller gemessenen Variablen (K).

Hinsichtlich des Zusammenhangs zwischen der Robustheit von SEM-Schätzungen (im Sinne der drei oben genannten Typen von Robustheit) und der zur Verfügung stehenden Fallzahlen wurden in der SEM-Forschung verschiedene Regelmäßigkeiten beobachtet und dementsprechende Praxisempfehungen bzw. Daumenregeln abgeleitet, die hier vor allem hinsichtlich ihrer praktischen Konsequenzen für die SEM-Forschung vorgestellt werden sollen:

ad a: Robustheit der Effektparameter

Im Vergleich zur klassischen WLS/ADF-Schätzung[31] ist die ML-Schätzung am wenigsten von der Kombination "geringe Fallzahl und hohe Kurtosis" betroffen. Generell sind ML-Schätzungen stabiler und von größerer Präzision, was ihren Fit angeht (Olsson et al. 2000). Wenn ein Modell mindestens 3 Indikatoren pro Faktor aufweist, und wenn die durchschnittliche Faktorladung oberhalb von 0.5 liegt, dann sollten bei N≥200 die ML-Parameterschätzwerte als unverzerrt gelten kön-

---

30 Diese Auflistung und die folgenden Praxishinweise folgen den Analysen von Hoogland 1999 und Marsh/Hau 1999.
31 WLS: "weighted least squares"-Schätzverfahren; ADF: "asymptotic distribution free"-Schätzverfahren. Das WLS-Verfahren ist theoretisch identisch mit dem ADF-Verfahren. Beide sind nur unterschiedliche Umsetzungen des gleichen Schätzverfahrens in verschiedenen SEM-Softwarepaketen.

nen. Dabei ist der Quotient (p/F) die wichtigste Determinante. So wurde z.B. für die ML-Schätzung eines Strukturmodells mit p=12, p/F=4 und K=3 eine Mindest-Fallzahl von N=200 empfohlen (Hoogland 1999).

In verschiedenen Simulationen (mit ML-Schätzung) konnte gezeigt werden, dass die Nachteile kleiner Stichproben durch hohe p/F-Werte kompensiert werden können (vor allem, aber nicht nur, wenn die Faktorladungen größer als 0.6 sind).[32] Für viele ML-Schätzungen sind demnach bei p/F von 6 bis 12 auch Fallzahlen von 50 durchaus ausreichend.

Auch konnte in der Forschung gezeigt werden, dass bei hoher Reliabilität (d.h. bei geringer Fehlervarianz) bereits Fallzahlen von 50 bis 100 Einheiten ausreichen können, um ML-Schätzwerte mit nur geringen Verzerrungen zu erhalten. Voraussetzung dafür sind jedoch strikt normalverteilte Indikatoren (vgl. Hoyle/ Kenny 1999).

Die WLS/ADF-Schätzung (a.a.O.) braucht große bis sehr große Fallzahlen und eine Modellspezifikation, die nur sehr wenige Fehler aufweist (Olsson et al. 2000). Eine genügend große Fallzahl könnte sich aus der Gesamtzahl aller Indikatoren (p) in Abhängigkeit von der durchschnittlichen Kurtosis aller Werteverteilungen (K) ergeben, denn es besteht ein starker Effekt von K/N auf die Verzerrung der WLS/ADF-Schätzung. Dies bedeutet für Empfehlungen hinsichtlich der Mindest-Fallzahl bei WLS/ADF-Schätzungen (nach Hoogland 1999):

$N \geq 50 \times p$, wenn K zwischen -1.0 und 0.0,

$N \geq 100 \times p$, wenn K zwischen 0.0 und 3.3,

$N \geq 250 \times p$, wenn K zwischen 3.3 und 6.0.

Aus diesen Empfehlungen würde als Forderung für eine sinnvolle WLS/ADF-Fallzahl bei einem Modell mit p=12, p/F=4, K=3 (s.o.) eine Stichprobengröße von N=1200 folgen. Allerdings verändert sich das Bild, wenn auch die Robustheit der Standardfehler berücksichtigt werden soll (s.u.).

ad b: Robustheit der Standardfehler

Für den Zusammenhang von Stichprobengröße und Robustheit der Standardfehler können aus den Ergebnissen der Simulationen von Hoogland (1999) folgende Praxisempfehlungen abgeleitet werden:

---

32 Vgl. Marsh/Hau 1999.

Hinsichtlich der Robustheit von ML-Schätzungen sind L und K am wichtigsten. Dabei sollte, wie oben ausgeführt, die Kurtosis möglichst bei 0.00 und sollten die Faktorladungen möglichst über |0.50| liegen. Das hieße:

wenn L ≥ |0.7| und K=0 wird N=200 empfohlen,

wenn L ≥ |0.5| und K=0 wird N=400 empfohlen,

wenn K ≥ 2.0 sollte ML(robust) (a.a.O.) benutzt werden.

Im Vergleich dazu verzerrt die klassische WLS/ADF-Schätzung (a.a.O.) die Standardfehler so sehr, dass sie nur bei sehr großen Fallzahlen eingesetzt werden sollte. Als Daumenregel zur Maximierung der Robustheit von Standardfehlern bei klassischen WLS/ADF-Schätzungen könnte nach Hoogland (1999) gelten:

N ≥ 10p(p+1) bei K=0 (z.B. bei p=12 ergibt sich: N=1560),

N ≥ 15p(p+1) bei K≤5.70 (z.B. bei p=12 ergibt sich: N=2340).

ad c: Robustheit der χ^2-Teststatistik und darauf basierender Fit-Indizes

Auch der Zusammenhang zwischen der Robustheit der Chi-Quadrat-Teststatistik (sowie aller darauf basierender Fit-Indizes, a.a.O.) und einer genügend großen Fallzahl ist von vielen Determinanten abhängig. Generell gilt:[33]

Insbesondere bei angemessen spezifizierten Modellen mit normal verteilten Variablen zeigen χ^2-Tests bei ML-Schätzungen mit unterschiedlichsten Fallzahlen (N=100, 200, 500 oder 1000) keine verzerrten Ergebnisse. Hingegen können die χ^2-Testergebnisse bei WLS/ADF-Schätzungen nur dann als unverzerrt gelten, wenn die Fallzahlen sehr groß sind (ab N=1000). Nach den Ergebnissen von Hoogland (1999) könnten folgende Daumenregeln sinnvoll sein:

für ML-Schätzungen bei alpha=0.05 gilt:[34]
N ≥ max (3L df (1 + 10S - 10sd(S) + K), 100),
Beispiel: N= 826 für df=51, L=0.6, S=1.0, sd(S)=0.5, K=3.0;

für WLS/ADF-Schätzungen bei alpha=0.05 gilt:
N ≥ 45× df,
Beispiel: N=2295 für df=51.

Die oben genannten, minimalen Fallzahlen (200-400 Fälle) zur Erreichung robuster ML-Schätzwerte werden auch von Monte Carlo-Simulationen (a.a.O.) bestä-

---

33 Vgl. dazu Curran et al. 1996.
34 Die folgende Ungleichung ist so zu verstehen, dass N größer als der berechnete Wert (3L ...) sein sollte. Wenn der berechnete Wert allerdings unterhalb von 100 liegt, sollte N größer als 100 sein.

tigt, in denen experimentell möglichst viele der zuvor genannten Einflussfaktoren konstant gehalten werden und nur die Fallzahl variiert wird. Jackson (2001, 2003) konnte z.b. in verschiedenen Simulationen zeigen, dass vieles für eine sinnvolle Stichprobengröße in ML-Schätzungen bei Fallzahlen ab einer Größenordnung von 200 bis 400 Einheiten spricht.

So hatte z.B. in einem "wahren" Modell der GFI (ein direkter Fit-Index) bei einer Fallzahl von 200 einen Wert von 0.92, der dann bis zu einer Fallzahl von 400 auf 0.96 anstieg, aber sich bei einer Erhöhung auf eine Fallzahl von 800 nur noch um 2,6% vergrößerte, während er sich bei der Erhöhung von 50 auf 400 Fälle noch um 29% vergrößerte (Jackson 2001).

Generell betrachtet, ist somit die notwendige Fallzahl für SEM-Analysen von sehr vielen Determinanten abhängig. Da hilft auch die oftmals benutzte Universal-Daumenregel[35] von 5, 10 oder 20 Beobachtungen für jeden zu schätzenden Parameter[36] nicht viel weiter, die zudem wohl auch falsch ist. Zumindest konnte Jackson (2001, 2003) in verschiedenen Monte Carlo-Simulationen nicht eindeutig nachweisen, dass der NPPP-Wert (number of participants per parameter) bzw. das N:t-Verhältnis (Anzahl von Beobachtungen pro zu schätzendem Parameter) einen direkten Einfluss auf die Varianz der geschätzten Koeffizienten und die Höhe der Fit-Indizes hat.

Deutliche statistische Hinweise gibt es demnach allein dafür, dass das N:t-Verhältnis einen negativen Effekt auf zwei von sieben Fit-Indizes hat (nämlich auf den "Chi-Square-Bias"[37] und den RMSEA-Index): je mehr Beobachtungen pro Parameter vorliegen, umso kleiner wird der Chi-Square-Bias und der RMSEA-Index. Allerdings ist das Ausmaß des nachgewiesenen Effekts nicht dramatisch und ist oftmals auch ohne praktische Relevanz. Zum Beispiel reduzierte sich der RMSEA-Index von 0.005 auf 0.002, wenn bei N=800 das N:t-Verhältnis durch zusätzliche Modell-Constraints von 20:1 (800 Fälle und 40 Parameter) auf 400:1 (800 Fälle und 2 Parameter) vergrößert wurde.

So hat wohl die absolute Fallzahl eine größere Bedeutung für die Erhöhung der Modellanpassung (Fit) und die Vermeidung von Parameterverzerrungen (s.o.) als das Verhältnis von Fallzahl zu Parameterzahl.[38] Zudem haben Marsh/Hau

---

35 Diese Daumenregel wird hier als "universell" bezeichnet, weil sie beansprucht, unabhängig vom jeweils eingesetzten Schätzverfahren sowie unabhängig von den jeweils empirisch gegebenen Datenverteilungen und den forschungspraktisch begründeten Modellspezifikationen gültig zu sein.
36 Vgl. zu dieser Universal-Daumenregel: Bollen 1989, Kline 2011, Tanaka 1987.
37 Wird berechnet als: (Chi-Quadrat-Wert - df) / df) (Jackson 2003: 133).
38 Zu diesem Resümee kommt auch Jackson 2001, 2003.

(1999) nachgewiesen, dass auch dann, wenn die Fallzahl kleiner als die Anzahl der zu schätzenden Parameter ist, stabile Schätzungen erreicht werden können.

Die oben genannten Beispiele für Daumenregeln zur Festlegung eines genügend großen Stichprobenumfangs bei einer SEM-Schätzung haben gezeigt, dass das Problem einer genügend großen Fallzahl nicht allein durch Anwendung einer einzigen, einheitlichen Generalformel zu lösen ist: "In reality, there is no rule of thumb that applies to all situations." (Muthén/Muthén 2002a: 599).

Generell scheint in der SEM-Analyse nur zu gelten: Wie viele Fälle für eine stabile Modellschätzung benötigt werden, hängt in erster Linie vom spezifizierten Modell und von der Qualität der zur Verfügung stehenden Daten ab.[39] Bestimmte Parameter sind z.b. schwieriger zu schätzen (Varianzen sind schwieriger als Mittelwerte) und brauchen deshalb größere Fallzahlen. Aber wenn Paneldaten zur Verfügung stehen, werden oftmals nur sehr geringe Fallzahlen für die Modellschätzung benötigt (bei linearen Wachstumskurvenmodellen mit kontinuierlichen Indikatoren (a.a.O.) können für eine Modellschätzung z.b. 20 Fälle ausreichen). Allerdings vergrößert die Verwendung von kategorialen Indikatoren die benötigten Fallzahlen (a.a.O.). Zudem hängt die Anzahl benötigter Fälle vom Analyseziel ab: Will man gute Schätzungen der Standardfehler (a.a.O.) haben oder will man viele Modellannahmen testen, braucht man eben mehr Fälle als wenn man nur gute Modellparameter schätzen will.

Wie viele Fälle insgesamt benötigt werden, hängt mithin auch davon ab, in welcher Hinsicht die Qualität einer SEM-Analyse durch Festlegung einer genügend großen Fallzahl optimiert werden soll bzw. in welcher Hinsicht durch eine genügend große Fallzahl ein bestimmter SEM-Qualitätsstandard zu gewährleisten ist. Denn eine bestimmte Fallzahl "may be large enough for unbiased parameter estimates, unbiased standard errors, and good coverage, but it may not be large enough to detect an important effect in the model." (Muthén/Muthén 2002a: 600).

Im Folgenden wird deshalb besonders ausführlich auf das von Muthén/ Muthén (2002a) vorgeschlagene Simulationsverfahren zur Ermittlung einer ausreichenden Anzahl von Beobachtungsfällen eingegangen (vgl. dazu auch Urban/ Mayerl 2003). Damit kann nicht nur die Frage nach der Anzahl notwendiger Fälle bei Modellen mit metrischen Indikatoren in einem umfassenden Sinne beantwortet werden, sondern damit kann auch eine Antwort auf die besonders heikle Frage nach der Zahl notwendiger Fälle für eine SEM-Analyse mit kategorialen Indikatorvariablen (a.a.O.) gegeben werden. Dieses Verfahren hat zudem den Vorteil, dass es eine Monte Carlo-Simulation (a.a.O.) am empirisch zu analysierenden und

---

[39] Die folgenden Ausführungen nach B.O. Muthén in SEMNET vom 9.7.2000.

nicht an einem abstrakt-methodisch bestimmten Strukturgleichungsmodell nutzt. Und es liefert auch Informationen zu insgesamt fünf verschiedenen Kriterien, mit denen die Relevanz verschiedener Stichprobenumfänge für den Erfolg bzw. die Qualität einer SEM-Analyse zu beurteilen ist. Diese fünf Kriterien sind:[40]

(1) Der Grad der Verzerrung (bias), mit dem jeder Effektparameter im Modell geschätzt wird. Er wird ermittelt, indem die Modellschätzung in Form einer Monte Carlo-Simulation (a.a.O.) mit den Populationswerten als Startwerten sehr häufig wiederholt wird (z.B. 5000-mal). Die Abweichung des Durchschnittswertes aller Replikationen vom "wahren" Populationswert sollte dann nicht größer als 10% der Größe des Populationswertes selbst sein.[41]

(2) Der Grad der Verzerrung (bias), mit dem jeder Standardfehler (a.a.O.) im Modell geschätzt wird. Dafür gilt der gleiche Grenzwert und die gleiche Methodik, wie für den Grad der Verzerrung von Effektparametern (s.o.).

(3) Der Grad der Verzerrung (bias) für den Standardfehler (a.a.O.) eines oder mehrerer besonders wichtiger Effektparameter, für den/die hier auch die Teststärke (a.a.O.) bestimmt werden soll. Er sollte nicht oberhalb von 5% liegen.

(4) Der Grad der Abdeckung (coverage) für alle Effektparameter sollte oberhalb von 0.90 liegen. Mit dem Abdeckungsgrad wird der Anteil derjenigen Replikationen der Monte Carlo-Simulation (a.a.O.) bezeichnet, deren 95%-Konfidenzintervall den "wahren" Parameter der Population enthalten.

(5) Die Teststärke (power) (a.a.O.), die notwendig ist, um einen wichtigen Effektparameter zu identifizieren. Diese ergibt sich aus dem Anteil von Replikationen der Monte Carlo-Simulation, für welche die falsche Nullhypothese (nach der ein Parameter gleich null ist) mit einer Irrtumswahrscheinlichkeit von 5% zurückgewiesen wird. Sie sollte entsprechend eines Vorschlags von Cohen (1988) und den Konventionen der gängigen Forschungspraxis nahe einem Anteil von 80% bzw. einem Wert von 0.80 liegen.

In Kapitel 5.2 zu Bootstrapping- bzw. Monte Carlo-Verfahren wird ein Beispiel zur Bestimmung der Mindest-Fallzahl für ein SE-Modell mittels dieser Kriterien erläutert.

---

40 Vgl. dazu Muthén/Muthén 2002a: 605f.
41 Um dies festzustellen, muss nur der Durchschnittswert vom Populationswert subtrahiert werden und dieser Differenzwert durch den Populationswert dividiert werden. Der sich daraus ergebende Kennwert sollte nicht größer als |0.010| sein.

Fallzahl und WLS/WLSMV-Schätzung (Mplus-Strategie)

Als Orientierungsgröße zur Ermittlung der minimalen Fallzahl, die für eine robuste WLS/WLSMV-Schätzung (a.a.O.) gegeben sein muss, wird in der Literatur die Regel N>p* empfohlen (mit: p* = p [p+1] / 2 , p=Anzahl der manifesten Variablen).[42] Diese Regel gilt allerdings nur annäherungsweise, da sie voraussetzt, dass die Weight-Matrix im WLS-Verfahren p* Spalten hat, und dass die p* × p*- Matrix invertiert werden muss und folglich positiv definit ist (a.a.O.).

Aber diese Regel ist schon allein deshalb problematisch, weil die angesprochene Inversion nur in der WLS- und nicht in der WLSMV-Schätzung ausgeführt wird. Mithin trifft für die WLSMV-Variante die oben genannte Begründung für die Fallzahl-Regel nicht unmittelbar zu. Höchstens lässt sich (zumindest annäherungsweise) auch für diese Schätzmethode sagen, dass die Qualität der WLSMV-Schätzung mit N>p* ansteigt.

Wenn z.B. ein SE-Modell insgesamt 19 manifeste Variablen enthält, wäre es nach der oben angegeben Fallzahl-Regel wünschenswert (obwohl sich dies, wie gesagt, nicht direkt aus der Methode der WLSMV-Schätzung ableiten lässt), dass das Modell zumindest mit190 Fällen geschätzt werden kann.

Es gibt jedoch deutliche Hinweise darauf, dass selbst mit kleinen Fallzahlen von 100 Fällen robuste WLSMV-Schätzungen für alle freien Modellparameter zu erzielen sind.[43] Voraussetzung dafür ist, dass die Werteverteilungen der geordnetkategorialen Variablen nicht allzu sehr von einer symmetrischen Verteilungsform abweichen. Sie müssen dabei aber nicht einmal die Form einer Normalverteilung haben, denn zur Erreichung stabiler WLSMV-Schätzungen ist es vor allem wichtig, dass keine extremen Fall-Kumulationen an den Eckpunkten der geordneten Ordinalskalen auftreten (sog. "floor and ceiling effects"). Denn das WLSMV-Schätzverfahren scheint sensibel auf stark asymmetrische Werteverteilungen zu reagieren und von diesen Asymmetrien stärker betroffen zu sein, als von zu kleinen Fallzahlen.[44]

---

42 Vgl. dazu und zum Folgenden G. Gregorich in SEMNET vom 25.10.1999; D. Urban im Mplus-Diskussions-forum vom 22.11.1999 und B.O. Muthén im Mplus-Diskussionsforum vom 24.11.1999.
43 Vgl. Muthén/Du Toit/Spisic 1997; B.O. Muthén in SEMNET vom 10.2.1999; Brown 2006: 389; Flora/Curran 2004. Vgl. auch die Mitteilung von Linda K. Muthén im Internet-Diskussionsforum "Mplus-Discussion" (www.statmodel.com/discussion) vom 23.5.2001.
44 Auch gibt es Hinweise darauf, dass die Reaktivität auf schiefe Verteilungen in der WLSMV-Schätzung noch immer geringer sein könnte, als bei der ML-Schätzung. So fand Brown (1989) heraus, dass bei hoher Schiefe von kategorialen Indikatoren (in seinem Beispiel eine prozentuale Verteilung von etwa 80:10:5:3:2) die mit der ML-Methode geschätzten Reliabilitäten um 10 bis

Urban/Mayerl (2003) haben nach dem bereits oben erwähnten Vorschlag von Muthén/Muthén[45] ein Monte Carlo-Verfahren zur Ermittlung von Fallzahlen für robuste WLS-Schätzungen (nach der Mplus-Strategie) für SEM-Analysen mit kategorialen Indikatoren vorgestellt (a.a.O.: WLSMV). Dieses Verfahren kommt nach vier Berechnungsschritten zu recht eindeutigen Empfehlungen hinsichtlich der einzusetzenden Mindestzahl von Beobachtungsfällen. Diese Empfehlungen berücksichtigen die fünf oben genannten Bewertungskriterien.

Mit diesem Verfahren konnte für ein konkretes SE-Modell beispielhaft gezeigt werden, dass die häufig per Daumenregel in der SEM-Forschung festgelegten Fallzahlen für akzeptable SEM-Analysen oftmals ohne systematisch-methodischen Gehalt sind. So wurden z.b. mit den üblichen Daumenregeln für das Beispielmodell verschiedenste Mindest-Fallzahlen von 110 bis zu 5000 Fällen ermittelt. Im Unterschied dazu berechnet das von Urban/Mayerl eingesetzte Monte Carlo-Verfahren in methodisch kontrollierter und nachvollziehbarer Weise für den Einsatz einer WLS-Schätzung mit kategorialen Indikatorvariablen eine Mindest-Fallzahl von 400 bis 500 Fällen (dieses Verfahren wird in Kapitel 5.2, das sich mit Bootstrapping-Methoden und Monte Carlo-Simulationen beschäftigt, noch weiter erläutert).

3.3.1 Fallzahl und Teststärke (power)[46]

Die Signifikanztests im Rahmen einer SEM-Analyse (a.a.O.) weisen eine bestimmte Teststärke (power) auf. Mit "Teststärke" wird die Gegenwahrscheinlichkeit zur Wahrscheinlichkeit des Auftretens des Fehlers 2. Art (Typ II-Fehler, β-Fehler) bezeichnet (power = 1 - β).

Der β-Fehler entsteht immer dann, wenn sich der Forscher für eine falsche Nullhypothese entscheidet, also irrtümlich die Nullhypothese beibehält, obwohl sie eigentlich falsch ist und somit zu verwerfen wäre. Dies heißt auch, dass in diesem Falle die Alternativhypothese, die ein Forscher theoriebezogen aufgestellt hat, fälschlicherweise zurückgewiesen wird!

Die Teststärke ist komplementär zum β-Fehler und entspricht folglich der Wahrscheinlichkeit, eine falsche Nullhypothese richtigerweise zu verwerfen – was auch bedeutet, sich für eine korrekte Alternativhypothese zu entscheiden.

18% verzerrt waren, während Schätzungen nach der WLS-Methode nur eine Verzerrung von 1 bis 3% aufwiesen.
45 Vgl. Muthén/Muthén (2002a, 2002b); Muthén (2002).
46 Die folgenden Ausführungen enthalten Textstellen aus Urban/Mayerl 2003: Kap. 3.

Da es in sozialwissenschaftlichen Forschungen noch immer unüblich ist, sich mit der Teststärke von Hypothesentests zu beschäftigen, werden dazu an dieser Stelle einige einführende Erläuterungen gegeben:

Die übliche Praxis bei Anwendung von Signifikanztests zielt darauf ab, eine Nullhypothese (H_0), an deren Richtigkeit der Forscher nicht glaubt, mit einer möglichst geringen Irrtumswahrscheinlichkeit (α) zu verwerfen. Wenn z.B. die Irrtumswahrscheinlichkeit mit einem Wert von 0.021 unterhalb des allgemein akzeptierten Grenzwertes von 0.05 liegt, wird dies in der Forschungspraxis als Hinweis darauf gewertet, dass die H_0 falsch ist (folglich verworfen werden muss) und deshalb die Alternativhypothese (H_A), an deren Berechtigung der Forscher glaubt, richtig sein könnte.

Eine solche Entscheidung ist stets mit einem Fehler, dem sogenannten "Typ I-Fehler", versehen: die H_0 könnte auch irrtümlich, also fälschlicherweise (obwohl sie richtig ist) verworfen worden sein. Zur Vorbeugung gegenüber einem solchen falschen Entscheid, sollte deshalb der Typ I-Fehler möglichst gering sein, und im Regelfall unterhalb von 5% liegen.

Eine solche Testpraxis entspricht einer konservativen Entscheidungsstrategie. Um eine neue Hypothese als möglicherweise richtige Hypothese überhaupt akzeptieren zu können, muss möglichst viel gegen die Nullhypothese sprechen, die behauptet, dass an der neuen Alternativhypothese überhaupt nichts dran ist.

Jedoch könnten die Wälle, die zum Schutz vor übereilten Schlüssen errichtet werden, auch zu hoch sein, um einer neuen Hypothese überhaupt eine Chance zu geben. Dadurch könnte eine falsche H_0 irrtümlicherweise viel zu lange Bestand haben und daran gehindert werden, durch eine neue, innovative Hypothese ersetzt zu werden.

Die Wahrscheinlichkeit eines solchen Irrtums wird also umso größer, je höher die Schutzmauern um H_0 gezogen werden, oder je kleiner der Typ I-Fehler gesetzt wird. Diese Wahrscheinlichkeit, dass die H_0, obwohl sie falsch ist, irrtümlicherweise beibehalten wird, wird als Typ II-Fehler bezeichnet.

Die Wahrscheinlichkeiten der beiden Fehler verlaufen also gegensinnig: wird die Wahrscheinlichkeit (α) des Typ I-Fehlers abgesenkt, steigt im Gegenzug die Wahrscheinlichkeit (β) des Typ II-Fehlers und umgekehrt. Beide sollten natürlich möglichst klein sein, aber beide können nicht gleich klein sein. Deshalb ist ein Kompromiss zu suchen, und der liegt üblicherweise bei einem $\alpha \leq 0.05$ und einem $\beta \leq 0.20$.

Als Teststärke (power) wird die Differenz von $1-\beta$ bezeichnet. Sie sollte mithin ≥ 0.80 sein. Die Teststärke kann als die Wahrscheinlichkeit definiert werden, eine falsche Nullhypothese richtigerweise zu verwerfen, was im Kontext von

SEM-Analysen die Möglichkeit zur Entdeckung von schwerwiegenden Spezifikationsfehlern bedeutet. Und damit wird auch der Zusammenhang zwischen Teststärke und Stichprobenumfang deutlich: Da sich Typ I- und Typ II-Fehler gegenläufig verändern, sinkt die Teststärke bei gleicher Stichprobengröße, wenn die Irrtumswahrscheinlichkeit α herabgesetzt wird. Somit muss die Fallzahl angehoben werden, um eine höhere Teststärke bei einem festgesetzten α źu erhalten, denn eine Vergrößerung des Stichprobenumfangs führt zu einer Verkleinerung des Standardfehlers[47] und damit zu einer Erhöhung der Teststärke[48]. Eine zu geringe Teststärke aufgrund einer zu kleinen Fallzahl kann demnach auch dazu führen, dass eine Alternativhypothese keine Chance bekommt, die H_0 zu ersetzen. Denn wenn mit der "konservativen Teststrategie" (s.o.) eine nicht ausreichende Test-Signifikanz (α) substantiell als Zurückweisung der alternativen H_A-Hypothese interpretiert wird, kann das Scheitern der H_A auch daran liegen, dass im Test- bzw. Untersuchungsdesign keine ausreichende Teststärke gegeben ist.

Im Kontext von SEM-Analysen ist die Teststärke-Bestimmung schwieriger als bei einfachen statistischen Modellen (z.B. bei t-Tests oder Korrelationsanalysen), bei denen Alternativhypothesen immer nur zu wenigen Parametern zu formulieren sind. Denn im Prinzip kann in der SEM-Analyse jeder fixierte Parameter (auch jeder via Modellannahme unausgesprochen fixierte Parameter) falsch sein und eine sehr große Anzahl von alternativen Werten annehmen.

Zudem hängt die Teststärke auch nicht nur von der Stichprobengröße ab. Weitere Bestimmungsgrößen der Teststärke in der SEM-Analyse sind: die Größe des α-Fehlers (s.o.), die Anzahl fehlender Werte (Muthén/Muthén 2002a), Spezifikationsfehler im Analysemodell (Kaplan 1997, 2000), Positionierungen von Variablen innerhalb des Modells (Kaplan 1997), Werteverteilungen von Variablen (Muthén/Muthén 2002a), die Reliabilität der Indikatorvariablen (Hoyle/Kenny 1999)[49], die Anzahl von Indikatoren pro Faktor (Bollen 1989: 348) und die Effektstärken der Variablenbeziehungen (Bollen 1989: 343).

---

47 Der Standardfehler des Regressionskoeffizienten lässt sich berechnen als: $SE_b = var(b)/N$.
48 Mit einer Verkleinerung des Standardfehlers (SE_b) verkleinert sich im Hypothesentest (Annahme: H_0 ist richtig) das Konfidenzintervall (KIB=b ± (t*SE_b)), damit steigt der Typ I-Fehler, was wiederum ein Abfallen des Typ II-Fehlers (β) zur Folge hat, und ein kleinerer Typ II-Fehler führt zu einer größeren Teststärke (power=1-β).
49 Hoyle und Kenny (dies. 1999) haben gezeigt, in welcher Weise die Teststärke bei der ML-Schätzung von der Fallzahl und der Reliabilität der verwendeten Indikatoren beeinflusst wird. So konnte in einem kleinen Modell mit nur einer latenten Variablen (mit 3 Indikatoren) nur dann eine ausreichende Teststärke ermittelt werden, wenn die Fallzahl oberhalb von 200 lag und der Anteil der Fehlervarianz gering und somit die Faktorladung hoch war (Hoyle/Kenny 1999).

Für die Teststärke-Analyse/Poweranalyse im Rahmen von Strukturgleichungsmodellierungen liegen verschiedene Verfahrensvorschläge vor, die dazu in aller Regel eine Monte Carlo-Simulation (a.a.O.) mit ML-Schätzverfahren (a.a.O.) für Modelle mit kontinuierlichen Indikatorvariablen nutzen (z.b. MacCallum et al. 1996, Muthén/Muthén 2002b, Satorra/Saris 1985). Urban/Mayerl (2003) haben zudem gezeigt, in welcher Weise das Simulationsverfahren auch eingesetzt werden kann, um den notwendigen Stichprobenumfang für Strukturgleichungsmodellierungen mit kategorialen Indikatoren zu ermitteln. In Kapitel 5.2 zu Monte Carlo-Verfahren wird ein Beispiel zur Ermittlung der Teststärke von Signifikanztests einzelner Modellparameter aufgezeigt.

Auch die Teststärke von Tests zur Bewertung des Modellfits eines SE-Modells (z.b. mittels Chi-Quadrat oder RMSEA, a.a.O.) kann in der SEM-Analyse ermittelt werden und wertvolle Informationen über die Einschätzung solcher Tests liefern. Auf Grundlage der Arbeiten von MacCallum et al. (1996, 2006) haben z.B. Preacher/Coffman (2006) eine leicht zu verwendende Online-Software entwickelt, mit deren Hilfe

(a) sich die Teststärke des RMSEA-Wertes eines SE-Modells schätzen lässt (dabei kann der Test des empirischen RMSEA sowohl gegen "0.00" als auch z.B. gegen "0.05" (sog. "close fit", a.a.O.) durchgeführt werden) sowie

(b) sich die Teststärke der RMSEA-Differenz zweier geschachtelter Modelle (a.a.O.) ermitteln lässt (üblicherweise bei einer Irrtumswahrscheinlichkeit von alpha=0.05).

Diese Software ist über folgende Internetseite erhältlich:
http://www.quantpsy.org/rmsea/rmsea.htm

Zur Ermittlung von Power-Werten können auch kleinere Software-Programme benutzt werden, die auf folgender Internetseite zu finden sind:
http://www.psycho.uni-duesseldorf.de/aap/projects/gpower

4 Datenqualität und Messmodelle

4.1 Wie viele Indikatoren sollten pro Faktor vorhanden sein?

Jedes latente Konstrukt bzw. jeder latente Faktor eines SE-Modells sollte unter Verwendung eines Messmodells mit möglichst vielen Indikatoren operationalisiert werden. Dabei ist ein Konstrukt/ Faktor dann ausreichend mathematisch spezifiziert (aber nicht unbedingt auch substanziell ausreichend spezifiziert, s.u.), wenn der Faktor einen hohen Anteil von Varianz bei jedem Indikator bindet bzw. "statistisch erklärt" (Faustregel: möglichst über 50%, mindestens über 25%) (a.a.O.: Faktorladung).

Je größer die Anzahl von Indikatoren pro Faktor (p/F) ist, umso höher ist die Überdetermination bzw. Überidentifiziertheit der Konstrukte im SE-Modell (a.a.O.: Identifikation) und umso besser ist zu überprüfen, ob das zu Messende auch tatsächlich gemessen wurde. Denn mit dem Ausmaß der Überdetermination erhöhen sich auch die Möglichkeiten, verschiedene Varianten eines Messmodells empirisch zu testen.

Gleichzeitig begünstigt ein hohes p/F-Verhältnis auch die Stabilität der Modellschätzung, denn bei Überidentifiziertheit ist die statistische Identifikation eines Messmodells nicht mehr auf andere Messmodelle angewiesen (a.a.O.: Identifikation). Zudem hängt bei einem hohen p/F-Verhältnis die latente Varianz des zugehörigen Faktors sowie jede einzelne Faktorladung (a.a.O.) nicht allein von der Varianz oder Kovarianz von nur einer oder zwei beobachteten Variablen ab.

Wurde die empirische Messung eines Konstrukts mit Hilfe einer Multi-Item-Skala durchgeführt, so kann u.U. in der SEM-Analyse jedes Item als eigenständiger Indikator in einem entsprechenden Messmodell berücksichtigt werden. Wenn die dabei verwendete Multi-Item-Skala bipolar angelegt ist (d.h. wenn es negativ und positiv ladende Items gibt), kann ein entsprechendes Messmodell auch als Faktorenmodell zweiter Ordnung spezifiziert werden (a.a.O.), bei dem es auf einer untergeordneten Ebene einen separaten Faktor gibt, dem allein die negativ ausgerichteten Items zugeordnet werden, und bei dem es zusätzlich auch noch einen zweiten separaten Faktor gibt, der die positiv ausgerichteten Items umfasst. Dies ist insbesondere dann sinnvoll, wenn bei der Messung eines bipolaren Faktors nicht die gleichen Frage-Items in zwei unterschiedlichen Versionen eingesetzt wurden (einmal mit negativer und einmal mit positiver Ausrichtung), sondern wenn der negative und der positive Pol des Faktors mit selbstständigen Messkonstrukten ermittelt wurden (z.b. mit mehreren Items zum positiven Faktor "Glücklichsein" und auch mit mehreren Items zum Faktor "Traurigkeit").

Bei den folgenden Ausführungen wird nicht zwischen der "Reliabilität von Indikatoren" (a.a.O.) und der "Fehlervarianz von Indikatoren" unterschieden. Somit betreffen die Fehlervarianzen sowohl die Varianzen, die aufgrund von Messfehlern entstehen, als auch die Varianzen, die als Folge von Spezifikationsfehlern (a.a.O.) entstehen. Solche Spezifikationsfehler können z.b. entstehen, wenn in einem SE-Modell ein wichtiger Methodenfaktor (a.a.O.) unberücksichtigt bleibt (dies könnte etwa eine Social-Desirability-Tendenz sein, der alle Messungen unterliegen).

Wenn also im Folgenden von der Reliabilität der zu analysierenden Indikatoren zu lesen ist, so ist dabei stets zu bedenken, dass dies immer eine Reliabilität ist, die sich zusätzlich zur traditionellen, messbezogenen Vorstellung von Reliabilität (a.a.O.) auch für ein bestimmtes, konkret spezifiziertes Messmodell, also für die Beziehung zwischen einem bestimmten Faktor und einer bestimmten Auswahl von Indikatoren, ergeben kann.

Im Einzelnen werden im Folgenden fünf verschiedene Typen von Messmodellen erläutert:
(a) Messmodelle mit vier oder mehr Indikatoren,
(b) Messmodelle mit drei Indikatoren,
(c) Messmodelle mit zwei Indikatoren,
(d) Messmodelle mit einem Indikator,
(e) Messmodelle mit Indizes.
Jedes dieser Modelle zeichnet sich durch ein bestimmtes "Identifikationsproblem" aus (a.a.O.: Identifikation). Allerdings werden die Verfahren, die zur Ermittlung des Identifikationsgrades dieser Messmodelle einzusetzen sind, nicht hier, sondern in Kapitel 2.8 ausführlich dargestellt.

ad a): Messmodelle mit vier oder mehr Indikatoren

Diese Messmodelle sind stark überdeterminiert bzw. überidentifiziert (a.a.O.: Identifikation). Sie sind deshalb gut zu testen, sind stabil in ihren Schätzwerten und erlauben eine problemlose, separate Schätzung von Messmodellen.

Vier und mehr Indikatoren pro Faktor können auch die Nachteile einer geringen Fallzahl (a.a.O.) ausgleichen. So wurde in einer Simulationsstudie gezeigt, dass es in einer SE-Modellierung mit p/F=2 und N=50 nur 13.6% richtige Schät-

Datenqualität und Messmodelle

zungen gab, während ein Verhältnis von p/F=12 und N=50 insgesamt 100% richtige Schätzungen erbrachte (vgl. Marsh et al. 1998: 191; Marsh/Hau 1999). Wenn Messmodelle vier Indikatoren benutzen und die standardisierten Faktorladungen (a.a.O.) mindestens Werte von 0.60 aufweisen, scheint die Fallzahl (a.a.O.) sogar relativ unwichtig zu werden (Guadagnoli/Velicer 1988; Marsh/Hau 1999).

Frühere Hinweise darauf, dass die Anzahl zu schätzender Parameter mit einer Vergrößerung des p/F-Verhältnisses schnell so stark ansteigen kann, dass sie die Anzahl der Fälle übersteigt und damit nur noch sehr instabile Schätzungen möglich wären, konnten in Simulationsstudien nicht bestätigt werden (vgl. Marsh/ Hau 1999). Demnach scheint es keine natürliche Grenze für die Schätzbarkeit von SE-Modellen in Abhängigkeit von p/F zu geben.

Allerdings gibt es auch einen bedeutenden Nachteil bei Verwendung von Modellen mit vielen Indikatoren pro Faktor. Ein hohes p/F-Verhältnis verzerrt den Chi^2-Wert (a.a.O.) nach oben, wodurch nicht nur ein schlechterer Fit im Chi^2-Test, sondern auch bei allen chi-quadrat-basierten Fit-Indizes (a.a.O.) entstehen kann (was möglicherweise auch erklärt, warum viele publizierte SEM-Studien mit gutem Fit ihre Messmodelle nur mit p/F=2 oder 3 spezifizieren) (Marsh et al. 1998).

ad b): Messmodelle mit drei Indikatoren

Messmodelle mit drei Indikatoren sind "genau" oder "exakt" identifiziert (a.a.O.: Identifikation). Denn jedes Messmodell muss wenigstens drei Indikatoren aufweisen, wenn es separat d.h. unabhängig von modellfremden Variablen oder Faktoren Bestand haben soll ("three measure rule"). Und allein aus mathematischen Gründen haben gerade identifizierte Modelle, wie die Drei-Indikatoren-Messmodelle, immer einen optimalen Modellfit.

So lassen sich Drei-Indikatoren-Messmodelle zwar separat schätzen, aber nicht auf ihre Anpassungsqualität oder adäquate Struktur hin testen. Denn dazu brauchte man eine Überschussinformation, die diese Modelle nicht haben.

Es gibt jedoch Möglichkeiten, um auch in Drei-Indikatoren-Messmodellen eine Überschussinformation zu erzeugen. Z.B. entsteht Überschussinformation, wenn in einem Drei-Indikatoren-Messmodell die beiden frei zu schätzenden Ladungen (die dritte Ladung wird üblicherweise zu Identifikationszwecken auf 1.00 fixiert, a.a.O.: Identifikation), per "Constraints" als gleich groß definiert und geschätzt werden.

Eine Gefahr für Drei-Indikatoren-Messmodelle besteht darin, dass sie schnell zu problematischen Zwei-Indikatoren-Modellen mutieren (s.u.), wenn eine der drei Faktorladungen (a.a.O.) gering oder gar null ist. Dann werden sie "empirisch unteridentifiziert", obwohl sie im formalen Sinne nach wie vor als "genau identifizierte" Modelle gelten können.

Auch sollten bei kleinen Fallzahlen (N<100) (a.a.O.: Fallzahlen) keine SE-Modelle mit p/F=3, sondern mindestens mit p/F=4 spezifiziert werden (s.o.).

ad c): Messmodelle mit zwei Indikatoren

Messmodelle mit nur zwei Indikatoren sind unteridentifiziert (a.a.O.: Identifikation) und deshalb nicht separat (!) zu schätzen. Zwar werden sie in der Forschungspraxis häufig eingesetzt (vgl. Cohen et al. 1990), aber dennoch reicht die darin vorhandene Informationsmenge[1] von drei Einheiten (zwei Varianzen, eine Kovarianz) nicht aus, um die vier unbekannten Informationseinheiten dieser Messmodelle zu schätzen (gesucht werden: eine Faktorladung, da die andere auf 1.0 fixiert wird (s.u.), die latente Varianz des Faktors, die beiden Residual-/Messfehlervarianzen sowie evtl. vorhandene Fehlerkorrelationen).

Ein Messmodell mit nur zwei Indikatoren braucht deshalb zusätzlich eine Korrelation mit wenigstens einem anderen Faktor bzw. einer anderen Variablen, um identifizierbar zu werden ("two-measure-rule").[2] Für SE-Modelle mit mehreren Faktoren und dazu gehörigen Messmodellen lässt sich also die Sonderregel formulieren, dass jeder Faktor mindestens zwei Indikatoren benötigt und jedes Zwei-Indikatoren-Messmodell mit mindestens einem weiteren Messmodell korrelieren muss, um identifizierbar zu werden. Dabei ist allerdings auch zu beachten, dass eine formal ausreichende Identifikation noch immer empirisch scheitern kann. Wenn z.B. die geschätzte Korrelation zwischen zwei Zwei-Indikatoren-Messmodellen gegen null tendiert, wären beide Modelle statistisch nicht identifizierbar, obwohl die Modelle im formalen Sinne identifiziert sind (a.a.O.: Identifikation).

Zwei-Indikatoren-Messmodelle werden also von weiteren Variablen abhängig und können nicht als selbstständige Messmodelle betrachtet werden. Die Korrelation mit weiteren Faktoren/ Variablen beeinflusst die Parameterschätzwerte dieser Modelle, was sicherlich nicht zu deren Stabilität beiträgt. Da sie zudem aufgrund ihres kleinen p/F-Verhältnisses höchst instabil sind, sollte bei Analysen mit Zwei-Indikatoren-Messmodellen die zur Verfügung stehende Fallzahl (a.a.O.)

---

1 Auch zu berechnen nach der t-Regel: $t \leq p(p+1)/2$ (a.a.O.); mit p = Anzahl der Indikatoren im Messmodell (hier: p=2; 2(2+1)/2=3 Einheiten) und t=Anzahl der zu schätzenden Modellparameter (hier: t=4) (a.a.O.: Identifikation).
2 Vgl. Bentler/Chou 1987; Davis 1993; Reilly 1995; Rigdon 1995.

möglichst groß sein und sollten die standardisierten Faktorladungen (a.a.O.) zumindest oberhalb von 0.50 liegen (Ding et al. 1995). Eine Simulationsstudie mit p/F=2 und N=50 erbrachte nur 13.6% richtige Modellschätzungen (Marsh et al. 1998). Deshalb sollte N bei p/F=2 deutlich über 100 liegen (Ding et al. 1995; Marsh et al. 1998). Nur wenn die standardisierten Faktorladungen (a.a.O.) hoch sind (0.60 bis 0.80), scheint eine Stabilität der Modellschätzungen mit kleinem p/F-Verhältnis relativ unabhängig von der Fallzahl (a.a.O.) erreichbar zu sein und auch bei N=50 bis 150 möglich zu werden (Guadagnoli/Velicer 1988).

Interessanterweise muss die Angewiesenheit auf einen weiteren Faktor oder eine weitere Variable zur Identifikation eines Zwei-Indikatoren-Messmodells nicht immer ein Nachteil oder Fehler sein, sondern kann empirisch ausgesprochen sinnvoll sein, sodass die separate Identifikation und Schätzung des entsprechenden Messmodells eher ein Fehler wäre.

Dies gilt immer dann, wenn zwei (oder mehr) Messmodelle so stark miteinander verwoben sind, dass der Identifikationsstatus dieser Modelle nur gemeinsam zu bestimmen ist und somit eine Schätzung von separaten Messmodellen ein artifizielles Schätzresultat erbrächte (vgl. hierzu auch die Ausführungen zu Konstrukten/Faktoren höherer Ordnung, a.a.O.). Zudem wäre ein SE-Modell mit zwei korrelierenden Messmodellen, die jeweils nur zwei Indikatoren enthielten, auch in erwünschter Weise deutlich überidentifiziert.

Ein anderer Ausweg aus dem Problem der Unteridentifikation von Zwei-Indikatoren-Messmodellen besteht darin, die Zahl der dort frei zu schätzenden Parameter zu reduzieren.

Dies kann z.B. dadurch geschehen, dass bei einem der beiden Indikatoren des Messmodells die Faktorladung auf 1.00 und zugleich die Residualvarianz auf 0.00 fixiert wird. Allerdings wird dadurch auch die potentielle Instabilität eines solcherart modifizierten Zwei-Indikatoren-Messmodells erhöht, da dann die Parameterschätzung allein von der Stärke des Zusammenhangs zweier Indikatoren abhängig ist. Denn in diesem Falle wäre die geschätzte, standardisierte Faktorladung des zweiten Indikators identisch mit der einfachen Korrelation zwischen den beiden Indikatoren und somit von vielerlei zufälligen Störeffekten in direkter Weise beeinflussbar.

Eine andere Möglichkeit zur Reduktion der frei zu schätzenden Parameter in Zwei-Indikatoren-Messmodellen besteht darin, die beiden Residualvarianzen als "gleich groß" zu definieren (sog. "equality constraints").

ad d): Messmodelle mit einem Indikator (Ein-Indikator-Messmodelle)

Messmodelle mit einem Indikator (p/F=1) können in der SEM-Analyse benutzt werden, wenn der Inhalt bzw. der Messbereich eines Faktors mit dem Inhalt/Messbereich eines bestimmten Indikators deutlich übereinstimmt. Im strikten Sinne, d.h. wenn angenommen wird, dass der Faktor exakt durch den Indikator definiert wird, kann in der SEM-Schätzung die Faktorladung auf 1.00 (unstandardisiert) und auch die Residualvarianz auf 0.00 fixiert werden. Dadurch werden Faktor und Indikator identisch und die Residual-/Messfehlervarianz des Indikators kann von der Fehlervarianz bzw. vom Residuum (in EQS: Disturbance) des zugehörigen Faktors absorbiert werden (vorausgesetzt der Faktor ist eine endogene Variable).

Das beschriebene Vorgehen hat allerdings den Nachteil, dass auf diese Weise bei der Schätzung der Struktureffekte keine Messfehlerkorrekturen bzw. Minderungskorrekturen (a.a.O.) durchgeführt werden können und damit der eigentliche Vorteil der SEM-Analyse aufgegeben wird. Auch wird von vielen SEM-Forschern die Meinung vertreten, dass ein solches Vorgehen "nonsense" ist,[3] da die damit verknüpfte Annahme einer perfekten Mess-Reliabilität eine reine Fiktion sei.

Zusätzlich ist auch zu berücksichtigen, dass es bei Messmodellen mit einem Indikator und einer fixierten Fehlervarianz von 0.00 häufig zu Identifikationsproblemen kommen kann (a.a.O.), da in diesem Falle verschiedene Matrizen (für LISREL-Experten: insbesondere die theta-delta oder die theta-epsilon Matrix, vgl. Anhang 7.1) nicht positiv definit sein können (a.a.O.).[4]

In der Forschungspraxis wird die Fehlervarianz in Ein-Indikator-Messmodellen häufig separat berechnet und dann als fester Wert in die SEM-Analyse eingegeben. Dazu kann eine der folgenden drei Prozeduren gewählt werden:[5]
(1) Wenn die SEM-Analyse auf der Basis einer Kovarianzmatrix durchgeführt wird, kann die unstandardisierte Faktorladung auf 1.00 fixiert werden und die Fehlervarianz nach der folgenden Formel berechnet werden (nach Bollen 1989):

Fehlervarianz von Y = (1-Reliabilität von Y) × (beobachtete Varianz von Y)

Wenn z.B. aufgrund vorhergehender Studien angenommen werden kann, dass die Reliabilität (a.a.O.) eines Indikators 0.80 beträgt (d.h. dass 80% der

---

3   So formulierte es z.B. Werner W. Wittmann in einem SEMNET-Beitrag im Mai 2001.
4   Natürlich darf bei einer Fehlervarianz von 0.00 auch keine Residuenkorrelation zur Schätzung freigeben werden. Auch das würde eine "nicht positiv definit"-Warnung erzeugen (a.a.O.: NPD).
5   Nach M.R. Frone in SEMNET vom 27.10.1998. Weitere Informationen dazu in Hayduk 1987: Kap. 4.3.1 (ab S. 103) und Kap. 4.5 (ab S. 118).

Varianz des Indikators systematisch ist und nur 20% ein Resultat von Störeffekten ist), so ergibt sich die Fehlervarianz als:[6]

(0.20) × (beobachtete Indikatorvarianz)

Zusätzlich wird mit der gleichzeitigen Festlegung der Faktorladung auf 1.00 die Metrik des Faktors an die ausgeschöpfte Varianz des Indikators gebunden (vgl. Kap. 4.1.1).

Von allen hier beschriebenen Prozeduren produziert allein dieses Vorgehen korrekte unstandardisierte und standardisierte Parameterschätzwerte.

(2) Wenn die SEM-Analyse auf der Basis einer Korrelationsmatrix durchgeführt wird, sollte die Faktorladung auf die Quadratwurzel der Reliabilität von Y (a.a.O.: Reliabilität) bezogen werden:

Faktorladung = (Reliabilität von Y)

Dann reduziert sich die Formel für die Fehlervarianz (s.o.) auf:

Fehlervarianz von Y = (1-Reliabilität von Y)

da sich der zweite Term der Formel auf 1.00 reduziert (die Varianz einer standardisierten Variablen ist 1.00).

In diesem Falle liefert auch der eigentlich unstandardisierte Teil der SEM-Schätzung allein die standardisierten Schätzwerte, sodass in der Forschungspraxis keine unstandardisierten Schätzwerte für die Ergebnisinterpretation zur Verfügung stehen.

(3) Eine häufige (jedoch nicht empfehlenswerte) Praxis bei einer SEM-Analyse auf Basis einer Kovarianzmatrix (aber auch auf Basis einer Korrelationsmatrix) besteht in folgendem Vorgehen:

Die Faktorladung wird fixiert auf :

(Cronbachs Alpha-Koeffizient) × (Standardabweichung von Y)

die Fehlervarianz wird fixiert auf:

(1-Reliabilität von Y) × (Varianz von Y)

Auch diese Prozedur liefert nur die standardisierten nicht aber die unstandardisierten Schätzwerte.[7]

In allen hier aufgeführten Verfahren muss natürlich die Reliabilität von Y (a.a.O.: Reliabilität) entweder bekannt sein (z.B. aufgrund anderer Studien), oder berechnet werden können, oder plausibel zu postulieren sein. Da die beiden ersten Möglichkeiten häufig ausscheiden, wird in der Forschungspraxis oftmals ein Wert für

---

6 Nach E.E. Rigdon in SEMNET vom 9.5.2000; vgl. als Anwendung: Chan 2001.
7 Als Beispiel vgl. das Vorgehen in Williams/Hazer 1986. Allerdings wurde dort zur Schätzung der Faktorladung allein die Quadratwurzel der Reliabilität (als Cronbachs Alpha, das von anderen Studien berechnet wurde) ohne Multiplikation mit dem Standardfehler benutzt.

die Fehlervarianz ohne separates Berechnungsverfahren rein hypothetisch postuliert.

Z.B. wurde in einer Studie aufgrund vermuteter und unvermeidbarer Schwierigkeiten von Befragten mit der Wortwahl in Interviewfragen ein 10%iger Messfehler angenommen sowie selbst bei der Variablen "Geschlecht" eine 1%ige Fehlervarianz postuliert, da auch dort stets Kodierungsfehler bei der Dateneingabe erfolgen könnten (Hayduk/Avakame 1990/91).

Solche relativ willkürlichen Festsetzungen sollten jedoch in der Forschung stets durch Sensitivitätsanalysen abgesichert werden. Dabei wird die SE-Schätzung mit Messfehlerfixierung und unter Verwendung unterschiedlicher Reliabilitätsannahmen (i.d.R.: 0.7, 0.8 und 0.9) mehrfach repliziert und damit die Stabilität der Schätzergebnisse überprüft. Denn unter Umständen kann schon durch die Wahl einer Residualvarianz von 0.80 statt 0.60 die Minerungskorrektur (a.a.O.) derart weitreichend verändert werden, dass sich die Anpassungswerte des gesamten Modells aber auch einzelne Effektschätzungen gravierend verändern.

Evtl. können die Fehlervarianzen in Ein-Indikator-Messmodellen aber auch frei geschätzt werden. Dies ist immer dann der Fall, wenn ein betreffendes Ein-Indikator-Messmodell ein anderes multiples Messmodell kausal beeinflusst, sodass dieses andere Mehr-Indikatoren-Messmodell als "Pseudo-Indikator" für das unteridentifizierte Ein-Indikator-Messmodell dienen kann.

Ob dies möglich ist, hängt von der entsprechenden Modellstruktur ab (häufig darf dann der Faktor des Hilfe leistenden Messmodells nicht noch zusätzlich mit endogenen Faktoren korrelieren oder diese kausal beeinflussen).[8]

Zu beachten ist auch, dass eine freie Schätzung der Fehlervarianz den Chi-Quadrat-Anpassungstest (a.a.O.) stark beeinflussen kann, da dann Minerungskorrekturen (a.a.O.) vorgenommen werden, die wiederum zu Veränderungen bei den Effektschätzungen führen können. Deshalb sollten auch hier Sensitivitätsanalysen (s.o.) durchgeführt werden.

ad e): Messmodelle mit Indizes

Eine Alternative oder Ergänzung zur ausschließlichen Verwendung von einem oder mehreren Einzel-Indikatoren in einem Messmodell ist die (evtl. auch zusätzliche) Verwendung von aggregierten Indizes als Indikatoren (z.T. auch "item parceling" genannt). Auch kann eine Index-Bildung dann in Betracht kommen, wenn einzelne Indikatoren nicht hoch miteinander korrelieren, aber dennoch gemeinsam in einem bestimmten Messmodell berücksichtigt werden sollen (z.B. wenn in der

---

8   Ein Beispiel gibt E. Rigdon in SEMNET vom 9.5.2000.

SEM-Analyse ein Faktor des sozioökonomischen Status mit nur gering korrelierenden Indikatoren aufgenommen werden soll, vgl. dazu auch Kap. 4.1.2).
Indizes haben mehrere Vorteile gegenüber Einzel-Indikatoren (vgl. dazu Marsh et al. 1989):
(1) Indexwerte haben typischerweise eine höhere Reliabilität und Generalität.
(2) Indexwerte können eher solche Messwertverzerrungen vermeiden, die aufgrund von item-spezifischen Response-Effekten entstehen.
(3) Indexwerte können das Verhältnis von gemessenen Variablen zu dahinter befindlichen Faktoren verstärken.
(4) Indexwerte haben eher eine Normalverteilungsform, wenn die konstitutiven Indikatoren extrem schief und/oder dichotom verteilt sind.

Wird allerdings pro Messmodell nur ein Index-Indikator benutzt, entstehen die gleichen Probleme wie bei der Konstruktion von Ein-Indikator-Modellen (s.o.), wenn diese für die Schätzung von minderungskorrigierten Effekten (a.a.O.) eingesetzt werden sollen. Denn dann muss auch für das Index-Modell die Reliabilität des Index-Indikators in die Schätzung einbezogen werden können, sodass diese dann (wie oben gezeigt) entweder berechnet oder plausibel geschätzt werden muss.

Der schwerwiegendste Einwand gegen die Verwendung von Indizes als Indikatoren ist aber sicherlich, dass bei Einsatz von Indizes keine separaten Messfehler für die einzelnen Bestandteile der Indizes geschätzt werden können, sodass schlecht messende Bestandteile des aggregierten Indikators leicht zu übersehen sind und dadurch die Messmodelle verzerrte Messungen erbringen können.

Wir raten daher nur dann zur Verwendung von Indizes als Indikatoren, wenn die Schätzung der Messmodelle mit Einzel-Indikatoren fehlgeschlagen ist (z.B. wenn Faktorladungen zu niedrig sind) und wenn gleichzeitig aus inhaltlich-substanziellen Gründen nicht auf die Einzel-Indikatoren verzichtet werden kann/soll.

Häufig werden in der Praxis ein oder mehrere Indizes als Indikatoren in latenten Messmodellen eingesetzt, wenn eigentlich Konstrukte höherer Ordnung spezifiziert werden müssten (a.a.O.), diese jedoch Schätzprobleme verursacht haben, sodass der Weg über Indizes als Ausweg gewählt werden muss. Und auch im Falle von Schätzproblemen aufgrund einer zu großen Anzahl an Einzel-Indikatoren kann auf die Index-Aggregation zurückgegriffen werden.

Eine spezielle Form der SEM-Analyse unter Verwendung von Indizes ist die Konstruktion entsprechender Messmodelle mittels formativer Indikatoren. Diese Modelle werden im folgenden Kapitel 4.1.2 noch näher erläutert.

4.1.1 Skalierung von latenten Faktoren

Alle Messmodelle in einer SEM-Analyse müssen skaliert werden. In aller Regel wird dazu bei jedem Faktor eine bestimmte Faktorladung (a.a.O.), nämlich die Ladung eines ausgewählten Indikators, der auch als "Referenz-" oder "Markerindikator" bezeichnet wird und der den Inhalten des Faktors besonders nahe steht, auf einen festen unstandardisierten Wert fixiert (zumeist auf: 1.00).

Wenn in einer SEM-Analyse keine Fixierung einer bestimmten Faktorladung vorgenommen werden soll, kann statt der Fixierung einer Ladung eine Fixierung der Varianz des latenten Faktors auf 1.00 vorgenommen werden, was einer Standardisierung des Faktors entspricht (Mean=0, Varianz=1). Allerdings kann dann der entsprechende Faktor nicht mehr als frei zu schätzender, abhängiger Faktor in einer SEM-Analyse untersucht werden, weil in diesem Falle seine "zu erklärende" Varianz nicht mehr frei geschätzt wird. Deshalb sollten alle Messmodelle in einer SEM-Kausalanalyse stets über die Fixierung einer Faktorladung skaliert werden.

Die Fixierung einer Faktorladung erfüllt mehrere Funktionen:
(1) Die Ladungsfixierung ermöglicht die statistische Identifikation (a.a.O.) und damit auch die Schätzbarkeit eines Faktors.
(2) Durch die Ladungsfixierung wird ein Teil der empirischen Varianz des Referenzindikators (nämlich der Anteil an gemeinsamer Varianz) an den Faktor weitergegeben und bildet dort die latente Faktorvarianz.[9]
(3) Mittels der zugewiesenen Faktorvarianz (s.o.) können nunmehr auch Kovarianzen zwischen Faktoren bzw. zwischen Faktoren und manifesten Variablen geschätzt werden können.
(4) Die Ladungsfixierung dient als Skalierungskonstante, welche die Metrik bzw. die Skalierung des Referenzindikators auf den latenten Faktor überträgt.

Wie anhand der Punkte 1 bis 4 leicht zu erkennen ist, hat die Auswahl des Referenzindikators einen Einfluss auf das Fixierungsergebnis bzw. auf die Höhe der unstandardisierten Faktorladungen (s.u.). Die Auswahl sollte deshalb gezielt und begründet erfolgen. Z.B. kann derjenige Indikator ausgewählt werden, der dem Inhalt des Faktors besonders nahesteht oder der (bei freier Schätzung) im Vergleich

---

9 Das lässt sich anhand eines kleinen Beispiels verdeutlichen: Der Referenzindikator Y_1 des Faktors F_1 habe eine empirische Varianz von 11.13 und eine standardisierte Faktorladung (λ) von 0.60. Somit wird 36% der Varianz von Y_1 durch F_1 statistisch erklärt. Durch die Fixierung wird 36% der empirischen Varianz von Y_1 an F_1 gegeben, um die latente Faktorvarianz von F_2 zu bilden:
Var(Faktor) = (stand. Faktorladung des Referenzindikators)² × Var(Referenzindikator)
4.01   = (0.60)² × 11.13

Datenqualität und Messmodelle 127

zu den anderen Indikatoren eines Messmodells eine eher durchschnittliche bzw. mittlere Ladung aufweist.[10] Die Fixierung der Faktorladung des Referenzindikators auf einen bestimmten unstandardisierten Wert hat Konsequenzen. Die Auswahl dieses Wertes beeinflusst die anderen zu schätzenden Ladungswerte. Würde z.B. zur Faktorskalierung statt eines Wertes von 1.00 ein Wert von 2.00 gewählt, würden sich alle geschätzten Ladungswerte um eine Konstante verschieben. So könnten z.b. in einem Drei-Indikatoren-Messmodell nach Erhöhung der Referenzladung von 1.00 auf 2.00 die ursprünglichen drei unstandardisierten Faktorladungen "1.00/1.22/1.20" auf die neuen Faktorladungen von "2.00/2.44/2.40" ansteigen. Jedoch veränderte sich dadurch nur die Höhe der einzelnen Ladungen, während die Relationen zwischen den einzelnen Ladungen in jedem Messmodell gleich blieben (z.b. im alten Messmodell: 1.00:1.22=0.82; im neuen Messmodell: 2.00:2.44=0.82).

Gleiches gilt auch dann, wenn nicht der erste Indikator (wie im zuvor angeführten Beispiel) sondern ein anderer Indikator als Referenzindikator bestimmt wird. Wenn z.b. nicht mehr der erste sondern der dritte Indikator als Referenzindikator bestimmt würde, könnten sich die alten Faktorladungen von "1.00/1.22/1.20" auf die neuen Faktorladungen von ".84/1.02/1.00" verändern, aber die Relationen zwischen den Faktorladungen blieben auch dann in jedem einzelnen Messmodell konstant (z.B. im alten Messmodell: 1.00:1.22=0.82; im neuen Messmodell: 0.84:1.02=0.82).

Auch änderte sich durch eine veränderte Fixierung einer unstandardisierten Faktorladung (z.B. statt auf 1.00 nunmehr auf 2.00) oder durch Auswahl eines anderen Referenzindikators (z.B. statt Indikator Nr. 1 nunmehr Indikator Nr. 3) die Varianz der latenten Variablen, womit sich auch deren Kovarianzen bzw. deren unstandardisierte Pfadkoeffizienten im Strukturmodell veränderten.

In jedem Fall bleiben jedoch die standardisierten Faktorladungen, Korrelationen und Pfadkoeffizienten in allen Messmodellen und im Strukturmodell von Verschiebungen der Referenzindikatoren und Veränderungen der Fixierungen unberührt. Generell gilt: sowohl die Relationen zwischen den unstandardisierten Faktorladungen als auch die Höhe der standardisierten Faktorladungen und die Höhe von standardisierten Strukturkoeffizienten werden von der Wahl des Referenzindikators nicht beeinflusst.

---

10 Eine "freie" Schätzung aller Faktorladungen eines Messmodells kann nur bei Modellen erfolgen, die exakt- oder überidentifiziert sind (a.a.O.) und bei denen die Varianz des Faktors auf einen festen Wert (z.B. von 1.00) fixiert werden kann, die also keine abhängigen Faktormodelle sind.

4.1.2 Reflektive vs. formative Indikatoren

Wie bereits mehrfach erwähnt, wird in der SEM-Analyse üblicherweise unterstellt, dass latente Variablen bzw. latente Konstrukte (wie z.B. das Konstrukt "Xenophobie") nicht direkt beobachtbar sind. Sie werden als "Faktoren" betrachtet, die zwar im Mittelpunkt der theoretischen Analyse stehen können, die aber in der empirischen Analyse nur über beobachtbare Indikatoren (a.a.O.) zugänglich sind. Deshalb muss für jede latente Variable ein Messmodell konstruiert werden (a.a.O.), das die Beziehungen zwischen latentem Faktor und manifesten Indikatoren festlegt und das die Indikatoren zumeist als messfehlerbehaftete empirische Erscheinungsformen von latenten Konstrukten bestimmt.

So wird z.B. der Grad von Xenophobie, den eine bestimmte Person aufweist, auch deren Antwort auf die Frage "Sollten alle Ausländer das Land verlassen müssen?" beeinflussen. Deshalb kann die diesbezügliche Antwort als empirischer Ausdruck eines latenten Konstrukts verstanden werden und als empirischer Wert einer "Outcome-Variablen" (Muthén/Muthén 2010), eines "Effekt-Indikators" oder eines "reflektiven Indikators" (Bagozzi 1994) gemessen werden.

Es gibt jedoch in der sozialwissenschaftlichen Analyse auch Konstrukte, die nicht als selbstständige theoretische Einheiten, sondern als operativ gebildete Index-Variablen zu verstehen sind. Dazu gehört etwa der sozioökonomische Status von Personen (SES), der nicht als eigenständiger theoretischer Faktor zu begreifen ist, sondern häufig als Sammelwert von mindestens drei Indikatoren (häufig: Einkommen, Schulbildung, Berufsprestige) gedacht wird.[11] Ein anderes Beispiel ist der "human development index" des United Nations Development Programm (HDI).[12]

Wenn solche Konstrukte fälschlicherweise in Messmodellen mit reflektiven Indikatoren operationalisiert werden, kann der Modellfit (a.a.O.) einer SEM-Analyse sehr stark sinken. Auch können dann die Schätzwerte für Beziehungen zwischen den fehlspezifizierten Konstrukten (egal ob als Pfade oder Kovarianzen konzipiert) um bis zu 400% verzerrt sein (vgl. MacKenzie 2003: 324).

Es sollte deshalb in jeder SEM-Analyse sorgfältig geprüft werden, ob Messmodelle mittels formativer oder reflektiver Indikatoren zu operationalisieren sind.

---

11 Ein schönes Beispiel für den Einsatz formativer Konstrukte zur Analyse von SES-Effekten liefert die Untersuchung von Alwin (1988), der das Duncan-Modell zur Statusvererbung mit Hilfe des neu gebildeten Index-Konstrukts SES reanalysiert und dadurch zu einem anderen Ergebnis als Duncan kommt. Danach hat der Herkunftsstatus einen fast so starken Effekt auf den erreichten Status der Befragten wie deren Schulbildung, während in der Duncanschen Analyse die Herkunft nur von sekundärer Bedeutung ist.
12 Viele andere Beispiele nennt der Übersichtsaufsatz von Jarvis et al. 2003.

Datenqualität und Messmodelle 129

Dazu sind die unten aufgeführten Kriterien recht nützlich, die hier in Frageform vorgestellt werden (nach MacKenzie 2003: 325f). Wenn die meisten der folgenden Fragen mit "ja" beantwortet werden müssen, wird es sich bei den Indikatoren eher um formative (auch "kausale Indikatoren" genannt) und nicht um reflektive Indikatoren handeln.

(1) Sind die zu verwendenden Indikatoren so zu verstehen, dass sie ein bestimmtes Konstrukt definieren und nicht Ausprägungen eines eigenständigen Konstrukts sind?
(2) Sind aufgrund von Wertverschiebungen in den einzelnen Indikatoren auch jeweils Veränderungen im Konstrukt zu erwarten?
(3) Erfordern inhaltliche Veränderungen am Konstrukt eher geringe bis gar keine Veränderungen bei den Indikatoren?
(4) Thematisieren die Indikatoren unterschiedliche Sachverhalte?
(5) Wird durch Herausnahme eines Indikators die thematische Breite des Konstrukts verengt?
(6) Wird bei Wertveränderung eines Indikators nicht unbedingt auch eine Veränderung aller anderen Indikatoren erwartet?
(7) Wird angenommen, dass nicht alle Indikatoren die gleichen Ursachen und die gleichen Folgewirkungen haben?

Auch wenn in einer SEM-Analyse eigenständige latente Konstrukte postuliert werden, die in Form von Index-Konstruktionen (a.a.O.) untersucht werden sollen, dürfen deren Indikatoren nicht als "reflektive Indikatoren" definiert werden, sondern müssen als "formative Indikatoren" im jeweiligen Messmodell behandelt werden. Denn Index-Konstrukte werden durch ganz bestimmte formative Indikatoren definiert, und nur wenn diese Indikatoren (und keine anderen) gemessen werden, kann auch das Ausmaß des sich daraus ergebenden Index-Konstrukts geschätzt werden.

Vielleicht ist bekannt, dass in der Hauptkomponentenanalyse (PCA) (nicht in der Faktorenanalyse!) die Index-Konstrukte als "factor-score-Variablen" nach der folgenden Gleichung bestimmt werden:[13]

$$F = \beta_1 X_1 + \beta_2 X_2 + \ldots + \beta_n X_n$$

wobei der Parameter ß die Bedeutung (bzw. das Gewicht) des jeweiligen Indikators X für den latenten Faktor F bestimmt.

Demgegenüber wird in der SEM-Analyse die obige Gleichung durch einen Störfaktor (disturbance term) erweitert (vgl. dazu Bollen/Lennox 1991: 306):

$$F = \beta_1 X_1 + \beta_2 X_2 + \ldots + \beta_n X_n + D$$

---

13 Vgl. zu der hier und im Folgenden benutzten LISREL-Notation das Kap. 7.1 (im Anhang).

Durch Ergänzung des Störterms D werden die Betas (ß) in der obigen SEM-Indexgleichung andere sein als die Betas in der obigen PCA-Indexgleichung. Und damit werden sich auch die beiden Faktoren (F) deutlich voneinander unterscheiden. Abbildung 4.1 zeigt ein SEM-Messmodell für ein latentes Index-Konstrukt mit drei formativen Indikatoren, das ohne weitere Modifikationen (dazu im Folgenden mehr) zunächst unteridentifiziert ist.

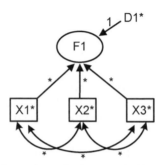

Abbildung 4.1: Latentes Index-Konstrukt mit drei formativen Indikatoren (unteridentifiziertes Modell)

Messmodelle mit formativen Indikatoren haben folgende Eigenschaften (vgl. auch Diamantopoulos/Winklhofer 2001: 271):

(1) Im Unterschied zu reflektiven Indikatoren können formative Indikatoren im Messmodell nicht ausgetauscht werden. Alle formativen Indikatoren eines Messmodells sind konstitutiv für das jeweilige Index-Konstrukt.

(2) Formative Indikatoren sind exogene Variablen. Deshalb haben sie keine Fehlervarianzen und können auch direkt miteinander korrelieren. Allerdings sind die Korrelationen nicht notwendige Bestandteile des Messmodells.

(3) Die Interkorrelationen zwischen den formativen Indikatoren eines Messmodells können hoch oder niedrig sein, können negativ oder positiv sein. Ein bestimmtes Größen- oder Vorzeichenmuster muss nicht notwendigerweise gegeben sein.

(4) Messmodelle mit formativen Indikatoren sind statistisch unteridentifiziert. Die Modelle können nur innerhalb eines größeren SE-Modells geschätzt werden, in welchem es Konstrukte bzw. Variablen gibt, die von dem jeweiligen Index-Konstrukt beeinflusst werden. Zur Identifikation muss das Index-Konstrukt mindestens zwei andere manifeste oder latente Variablen beeinflussen. Beeinflusst das Index-Konstrukt nur ein einziges anderes latentes Konstrukt (das in einem Messmodell mit reflektiven Variablen spezifiziert

Datenqualität und Messmodelle 131

ist) oder beeinflusst es nur eine einzelne manifeste Variable, so muss die Störfaktor-Varianz des Index-Konstrukts auf "0.00" fixiert werden (D=0.00).

(5) Zur Identifikation eines formativen Index-Konstrukts (F) muss der auf das Index-Konstrukt gerichtete Kausaleffekt eines der formativen Indikatoren auf einen Wert von "1.00" fixiert werden (vgl. Abb. 4.2).

(6) Bei latenten Index-Konstrukten mit formativen Variablen kann zwar nicht für jeden Indikator ein spezifischer Messfehler ermittelt werden (s.o.), aber die Residualvarianz (Disturbance-Varianz) des latenten Index-Konstrukts zeigt den Gesamtfehler des formativen Messmodells an. Dies gilt allerdings nur so lange, wie keine weiteren selbstständigen Prädiktoren, die nicht formative Indikatoren des Messmodells sind, auf das Index-Konstrukt einwirken (z.B. die Variable "Geschlecht", die den SES-Index beeinflussen kann).

(7) Ein Index-Konstrukt, dessen Residualvarianz (D) frei geschätzt wird, kann als latentes Index-Konstrukt bezeichnet werden. Wird die Residualvarianz hingegen (z.B. in bestimmten Situationen aus Gründen der Identifizierbarkeit des Konstrukts) auf den Wert "0.00" fixiert (d.h.: nicht berücksichtigt), dann sollte das Index-Konstrukt nicht als latentes Index-Konstrukt betrachtet werden, denn es ist dann eine reine Aggregation der formativen Indikatoren (vgl. hierzu auch Kline 2011: 282f) und wäre analog zu einer "factor-score-Variablen" der Hauptkomponentenanalyse (s.o.) zu interpretieren. Zudem fiele dann auch die Schätzung eines "Gesamt-Messfehlers" (s.o.) weg bzw. dieser würde (unrealistischer Weise) auf null gesetzt. Deshalb sind bei der SEM-Analyse dieser Konstrukte immer Modellierungen von Index-Konstrukten, bei denen die Residualvarianz frei geschätzt werden kann, zu bevorzugen.

(8) Die Reliabilität und Validität von formativen Indikatoren kann nicht nach den Regeln der klassischen Testtheorie beurteilt werden. Denn da die formativen Indikatoren eines Index-Konstrukts nicht notwendigerweise hoch miteinander korrelieren müssen, kann auch die klassisch berechnete Reliabilität dieser Indikatoren (z.B. mittels Cronbachs α) sehr gering sein (a.a.O.). So muss die Auswahl von formativen Indikatoren in erster Linie analytisch-argumentativ begründet werden und kann nicht "post hoc" mittels empirischer Beweisführung gerechtfertigt werden (vgl. Edwards/Bagozzi 2000: 171).

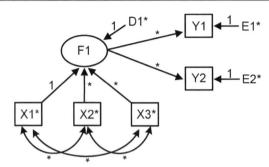

Abbildung 4.2: Latentes Index-Konstrukt mit formativen Indikatoren und zwei abhängigen manifesten Variablen (identifiziertes Modell)

Zur Konstruktion von Messmodellen mit formativen Indikatoren empfehlen Diamantopoulos/ Winklhofer (2001: 271f) folgende Schritte:
(1) Zunächst sollten die Dimensionen des Index-Konstrukts mittels einer analytischen Argumentation eindeutig definiert werden.
(2) Sodann sollte für jede Dimension mindestens ein Indikator bestimmt werden, der die Inhalte dieser Dimension gut repräsentieren kann.
(3) Im Anschluss sollten die Kollinearitäten (a.a.O.) der Indikatoren ermittelt werden (z.b. durch Bestimmung des "maximum variance inflation factor", vgl. Kleinbaum/ Kupper/ Muller 1988). Eine zu hohe Kollinearität kann auf lineare Abhängigkeiten zwischen den Indikatoren verweisen und macht die SEM-Schätzung instabil.
(4) Zudem sollte die Qualität der einzelnen Indikatoren getestet werden, indem sie mit einer externen Variablen korreliert werden, die in einer sinnhaften Beziehung zu dem zu bildenden Index steht (externe Validierung, a.a.O.).
Ein Nachteil von Modellen mit formativen Indikatoren ist, dass sie schwierig zu identifizieren sind (s.o.). So müssen die formativ gebildeten, latenten Variablen stets mindestens zwei abhängige Variablen beeinflussen (die entweder manifest und/oder latent mit reflektiven Indikatoren sind) und zugleich muss der unstandardisierte Effekt eines formativen Indikators auf 1.0 fixiert werden.
Ein Problem bei der Spezifikation von latenten Index-Konstrukten ist, dass die Ergebnisse von Signifikanztests der unstandardisierten Pfadkoeffizienten, mit denen die formativen Indikatoren auf das jeweilige Index-Konstrukt einwirken, sowie Tests der unstandardisierten Effekte des Index-Konstrukts auf abhängige Variablen davon abhängig sein können, welcher der formativen Indikatoren auf "1.00" fixiert wurde. Daher sollten stets Sensitivitätsanalysen durchgeführt wer-

den, bei denen die Modellschätzung mit unterschiedlichen Referenzindikatoren (das sind formative Indikatoren, deren Effekt auf 1.00 fixiert wird, a.a.O.; Referenzindikatoren) mehrfach wiederholt wird. Auf diese Weise kann die Stabilität der Signifikanztests überprüft werden.

Zu vermeiden ist jedoch eine Effekt-Fixierung bei einem formativen Indikator, der nur einen schwachen Effekt auf das Index-Konstrukt ausübt, da in diesem Fall die Signifikanztests im Modell besonders stark verzerrt sein können.

Demgegenüber sind die standardisierten Schätzwerte und deren Signifikanzen[14] relativ stabil und sind somit unabhängig von der Entscheidung, welcher Indikatorpfad fixiert wird. Somit sollten bei formativen Messmodellen immer auch die standardisierten Koeffizienten berichtet, interpretiert und (wenn dies die Software erlaubt) auch getestet werden (unter Beachtung möglicher Interpretationsfallen, die bei standardisierten Koeffizienten auftreten können, a.a.O.: Pfadkoeffizienten).

Prinzipiell wäre es auch möglich, zu Identifikationszwecken einen der unstandardisierten Kausaleffekte, der vom Index-Konstrukt (F) ausgeht, auf 1.00 zu fixieren. Jedoch sind die Kausaleffekte des Konstrukts in aller Regel die strukturellen Effekte, über welche die interessierenden Hypothesen formuliert wurden, sodass es in den meisten Anwendungsfällen ratsam ist, einen Indikatoreffekt zu fixieren und die Konstrukteffekte frei zu schätzen.

SE-Modelle mit latenten formativen Messmodellen können in der Anwendung einen niedrigen Fit (a.a.O.) aufweisen, wenn zwischen den vom Index-Konstrukt abhängigen Variablen ein zusätzlicher aber nicht spezifizierter Zusammenhang besteht (z.B. eine Korrelation zwischen E1 und E2 in Abb. 4.2). Um solche Zusammenhänge zwischen abhängigen Variablen einführen zu können und damit das formative Messmodell zugleich weiterhin identifiziert ist, muss entweder (1) mindestens ein prinzipiell möglicher Zusammenhang zwischen den abhängigen Variablen bzw. zwischen deren Fehlervarianzen unberücksichtigt bleiben (bei drei abhängigen Variablen werden z.B. nur zwei Fehlerkovarianzen spezifiziert und eine ausgelassen), oder es muss (2) die Residualvarianz des Index-Konstrukts auf "0.00" fixiert werden, sodass zwar alle möglichen Zusammenhänge zwischen den abhängigen Variablen (bzw. zwischen deren Fehlern) spezifiziert werden können, das formative Konstrukt aber kein latentes Index-Konstrukt mehr ist, sondern das Konstrukt nur noch eine Aggregatvariable ohne Fehlerterm darstellt (s.o.).

Auch SE-Modelle mit einem formativen Messmodell und mit nur einer abhängigen Variablen (vgl. Modell A in Abb. 4.3) sind nur durch die zusätzliche

---

14 Das Softwarepaket MPLUS erlaubt auch Signifikanztests der standardisierten Koeffizienten.

Fixierung der Residualvarianz (D) auf den Wert "0.00" zu identifizieren, sodass darin die Index-Variable streng genommen kein latentes Konstrukt mehr ist (s.o.). Solche Modelle sind äquivalent mit Modellen ohne formatives latentes Konstrukt, bei denen direkte Effekte von den X-Variablen auf die Y-Variable geschätzt werden (vgl. Modell B in Abb. 4.3). Dabei sind nicht nur die Fit-Werte beider Modelle identisch, sondern auch die geschätzten unstandardisierten und standardisierten Pfadkoeffizienten: der Effekt "$X_2 \rightarrow Y_1$" in Modell B entspricht beispielsweise exakt dem indirekten Effekt (a.a.O.) "$X_2 \rightarrow F \rightarrow Y_1$" in Modell A (dies gilt entsprechend für alle anderen X-Variablen). Erst bei mehreren Y-Variablen sind die Modelle nicht mehr äquivalent. Folglich ist erst bei mehreren Y-Variablen die Schätzung von formativen Modellen anzuraten.

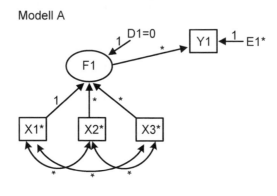

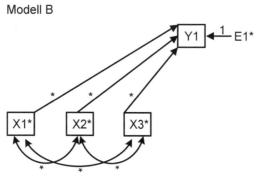

Abbildung 4.3: Äquivalenz von zwei Modellen mit und ohne Index-Konstrukt bei einer abhängigen Variablen Y_1

Datenqualität und Messmodelle 135

Ein gravierender Nachteil von formativen Indikatoren besteht darin, dass in entsprechend spezifizierten Messmodellen keine indikatorspezifischen Messfehler bestimmt werden können.

Einen Ausweg aus diesem Dilemma zeigen Edwards/Bagozzi (2000). Sie schlagen vor, latente Index-Konstrukte nicht direkt aus manifesten Indikatoren zu bilden, sondern jeden Indikator als reflektiven Indikator eines eigenständigen Messkonstrukts zu verstehen, sodass sich das Index-Konstrukt aus den Kausaleffekten von formativen Messkonstrukten und nicht von formativen Indikatoren ergibt (vgl. dazu Abb. 4.4).

Aber auch solche Modelle haben wieder die oben benannten Identifikationsprobleme, die nur zu lösen sind, wenn das Index-Konstrukt selbst als kausal wirkender Faktor analysiert werden kann und entsprechende Fixierungen vorgenommen werden (s.o.).

Die reflektiven Ein-Indikator-Messmodelle (a.a.O.) in Abbildung 4.4 sind zudem durch Fixierungen so zu identifizieren, wie es bei Messmodellen mit nur einem Indikator generell notwendig ist (zumeist durch Fixierung der unstandardisierten Faktorladung auf "1.00" sowie durch zusätzliche Fixierung der Messfehlervarianz eines jeden Indikators auf "0.00" bzw. (besser!) auf: "Indikatorvarianz×[1-Reliabilität]" (a.a.0.: Ein-Indikator-Messmodelle).

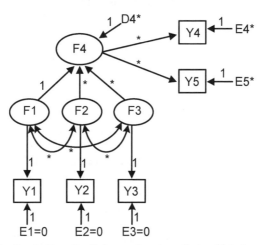

Abbildung 4.4: Index-Konstrukt zweiter Ordnung mit zwei manifesten abhängigen Variablen

4.2 Wie wird die Validität und Reliabilität von/in Messmodellen bestimmt?

ad: Validität[15]

Die Faktorstruktur eines Messmodells indiziert die formale oder interne Validität des entsprechenden SEM-Faktors. Enthält ein Messmodell hohe Faktorladungen (a.a.O.) bei allen im Modell aufgenommenen Indikatoren, und ist es auch durch keinerlei Kreuzladungen mit den Indikatoren anderer Faktoren verbunden, so kann es bei einem ausreichenden Modellfit (a.a.O.) als ein formal valides Modell zur Operationalisierung des jeweiligen theoretischen Konstrukts angesehen werden.

Die "interne Validität" eines Messmodells betrifft somit vor allem die Höhe der Faktorladungen. Deren standardisierte Werte sollten möglichst weit oberhalb von 0.50 liegen. Die Faktorladungen sind auch Ausdruck der Konstruktvalidität der betreffenden Items/Indikatoren. Je näher die standardisierten Faktorladungen an einen Wert von 1.00 heranreichen, umso deutlicher wird die Varianz der betreffenden Indikatoren allein durch das zugehörige Konstrukt bestimmt.

Die interne Validität eines Messmodells kann u.a. im Gruppenvergleich (a.a.O.) oder in Längsschnittanalysen (a.a.O.) mittels Faktorinvarianz-Tests (a.a.O.) überprüft werden.[16] Die interne Validität von Messmodellen ist auch ein Bestandteil der "Konstruktvalidität". Diese ergibt sich aus hoher Konvergenzvalidität (a.a.O.) bzw. aus hohen Faktorladungen innerhalb der einzelnen Messmodelle (interne Validität) und hoher Diskriminanzvalidität (a.a.O.) bzw. kleinen Kreuzladungen zwischen einzelnen Messmodellen. Zur Überprüfung von Konvergenz- und Diskriminanzvalidität sind konfirmatorische Faktorenanalysen und insbesondere die verschiedenen Varianten der MTMM-Modellierung (a.a.O.) geeignet.

Im Unterschied zur formalen Validität betrifft die substanzielle Validität eines Messmodells seine semantische Nähe zu den Inhalten desjenigen Konstruktes, für dessen Operationalisierung es entworfen wurde. Eine solche semantische Nähe wäre z.b. nicht gegeben, wenn ein Messmodell zur Operationalisierung von "Ethnozentrismus" entwickelt werden müsste und dabei die drei Indikatoren "Selbstwertgefühl", "interne Verantwortlichkeit" und "Initiativkraft" verwendet würden. Denn selbst wenn mit diesem Messmodell extrem hohe Ladungen bei allen drei Indikatoren erreicht werden könnten und das Modell somit eine hohe interne Va-

---

15 Die folgenden Ausführungen enthalten Texte aus Kapitel 4.3 von Urban (2004).
16 Vgl. dazu die Hinweise in Raines-Eudy 2000.

lidität besäße, hätte es mit den Inhalten eines Ethnozentrismus-Konstruktes wenig zu tun und seine substanzielle Validität läge deshalb bei null.

Allgemeinste und auch wichtigste Voraussetzung zur Konstruktion substanziell valider Messmodelle sind inhaltlich überzeugende Korrespondenzhypothesen, mit denen zu begründen ist, warum spezielle Mess-Items als Indikatoren eines bestimmten theoretischen Konstruktes zu benutzen sind. Erst wenn dies in überzeugender Weise gelingt, können auch statistische Modelle zur Überprüfung der substanziellen Validität eines entsprechenden Messmodells eingesetzt werden.

Um statistische Hinweise auf die substanzielle Validität von Messmodellen zu erhalten, können diese einer externen Validierung unterzogen werden. Bei einer externen Validierung werden inhaltlich begründete Hypothesen über die Beziehung eines Faktors zu einem beobachtbaren, messmodell-externen Kriterium formuliert. Diese Hypothesen werden dann in die Logik von latenten Strukturmodellen übersetzt und durch Schätzung entsprechender Parameterwerte getestet (s.u.).

Zur externen Validierung von Messmodellen werden also geeignete externe Kriteriumsvariablen bzw. -faktoren benötigt, die in einer analytisch begründbaren und überzeugenden Weise mit dem Faktor des jeweiligen Messmodells verbunden sind.

Wenn z.B. ein latentes Ethnozentrismus-Konstrukt extern validiert werden soll, ließe sich ein solches externes Kriterium aus der Theorie der sozialen Identität herleiten. Denn ethnozentristische Orientierungen haben eine zentrale Funktion zur Erzeugung bzw. Stabilisierung von sozialen Identitäten. Die diesbezügliche theoretische Hypothese lautet:

(-) Ethnozentristische Orientierungen kategorisieren die Zugehörigkeit von Personen zu einer ethnisch definierten Selbstgruppe, die mit positiv bewerteten Attributen gekennzeichnet wird, sodass die Zugehörigkeit zu dieser Gruppe das gruppenbezogene Selbstwertgefühl ihrer Mitglieder erhöhen kann.

Unter Bezug auf diese Theoriehypothese ließe sich dann die folgende Validierungshypothese formulieren:

(-) Wenn Personen ethnozentristische Einstellungen aufweisen und sich als Mitglieder der positiv bewerteten, ethnischen Selbstgruppe "der geborenen Deutschen" betrachten, wird dies bei ihnen eher zu einem erhöhten gruppenbezogenen Selbstwertgefühl führen, das sich in der Emotion "stolz darauf zu sein, ein Deutscher zu sein" (externes Kriterium: STOLZ) ausdrückt.

Für eine externe Validierung des Faktormodells "Ethnozentrismus" müsste somit in diesem Beispiel ein zusätzliches Faktormodell für das Konstrukt "Nationalstolz" gebildet und gemessen werden. Sodann könnte ein SE-Modell geschätzt werden, das aus den beiden Faktormodellen "Ethnozentrismus" und "Nationalstolz" besteht und eine Korrelation zwischen diesen beiden Faktoren berechnet. Als befriedigende Korrelationen zur Bestätigung einer ausreichenden substanziellen bzw. externen Validität können Korrelationen mit signifikanten (p<0.05) Korrelationswerten (Pearson) von mindestens 0.50 und mit erwartungsentsprechenden Vorzeichen akzeptiert werden. Diese indizieren eine inhaltlich bedeutsame linear-positive Beziehung und einen mindestens 25%igen gemeinsamen Varianzanteil beider Faktoren (hier: "Ethnozentrismus" und "Nationalstolz").[17] Häufig wird jedoch in der Forschungspraxis auch schon dann ein Konstrukt als "extern valide" bezeichnet, wenn die betreffende Korrelation zwar unter 0.50 liegt, diese jedoch signifikant ist und das erwartete Vorzeichen aufweist.

ad: Reliabilität

Die Reliabilität eines Indikators wird im klassischen Sinne definiert als der relative Anteil "wahrer" Varianz an seiner Gesamtvarianz (Gesamtvarianz = "wahre" Varianz + Fehlervarianz). In der SEM-Analyse mit latenten Faktoren wird als "wahre" Varianz diejenige Varianz eines Indikators verstanden, die innerhalb eines Messmodells vom betreffenden Faktor ausgeschöpft bzw. "erklärt" werden kann.

Aufgrund der SEM-typischen Zerlegung einer jeden Indikatorvarianz in einen Varianzanteil, der vom zugehörigen Konstrukt/Faktor bestimmt wird, und in einen Anteil zufälliger Fehlervarianz (a.a.O.) sind die nach Minderungskorrektur (a.a.O.) "bereinigten" Indikatoren einer SEM-Analyse, die für die Schätzung der Beziehungsstärke zwischen den einzelnen latenten Variablen benutzt werden, frei von unsystematischen Messfehlern und weisen somit nach der Korrektur eine Indikator-Reliabilität von 1.00 auf (Hoyle/Kenny 1999: 203).

Hingegen informiert die quadrierte standardisierte Faktorladung (entspricht dem Maß R^2, a.a.O.) über die Indikator-Reliabilität des jeweiligen "unbereinigten" Indikators: je höher R^2 ist, desto höher ist die Indikator-Reliabilität, d.h. desto größer ist der Anteil der durch das latente Konstrukt ausgeschöpften empirischen Indikatorvarianz, was auch heißt: desto geringer ist der Varianzanteil des Indikators, der durch zufällige Messfehler entstanden ist.

Zur Bestimmung der Reliabilität von kompletten latenten Konstrukten bzw. Messmodellen werden in der SEM-Analyse neben dem klassischen aber auch problematischen Maß "Cronbachs Alpha"[18] verschiedene erweiterte Maße benutzt:

---

17 Das hier nur angerissene Beispiel einer externen Validierung des Faktormodells "Ethnozentrismus" wird ausführlich erläutert in Urban 2004: 65-68.
18 Zur Problematik von Cronbachs Alpha in der SEM-Analyse vgl. Byrne 2006: 132f.

u.a. Rho bzw. Omega als Maß der Konstrukt-Reliabilität (vgl. Bacon et al. 1995; Kline 2011: 242).

4.3 Sollten Kovarianzen zwischen den Indikator-Messfehlern zugelassen werden?

Normalerweise werden in der SEM-Analyse in jedem Messmodell die Kovarianzen zwischen den Messfehlern (Residuen) auf 0 fixiert und nicht zur Schätzung freigegeben.

Zwar erhöht jede frei geschätzte Kovarianz zwischen Fehlertermen die Konsistenz zwischen Modell und Daten und damit auch den Grad der Modellanpassung. Allerdings sollten Fehlerkovarianzen niemals allein zur Verbesserung der Modellanpassung geschätzt werden, sondern nur dann analysiert werden, wenn ein entsprechender Zusammenhang auch inhaltlich zu begründen und zu interpretieren ist.

Inhaltlich betrachtet kann eine substanziell bedeutsame Fehlerkorrelation darauf verweisen,
(1) dass es im Modell einen unberücksichtigten, substanziell relevanten Faktor gibt, der auf zwei oder mehr Indikatoren einwirkt und nur deshalb eine Kovarianz der Residuen erzeugt, weil er im Modell nicht spezifiziert wurde;
(2) dass es im Modell einen unberücksichtigten Methodenfaktor (a.a.O.) gibt, der die Indikatoren miteinander verbindet, weil z.B. über ähnlich formulierte Fragetexte oder über die Spezifika eines für alle Messungen eingesetzten Erhebungsinstruments eine Kovarianz der betreffenden Messungen entsteht.
Weitere Möglichkeiten zur Entstehung und Interpretation der Kovarianz von Messfehlern bestehen in SEM-Längsschnittanalysen (a.a.O.).

Grundsätzlich betrachtet ist bei SE-Modellspezifikationen, in denen Kovarianzen zwischen Fehlertermen zugelassen werden, Folgendes zu beachten:
(-) Konstrukt-immanente Korrelationen von Messfehlern sind eher tolerierbar als modell-übergreifende Korrelationen (s.u.).
(-) Konstrukt-immanente Modifikationen von Messmodellen (wie z.B. die Herausnahme von Indikatoren mit geringer Faktorladung) sind einer Erweiterung der Modellkomplexität durch zusätzliche Modellparameter, wie z.B. durch Spezifikation von ergänzenden Fehlerkovariationen, vorzuziehen.
(-) Messfehlerkovarianzen können nur akzeptable konstrukt-immanente Modifikationen sein, solange sie erstens gut begründet werden können und zwei-

tens nicht zu hoch sind (Daumenregel: r < 0.5). Hohe Messfehlerkorrelationen können auch zu inakzeptabel niedrigen standardisierten Faktorladungen (<0.50) führen.
(-) Messfehlerkorrelationen, mit denen mehrere Fehlerterme aus verschiedenen Messmodellen miteinander verknüpft werden, sind am ehesten in Längsschnittmodellen (a.a.O.) zu akzeptieren, wenn es sich dort um bedeutungsgleiche Indikatoren handelt, deren Residuen über die Zeit hinweg korrelieren. In Querschnittsmodellen sollten konstrukt-übergreifende Messfehlerkorrelationen nur mit großer Vorsicht spezifiziert werden, da hier eine Verletzung der Konstruktdiskriminanz (s.u.) droht.
(-) Nach einer Schätzung von Modellen mit Messfehlerkovarianzen müssen weiterhin Diskriminanz- (a.a.O.) und Konvergenzvalidität (a.a.O.) der Messmodelle gegeben sein. D.h., dass die Messmodelle nicht durch hohe Fehlerkorrelationen (s.o.) ihre Diskriminanz eingebüßt haben dürfen, und dass die Messmodelle intern valide konstruiert sein müssen (bzw. intern konvergieren müssen), was bedeutsame Faktorladungen (standardisiert > 0.50) erforderlich macht.
(-) Wenn im Messmodell die Fehlervarianz eines Indikators auf null fixiert wird (wie z.B. bei Ein-Indikator-Messmodellen, a.a.O.), kann die Varianz dieses Indikators auch nicht mit anderen Fehlervarianzen kovariieren.

4.4 Müssen die empirischen Variablenwerte immer metrisch und normalverteilt sein?

Alle inferenzstatistischen Tests, die in der SEM-Analyse durchgeführt werden (also sowohl die Tests zur Überprüfung des Modellfits als auch die Signifikanztests für einzelne Parameter), setzen voraus, dass die Daten der Stichprobe unverzerrt und rein zufällig aus einer Grundgesamtheit ausgewählt wurden, in der sie normalverteilt vorliegen bzw. in der die gemeinsame Datenverteilung mehrerer Variablen einer multivariaten Normalverteilung entspricht.

Sind die Daten für eine SEM-Analyse nicht normalverteilt und wird die SEM-Schätzung mittels ML-Methode (a.a.O.) oder WLS-Methode (a.a.O.)[19] durchgeführt, so sind die Teststatistiken für den Chi-Quadrat-Test (a.a.O.) und für

---
19 Es sei hier noch einmal daran erinnert, dass wir in diesem Ratgeber zwei Versionen von WLS-Schätzverfahren unterscheiden: die klassische WLS-Schätzung und die Mplus-WLSMV-Schätzung (vgl. Kap. 2.7).

die chi-quadrat-basierten Anpassungstests (a.a.O.) inflationiert und sind zudem die Standardfehler (a.a.O.), die zum Signifikanztest einzelner Parameter benötigt werden, deflationiert. Dies bedeutet, dass bei nicht-normalverteilten Daten überproportional häufig Modelle zurückgewiesen werden, die möglicherweise nicht falsch sind, und dass für Parameter allzu häufig entschieden wird, dass sie sich signifikant von null unterscheiden (d.h. dass sie signifikant sind), wenn dies in Wirklichkeit nicht der Fall ist (Typ I-Fehler).

Zur Abmilderung dieser negativen Konsequenzen nicht-normalverteilter Daten in der ML-Schätzung kann als generelles statistisches Verfahren der Parameterschätzung und -bewertung ein spezielles Maximum-Likelihood-Schätzverfahren (a.a.O.) benutzt werden (das u.a. in EQS und Mplus implementiert ist), das auch verteilungsrobust korrigierte Schätzwerte der Standardfehler (a.a.O.), die korrigierte Satorra-Bentler-SCALED-χ^2-Statistik (a.a.O.) sowie den robusten Anpassungsindex CFI(robust) (a.a.O.) liefern kann. Dieses Verfahren wird häufig als "robuste ML-Schätzung" oder als "ML(robust)-Schätzung" (a.a.O.) bezeichnet. Eine dementsprechende Variante der WLS-Schätzung existiert als "WLSMV-Schätzung" (a.a.O.) im Mplus-Programmpaket.

Das robuste ML-Schätzverfahren wurde erstmals von Satorra/Bentler (1988) vorgestellt und passt die darin berechnete Chi-Quadrat-Teststatistik an eine evtl. vorhandene Nicht-Normalität der Daten an. Dabei wird die Chi-Quadrat-Teststatistik umso stärker reduziert, je größer die multivariate Kurtosis der analysierten Daten ist. In gleicher Weise werden in diesem Schätzverfahren auch die Werte der Standardfehler erhöht. Insbesondere bei Fallzahlen (a.a.O.) über 200 liefert dieses Reskalierungsverfahren auch bei nicht-normalverteilten Daten gute Schätzwerte für die χ^2-Statistik und für die Standardfehler.[20][21]

Für den Erfolg der robusten ML-Schätzung ist es wichtig, dass die Abweichungen von der Normalitätsannahme "moderat" ausfallen. Zur Ermittlung dieser Abweichungen werden üblicherweise die Kennzahlen für "Schiefe" und "Kurtosis" ermittelt, wobei für die ML-Schätzung größere Probleme durch eine zu hohe Kurtosis als durch eine zu große Skewness/Schiefe entstehen.[22] Als akzeptable Grenzwerte für Schiefe und Kurtosis werden in der Literatur für ML-Schätzungen unterschiedliche Zahlen genannt:[23]

---

20 Vgl. dazu die Ausführungen über die Ergebnisse eines Simulationsmodells mit nicht-normalverteilten Daten von Wothke in SEMNET vom 22.4.1998.
21 Vgl. Finch et al. 1997; Green et al. 1997; Curran et al. 1996.
22 Nach Mitteilung von Ed Rigdon in SEMNET vom 10.10.2005.
23 Auch in der SEM-Analyse sollte nicht vergessen werden, dass manchmal auch einfache Datentransformationen eine Normalisierung von Werteverteilungen erzeugen können. Dazu

(-) univariate Schiefe bis ca. ±0.6, univariate Kurtosis bis ca. ±1.0 (Boomsma/ Hoogland 2001: 146);
(-) univariate Schiefe bis ca. ±2.0, univariate Kurtosis bis ca. ±7.0 (Byrne 2010; Nevitt/Hancock 2001);
(-) Schiefe und Kurtosis bis ±3.21 (Curran et al. 1996);
(-) multivariate Kurtosis (normalisierter Mardia-Koeffizient) bis |3| (Bentler 2006) bzw. |5| (Byrne 2010).

Wenn in einer SEM-Analyse die hier genannten Grenzwerte deutlich überschritten werden, so werden auch mit Satorra-Bentler-Korrektur die Fit-Statistiken der Anpassungstests schnell inflationiert sein.

Zu beachten ist auch, dass bei Verwendung der SB-korrigierten Chi-Quadrat-Werte zum Vergleich von geschachtelten (nested) Modellen (a.a.O.) im Chi-Quadrat-Differenzentest (a.a.O.) eine Skalierungskorrektur (a.a.O.) vorgenommen werden muss.

Ein weiterer Nachteil der Satorra/Bentler-Skalierung besteht darin, dass die damit durchgeführten Tests zwar eine große Teststärke (power)[24] (a.a.O.) bei der Zurückweisung von falsch spezifizierten Modellen besitzen, dafür aber auch korrekt spezifizierte Modelle allzu schnell zurückweisen können (Fehler vom Typ II) (vgl. Nevitt/ Hancock 2001).[25]

Mit der Satorra/Bentler-Korrektur der ML-Schätzung sind also bei kleinen Fallzahlen und bei Indikatoren mit moderat schiefen Verteilungen (vgl. dazu die oben angegebenen Orientierungswerte) relativ zuverlässige Schätzresultate für Parameter, Standardfehler und Chi-Quadrat-Statistik zu erhalten.[26]

Die damit erzielten Schätzwerte sind selbst bei Verwendung von Skalen mit geringer Breite (z.B. bei Verwendung der weit verbreiteten 5-Punkte-Ratingskalen[27])

---

gehört z.B. die Quadrierung von Werten, die Quadratwurzel-Transformation, die Reziprok-Transformation oder die logarithmische Transformation.

24 Teststärke (power) = 1-β (mit β = Typ II-Fehler im Signifikanztest).

25 Bei Bootstrapping-Verfahren (a.a.O.) scheint sich dies genau umzukehren (Nevitt/Hancock 2001: 374), weshalb die beste Strategie wohl diejenige wäre, beide Verfahren parallel einzusetzen.

26 Vgl. dazu: Brandmaier/Mathes 1992; Byrne 1995; Chou/Bentler 1995; West et al. 1995; Curran/ West/ Finch 1996.

27 Erfahrungsgemäß bieten Ratingskalen mit 5 bis 7 Skalenpunkten die effizienteste Möglichkeit, um hohe Reliabilitätswerte (nach der klassischen Testtheorie) zu erreichen (vgl. Bandalos/ Enders 1996). Werden noch weitere Kriterien herangezogen (Validität, Diskriminanzkraft, Befragtenakzeptanz) dann scheinen Ratingskalen mit 7, 9 oder 10 Punkten optimal zu sein, während Skalen mit mehr als 10 Punkten eher wieder schlechtere Qualitätsmerkmale aufweisen (Preston/Colman 2000).

noch hinreichend genau und zuverlässig.[28] Und wie die Untersuchungsergebnisse von Olsson (1979) zeigen, hat die Skalenbreite einen wesentlich geringeren verfälschenden Effekt auf Modellfit und Schätzung als das Ausmaß der Verteilungsschiefe.

Mit der ML(robust)-Schätzung können auch die bekannten Nachteile vermindert werden, die entstehen, wenn Ratingskalen mit geringer Breite als Ergebnis einer ordinalen Messung behandelt werden, und polychorische Korrelationskoeffizienten zur Berücksichtigung der nicht kontinuierlich-metrischen Datenqualität als Ausgangswerte in klassischen WLS-Schätzverfahren (a.a.O.) eingesetzt werden. Denn bei Verwendung von polychorischen Korrelationskoeffizienten ergeben sich in der WLS-Schätzung vor allem bei den Schätzwerten für Standardfehler und Chi-Quadrat-Statistiken (inkl. der darauf basierenden Fit-Indizes) starke bis extrem starke Verzerrungen (vgl. Babakus et al. 1987; Rigdon/Ferguson 1991).[29] Dies gilt allerdings nicht bei Anwendung der WLSMV-Schätzung (a.a.O.).

Die klassische WLS-Schätzung galt lange Zeit (trotz der oben genannten Schwierigkeiten) bei nicht-normalverteilten Daten, z.B. bei hoher Kurtosis und bei sehr großen Fallzahlen, als relativ bestes Schätzverfahren. Insbesondere Simulationsstudien mit nicht-normalverteilten Daten verwiesen darauf, dass WLS-Teststatistiken relativ robust gegenüber Verteilungsanomalien sind (Hoogland/ Boomsma 1998; Curran/West/Finch 1996).

In der Zwischenzeit konnte jedoch gezeigt werden, dass die ML-Schätzung auch im direkten Vergleich mit der WLS-Schätzung bei nicht-normalverteilten Daten (unabhängig vom Grad der Kurtosis, vom Grad der Fehlspezifikation und vom Umfang der Stichprobe) gute Ergebnisse hinsichtlich Modellanpassung (Fit) und Abwesenheit von Verzerrungen bei den Parameter-Schätzwerten liefern kann (vgl. Boomsma/Hoogland 2001). So konnten z.B. Coenders/Satorra/Saris (1997) mittels Monte Carlo-Studien (a.a.O.) zeigen, dass bei Faktorenmodellen mit multiplen Indikatoren die ML- und die WLS-Schätzung vergleichbare Ergebnisse erbringen. Und Olsson/Foss/Troye/Howell (2000) resümierten die Resultate ihrer Simulationsstudien dahingehend, dass "under no conditions was WLS preferable to ... [ML] in terms of parameter bias and fit" (dies. 2000: 558).

---

28   Vgl. Bentler/Chou 1987; Brown 1989; Faulbaum/Bentler 1994; Finch et al. 1997; Green et al. 1997.
29   Was im Gegensatz zur Unverzerrtheit der entsprechenden Parameterschätzungen zu stehen scheint, die bei Verwendung von polychorischen Korrelationen als Ausgangsdaten wesentlich präziser sind als Parameterschätzungen mit pearson-basierten Fit-Funktionen (vgl. Babakus et al. 1987; Brown 1989)

Demnach sollte in SEM-Analysen bei metrischen und metrisch-definierten Indikatoren unabhängig von der Form der Datenverteilungen und der Größe der Stichprobenumfänge primär eine ML-Schätzung mit einer robusten Chi-Quadrat-Berechnung (a.a.O.: ML(robust)) eingesetzt werden.

Das ML(robust)-Verfahren scheint unter diesen Umständen bei vielen Daten die Schätzmethode der besten Wahl zu sein. Und das gilt insbesondere dann, wenn zusätzlich eine Bootstrapping-Schätzung (a.a.O.) zur Erhöhung der Robustheit von geschätzten Standardfehlern bei schiefen Verteilungen (und kleinen Fallzahlen) eingesetzt wird: "Both the robust standard errors and naive bootstrap provided a dramatic improvement over unadjusted ML standard errors ... On the basis of current findings, applied researchers would do well to use either rescales statistics or bootstrap methods ..." (Enders 2001: 368).

Somit sollte bei schief verteilten metrischen und metrisch-definierten Daten an folgende Maßnahmen zur "Gefahrenabwehr" gedacht werden (nach Nevitt/Hancock 2000, 2001):[30]

(a) Die Ausgangswerte können transformiert werden.
(b) Es wird immer das SB-korrigierte (Satorra/Bentler-corrected) ML-Schätzverfahren "ML(robust)" eingesetzt.
(c) Die Standardfehler der geschätzten Parameter werden mit Bootstrapping-Verfahren ermittelt.

ad: ordinale bzw. kategorial geordnete Indikatoren

Entsprechend der vorstehenden Erläuterungen sollten Modelle mit ordinalen Indikatoren, die gering bis mittelschief verteilt sind und die mindestens fünf Ausprägungen aufweisen (z.B.: "sehr dafür", "dafür", "teils/teils", "dagegen", "sehr dagegen") mittels ML(robust)-Methode geschätzt werden. Modelle mit deutlich schief verteilten ordinalen Indiktoren und/oder mit ordinalen Indikatoren, die weniger als fünf Ausprägungen haben, sollten mittels Mplus-WLSMV-Methode (a.a.O.) geschätzt werden.

---

30 Eine eher exotische Methode, um SE-Modelle mit extrem schiefen Daten zu schätzen, ist das "two-part-modeling". Dabei bekommen die Fälle mit den Werten, die überproportional auftreten (z.B. Fälle mit Null-Werten) ein eigenes Modell und eine eigene Schätzung. Alle anderen Fälle bekommen ein zweites eigenes Modell und auch eine eigene Schätzung. Beide Modellschätzungen müssen zum Nachweis eines stabilen Ergebnisses miteinander korrelieren bzw. ähnlich sein (Olsen/Schafer 2001).

Datenqualität und Messmodelle 145

ad: dichotome Indikatoren

Dichotome Indikatoren werden in der SEM-Analyse entweder dann benutzt, wenn Items nur mit zwei Ausprägungen gemessen wurden, oder wenn zwar umfangreichere Skalen eingesetzt wurden (z.B. 11er Skalen), diese aber zu bimodalen empirischen Werteverteilungen geführt haben und deshalb dichotomisiert werden müssen.

Generell sollten dichotome Indikatoren möglichst balanciert verteilt sein, d.h. jede ihrer beiden Ausprägungen sollte im (unwahrscheinlichen) Idealfalle jeweils nur ca. 50% aller Fälle betreffen, um Verzerrungen bei den Schätzungen möglichst gering zu halten.

Keineswegs sollten Modelle mit dichotomen Items auf der Basis von Pearsonsschen Korrelationskoeffizienten (bzw. seiner Variante für dichotome Variablen, dem Phi-Koeffizienten) geschätzt werden. Denn Simulationsstudien zeigen, dass dabei selbst bei balancierten Werteverteilungen (50%-50%) Verzerrungen von bis zu 200% entstehen können (Brown 2001).

Besser ist es, bei dichotomen Variablen polychorische bzw. tetrachorische Korrelationen zu benutzen und Modelle mit einem WLS-Verfahren zu schätzen. Allerdings stehen oftmals für eine klassische WLS-Schätzung nicht genügend große Fallzahlen zur Verfügung, um unverzerrte χ^2-Werte und unverzerrte Standardfehler zu erhalten. Deshalb sollte als WLS-Verfahren primär die Mplus-WLS-MV-Methode (a.a.O.) benutzt werden.

Eine bislang eher vernachlässigte Methode zur Nutzbarmachung von extrem schief oder bimodal (zweigipflig) verteilten Indikatoren für die SEM-Analyse ist die Konstruktion von Index-Indikatoren (a.a.O.). Denn die Verteilung von Index-Indikatoren kann durchaus einer Normalverteilung entsprechen, wenn die Verteilungen der Einzel-Indikatoren deutlich von der Normalverteilung abweichen. Allerdings entstehen auf diese Weise häufig Ein-Indikator-Messmodelle mit den beschriebenen Nachteilen (a.a.O.: Ein-Indikator-Messmodelle). Sollten jedoch genügend viele Indikatoren vorliegen, die auch bei Index-Bildung ein Mehr-Indikatoren-Messmodell ermöglichen, ist die Index-Bildung sicherlich ein geeignetes, alternatives Verfahren, um mit extrem schiefen oder zweigipfligen Werteverteilungen umzugehen.

4.5 Was ist bei Daten mit fehlenden Werten (missing data) zu tun?

Fehlende Werte können die Anzahl der zu analysierenden Fälle ganz erheblich reduzieren und somit auch das SEM-Schätzergebnis (Anpassungswerte, Parameterschätzwerte, Standardfehler) verfälschen.

Zur Bewertung der Relevanz von Fällen mit fehlenden Werten wird allgemein in der empirischen Forschung folgende Klassifikation benutzt:

MCAR (missing completely at random)

Fälle sind dann MCAR, wenn der fehlende Wert einer Variablen X nicht in Verbindung mit der tatsächlichen (und fehlenden) Ausprägung von X steht, und wenn der fehlende Wert auch nicht in systematischer Verbindung mit Werten von anderen Variablen steht, die ebenfalls im Datensatz vorhanden sind. Entsprechend der MCAR-Bedingung müssen also fehlende Werte absolut zufällig und unsystematisch entstehen. Wenn beispielsweise die Variable "Haushaltsnettoeinkommen" untersucht werden soll, und diese Variable auch Fälle mit fehlenden Werten enthält, dann besagt die MCAR-Annahme, dass diese Ausfälle weder von der tatsächlichen Höhe der Einkommens, noch von anderen Variablen wie z.B. Geschlecht, Alter, Bildung etc. abhängig sind. Leider trifft die MCAR-Annahme in der Empirie nicht allzu häufig zu.

MAR (missing at random)

Fälle sind dann MAR, wenn der fehlende Wert einer Variablen X zwar unabhängig von der tatsächlichen (und fehlenden) Ausprägung von X ist (wie auch bei MCAR), aber dennoch in Verbindung mit anderen Variablenwerten im Datensatz steht (anders als bei MCAR). Die MAR-Annahme ist somit weniger restriktiv als die MCAR-Annahme. Im o.g. Beispiel zum Haushaltsnettoeinkommen besagt die MAR-Annahme, dass die Ausfälle zwar weiterhin unabhängig von der Höhe des Einkommens sind, aber von anderen Variablen (Geschlecht, Alter, Bildung, etc.) abhängen können.

MNAR (missing not at random)

Fälle sind dann MNAR, wenn die Befragten, die einen gültigen Wert liefern, und diejenigen Befragten, für die kein Wert vorliegt, hinsichtlich vieler beobachteter Variablen gleich sind, sich jedoch in systematischer Weise hinsichtlich des Merkmals, für das bei vielen Befragten kein Wert vorliegt, unterscheiden. MNAR bedeutet, dass der fehlende Wert in X sowohl von der tatsächlichen (aber fehlenden) Ausprägung von X, als auch von anderen Variablen im Datensatz abhängig ist. Die MNAR-Annahme ist somit am wenigsten restriktiv im Vergleich zu den übrigen Annahmen. Im o.g. Einkommensbeispiel bedeutet die MNAR-Annahme, dass die Ausfälle sowohl von der Höhe des Einkommen (z.b. Ausfälle bei besonders hohen und besonders niedrigen Einkommen) als auch von anderen Variablen (Geschlecht, Alter, Bildung, etc.) abhängig sein können.

Die folgenden acht Techniken zum Umgang mit Fällen, die auch fehlende Variablenwerte aufweisen, können unterschieden werden.[31] Sie werden hier in einer Reihenfolge zunehmender Komplexität vorgestellt:

(1)   listenweiser Ausschluss (LD - listwise deletion)

Bei der klassischen LD-Technik wird ein kompletter Beobachtungsfall aus der Analyse ausgeschlossen, sobald in mindestens einer der Analysevariablen ein fehlender Wert vorliegt. Diese Technik ist nur möglich, wenn die MCAR-Annahme zutrifft. Sie erbringt manchmal unverzerrte Parameterschätzwerte, aber sie erbringt immer erhöhte Standardfehler.

(2)   paarweiser Ausschluss (PD - pairwise deletion)

Die PD-Technik besteht darin, dass separat für jedes Variablenpaar so viele gültige Fälle wie möglich (also Fälle, ohne fehlende Werte) zur Analyse herangezogen werden. Sie ist nur möglich, wenn die MCAR-Annahme zutrifft. Sie erfordert zumeist eine programm-separate Berechnung von Kovarianz- oder Korrelationsmatrix, die dann als Daten-Input in das jeweilige SEM-Programm eingeladen werden muss.

Da in diesem Falle die entsprechenden Matrixwerte auf unterschiedlichen Fallzahlen beruhen, kann es mit dieser Technik gravierende Konvergenzprobleme bei der Schätzung geben. Zudem können die Schätzwerte erheblich verzerrt sein.

(3)   einfache Imputation

Bei diesem Verfahren werden die fehlenden Werte durch plausible Werte ersetzt. Das gängigste Vorgehen ist dabei die sog. "mean substitution (MS)". Hierbei werden die fehlenden Werte durch die Mittelwerte der betreffenden Variablen ersetzt.

---
31   Vgl. dazu: Enders 2001; Kline 2011; Schafer/Graham 2002; Wiggins/Sacker 2002.

Die Mittelwerte werden auf der Basis der vorhandenen Werte ermittelt. Voraussetzung dafür ist, dass die MCAR-Annahme erfüllt ist.

Bei der "mean substitution (MS)" können die Parameterschätzungen deutlich verzerrt werden, weshalb diese Methode auch nicht unbedingt dem LD- oder PD-Vorgehen (s.o.) vorzuziehen ist.

Ein anderes Verfahren der einfachen Imputation ist das sog. "hot deck"-Verfahren, bei dem fehlende Werte durch die Angaben einer bestimmten Befragtengruppe ersetzt werden (z.b. von Befragten mit ähnlichen Antwortmustern). Auch bei diesem Verfahren können Parameterschätzwerte stark verzerrt sein.

(4) regressionsbasierte Schätzung (REG)

Dieses Verfahren ist u.a. auch im Programmpaket SPSS implementiert (missing values analysis). Die fehlenden Werte werden in der Fallgruppe, die keine fehlenden Werte aufweisen, über multiple Regressionsmodelle mit ausgewählten Prädiktoren geschätzt (zusätzlich können Zufallsfehler in die Schätzung hineingenommen werden). Als Voraussetzung ist MAR anzunehmen.

Die Ergebnisse sind im Vergleich mit den anderen hier vorgestellten Verfahren von mittlerer Qualität, aber auf jeden Fall der LD- und PD-Technik (s.o.) vorzuziehen (vgl. Wiggins/Sacker 2002)

(5) multiple Gruppenschätzung

Die Technik ist möglich, wenn die MAR-Annahme zutrifft. Das Verfahren ist eine ML-Schätzung und setzt eine multivariate Normalverteilung aller Daten voraus. Technisch betrachtet ist das Verfahren eine multiple Gruppenanalyse (a.a.O.).[32] Das Sample wird in einzelne Subgruppen eingeteilt, von denen jede Gruppe ihr eigenes Missing-Muster aufweist. Sodann werden die freien Parameter simultan in allen Gruppen geschätzt, wobei die Vorgabe gilt, das jeder zu schätzende Parameter in allen Gruppen mit einem identischen Wert geschätzt werden soll. Wenn der Chi-Quadrat-Differenzentest besagt, dass es signifikante Differenzen zwischen den Subgruppenschätzungen gibt, ist die MAR-Annahme nicht erfüllt.

Die Technik lässt sich nur einsetzen, wenn es nicht sehr viele Missing-Muster gibt. Ansonsten stößt sie schnell an Grenzen. Sie ist aber sowohl in genauidentifizierten als auch in überidentifizierten SE-Modellen möglich. Allerdings müssen bei Anwendung dieser Technik die Freiheitsgrade und die p-Werte für den Chi-Quadrat-Anpassungstest (a.a.O.) korrigiert werden.

---

32 Vgl. Allison 1987; Kline 2011.

Weitere Informationen zum multiplen Gruppenvergleich finden sich in Kap. 5.1.2 und in Kap. 6.2.

(6) EM-Ansatz (expectation maximization)

Die Technik ist auch möglich, wenn die MAR-Annahme nicht zutrifft, aber der Mechanismus zur Erzeugung von missings außerhalb der Variablen des analysierten Modells liegt. Das Verfahren ist eine ML-Schätzung und setzt eine multivariate Normalverteilung aller Daten voraus. Die Technik zielt darauf ab, dass fehlende Werte durch Schätzwerte ersetzt werden. Dazu ist ein zweistufiges iteratives Verfahren notwendig:

Im ersten Schritt werden fehlende Werte durch multiple Regressionsmodelle prognostiziert, bei der alle beobachteten Variablen als Prädiktoren benutzt werden. Im zweiten Schritt werden der Mittelwertvektor und die Kovarianzmatrix aller Variablen geschätzt und auf deren Basis neue Werte für die fehlenden Werte ermittelt.

Beide Schritte werden so lange wiederholt, bis die Differenzen zwischen den in jedem Durchgang ermittelten Kovarianzmatrizen sehr gering geworden sind. Die endgültig geschätzte Matrix wird dann zum Ausgangspunkt einer SEM-Analyse.

Nachteilig ist, dass die SEM-Schätzwerte, die auf der Basis dieser Kovarianzmatrix ermittelt werden, ihre Variabilität verlieren und keinen Zufallsfehler mehr aufweisen. Deshalb werden die Standardfehler (a.a.O.) negativ verzerrt und sollten zusätzlich über Bootstrapping-Verfahren (a.a.O.) ermittelt werden.

Das Verfahren ist u.a. auch im Programmpaket SPSS (missing value analysis) implementiert.

(7) multiple Imputation (MI)

Die Technik (auch als "data augmentation", DA, bezeichnet) setzt MAR und multivariate Normalverteilung voraus, aber sie erzeugt in der Praxis auch dann gute Ergebnisse, wenn die Daten stark von der Normalverteilung abweichen. Bei der multiplen Imputation werden mehrere Analysedurchgänge mit simulierten unterschiedlichen Imputationen durchgeführt (i.d.R. reichen 10 bis 20 Imputationsdurchgänge) und die Parameterschätzwerte sowie deren Standardfehler werden dann als arithmetische Mittel aus allen Durchgängen berichtet.

Das Verfahren kann vor der eigentlichen SEM-Analyse in einem ersten Schritt mit einem selbstständigen Programm (genannt: NORM, ein anderer Algorithmus ist EMCOC) durchgeführt werden (freeware: www.stat.psu.edu/~jls/misoftwa.html). Das Verfahren der multiplen Imputation ist auch in der SEM-Software Mplus direkt implementiert.

Die nach Anwendung der multiplen Imputation mit ML-Verfahren geschätzten Parameter und Standardfehler erreichen fast die Qualität von FIML-basierten (s.u.) Schätzungen (vgl. Wiggins/Sacker 2002).

(8)   FIML-Ansatz (full information maximum likelihood)

Die Technik wird von verschiedenen Softwarepaketen (u.a. Mplus, AMOS und MX) angeboten.[33] Sie ist auch dann einsetzbar, wenn nur die MAR-Annahme zutrifft. Das Verfahren ist eine ML-Schätzung und setzt eine multivariate Normalverteilung aller Daten voraus.

Im Schätzverfahren wird fallweise, also separat für jeden Fall, der Likelihood-Wert für die beobachteten Daten ermittelt, wobei in die Likelihood-Funktion (die es zu maximieren gilt) alle Daten einbezogen werden, die für den jeweiligen Fall vorliegen. Der Wert einer Diskrepanzfunktion über alle Fälle wird dann dadurch ermittelt, dass die individuellen Likelihood-Funktionswerte aufaddiert werden.

Der FIML-Ansatz ist sowohl in genau-identifizierten als auch in überidentifizierten Modellen möglich. Allerdings liefert die FIML Log-Likelihood-Funktion keinen Minimalwert und der Chi-Quadrat-Wert muss deshalb auf einem alternativen, eher ungewöhnlichen Weg ermittelt werden. Zudem können verschiedene Fit-Indizes nicht kalkuliert werden (vgl. Kline 2011).

In Simulationsstudien hat der FIML-Ansatz seine Überlegenheit gegenüber den anderen, hier vorgestellten Methoden nachgewiesen. Insbesondere wenn hohe MAR-Raten in Kombination mit nicht-normalverteilten Daten vorliegen, sind die FIML-Parameterschätzungen weniger verzerrt und gleichzeitig effizienter als die Schätzergebnisse, die bei Einsatz anderer Techniken erzielt werden können (Enders 2001).

Allerdings sollten zusätzlich stets auch Bootstrapping-Methoden (vor allem das modifizierte Bollen-Stine-Bootstrapping, a.a.O.) oder robuste bzw. reskalierte Chi-Quadrat-Statistiken (Satorra-Bentler-Reskalierung, a.a.O.) eingesetzt werden, weil ansonsten die geschätzten Standardfehler (a.a.O.) stark negativ verzerrt werden und die Zurückweisungsraten von Modellschätzungen inflationiert werden (Enders 2001).

---

33   Im Softwarepaket Mplus ist die FIML-Technik auch für die WLSMV-Schätzung (a.a.O.) implementiert (als Voreinstellung).

Datenqualität und Messmodelle 151

4.6 Wie können Daten, die eine Mehrebenenstruktur aufweisen, analysiert werden?

Eine unverzerrte Schätzung der freien Parameter von SE-Modellen setzt voraus, dass die zu analysierenden Daten unabhängig voneinander verteilt sind. Diese Voraussetzung, die auch als Bedingung der "Unabhängigkeit zwischen Beobachtungsfällen" bezeichnet wird, ist nicht erfüllt, wenn die zur Verfügung stehenden Daten eine explizite Mehrebenenstruktur aufweisen.

Dies ist z.B. dann der Fall, wenn Schulleistungen von Schülern untersucht werden sollen und diese Schüler in verschiedenen Klassenverbänden unterrichtet werden. Denn dann werden sich bestimmte Merkmale der Schüler einer bestimmten Klasse (z.B. ihre Mathematik-Kompetenz) ähnlicher sein als die Merkmale von Schülern, die nicht in ein und derselben Klasse, sondern in unterschiedlichen Klassen unterrichtet werden.

Weitere Beispiele für eine Nicht-Unabhängigkeit von Beobachtungsfällen sind Daten aus Erhebungen, die in verschiedenen Unternehmen stattfinden, oder Daten aus Erhebungen, bei denen stets alle Familienmitglieder in die Befragung einbezogen werden.

In allen diesen Beispielen werden sich die Messergebnisse von Fällen aus derselben Gruppe ähnlicher sein als die Messergebnisse von Fällen, die zu unterschiedlichen Gruppen gehören. Mithin werden die Ausprägungen dieser Daten auch von Einflüssen bestimmt sein, die auf einer Makroebene angesiedelt sind (z.B. auf Unternehmensebene oder Familienebene). Diese Makroeffekte können für Variationen und Kovariationen zwischen einzelnen Fällen verantwortlich sein und können verhindern, dass die Beobachtungsfälle, wie statistisch erwünscht, unabhängig voneinander variieren.

Wenn die Daten für eine SEM-Analyse eine Mehrebenenstruktur aufweisen, so sollte diese bei der SEM-Schätzung berücksichtigt werden, da ansonsten die Fit-Statistiken, die Parameterschätzungen und die Schätzungen der Standardfehler verzerrt werden (Julian 2001).

Zur Berücksichtigung von Mehrebenen-Datenstrukturen stehen in der SEM-Analyse prinzipiell drei verschiedene Verfahren zur Verfügung:

(a)   Modelle mit multiplen Gruppenvergleichen (a.a.O.)

Bei dieser Modellierung, auch "multisample analysis" genannt, wird für jede Ausprägung einer höheren (überindividuellen) Ebene ein separates Modell spezifiziert (also z.B. bei Schülern aus drei Parallelklassen je ein Modell für jede einzelne

Klasse) und werden sodann in einer integrierten SEM-Analyse (hier also: mit allen drei Schulklassen) mittels fest definierter Constraints gleiche Schätzungen in allen Modellen erzwungen, die auch simultan geschätzt werden. Voraussetzung für diese Strategie ist allerdings, dass nur wenige Gruppen zu unterscheiden sind und die Fallzahlen (a.a.O.) zur Schätzung eines jeden Teilmodells genügend groß sind.

(b)   Modelle mit Gruppenindikatoren

Für jede Ebenenausprägung wird eine Dummy-Variable als exogene Variable im Modell spezifiziert, die die partiellen Effektschätzungen als zusätzliche Kontrollvariable für alle endogen-abhängigen Variablen auch zusätzlich korrigiert (vgl. auch MIMIC-Modelle, a.a.O.). Diese Strategie ist allerdings nur praktikabel, wenn nicht allzu viele Makroeinheiten existieren und wenn genügend Fälle zur Verfügung stehen, um die erhöhte Anzahl von freien Modellparametern robust schätzen zu können.

(c)   Mehrebenen-Modellierung

Bei dieser Strategie werden in einer einzigen SEM-Schätzung simultan Modelle zu den Kovarianzstrukturen zwischen und innerhalb von Gruppen geschätzt. Dabei wird analysiert, ob sich die Varianz der Beobachtungen in einen signifikanten Teil, der innerhalb der Gruppen entsteht, und in einen signifikanten Anteil, der durch Unterschiede zwischen den Gruppen entsteht, aufteilen lässt. Dies wäre z.B. dann möglich, wenn Schüler untersucht werden, die unterschiedliche Schulklassen besuchen. Dann könnte die Varianz der Beobachtungen durch Unterschiede innerhalb der Schulklassen und/oder durch Unterschiede zwischen den Schulklassen verursacht werden.

Die Durchführung von Mehrebenen-SEM-Analysen wird in den folgenden Veröffentlichungen besonders gut beschrieben und erläutert: Byrne 2006; Christ/Schlüter 2012; Heck 2001; Heck/Thomas 2009; Hox 2010; Kaplan/Elliott 1997; Kline 2011.

(d)   "multilevel dyadic structural equation models" (Newsom 2002)

An dieser Stelle soll auch noch auf eine eher ungewöhnliche Anwendung von Mehrebenen-Modelanalysen aufmerksam gemacht werden. Denn Mehrebenen-Modellierungen eignen sich auch besonders gut zur Analyse von Personendaten, in denen einzelne Personen in einer besonderen Beziehung zueinander stehen und z.B. eine sogenannte "Dyade" bilden. Dazu gehören z.B. Daten aus Befragungen, bei denen sowohl Eltern als auch deren Kinder oder sowohl Ärzte als auch deren Patienten befragt wurden. Denn bei solchen Befragungen entstehen in den Daten zusätzliche Mehrebenen-Strukturen, die durch strukturelle Paarbeziehungen zwischen einzelnen Beobachtungsfällen gebildet werden. Deshalb werden zwischen den Fällen, die ein Paar bzw. eine Dyade bilden, zusätzliche Kovariationen zu beobachten sein, die zwischen Personen, die nicht zu der gleichen Dyade gehören, nicht entstehen können.

Zur Analyse dieser Daten können "multilevel dyadic structural equation models" (MDM) eingesetzt werden. Diese MD-Modelle werden analog zu latenten Wachstumskurvenmodellen spezifiziert (a.a.O.), wobei sie als "intercept-only model" (mit nur einem einzigen latenten Faktor, nämlich mit Intercept-Faktor) oder als "difference model" (mit einem Intercept-Faktor und einem Slope-Faktor) konstruiert werden können.

Beide MD-Modelltypen sind als Ein-Indikator- oder Mehr-Indikatoren-Modelle (analog zum latenten Wachstumskurvenmodell, a.a.O.) möglich. Die Varianz des Intercept-Faktors schätzt dann immer die Variabilität zwischen den Dyaden und kann auf Signifikanz getestet werden. Die Varianz innerhalb der Dyaden ergibt sich aus der Varianz der Residuen aller Indikatoren (im Ein-Indikator-Modell) oder als Varianz der Disturbances (im Mehr-Indikatoren-Modell)[34] und ist auch hinsichtlich ihrer Signifikanz zu untersuchen.

Zusätzlich können in MD-Modellierungen auch die durchschnittlichen Werte für alle Dyaden (als latenter Mean des Intercept-Faktors) und der durchschnittliche Wert für Differenzen innerhalb der Dyaden (als latenter Mean des Slope-Faktors, allerdings nur in MDMs, die als Differenzenmodell spezifiziert werden[35]) berechnet werden.

Natürlich können der durchschnittliche Wert von Dyaden (Intercept-Faktor) und die durchschnittliche Differenz in Dyaden (Slope-Faktor) auch selbst wiederum als abhängige Größen analysiert werden. So kann z.B. untersucht werden, ob in einem Datensatz der aus Mutter-Kind-Dyaden besteht, ein signifikanter Effekt vom Haushaltseinkommen auf die Dyaden-Faktoren ausgeht.

---

34 Um jeweils nur eine Varianzschätzung zu erhalten, werden die Varianzen der Residuen bzw. die Varianzen der Disturbances als identisch spezifiziert (mit einem entsprechenden Constraint).
35 Aus Identifikationsgründen sind das in der Regel nur Mehr-Indikatoren-Modelle (a.a.O.).

4.7 Was sind Messmodelle höherer Ordnung?

In sozialwissenschaftlichen Theorien werden latente Konstrukte häufig in unterschiedliche theoretische Dimensionen unterteilt (und manchmal werden zusätzlich auch noch weitere Subdimensionen definiert). So können beispielsweise beim Konstrukt "Umweltbewusstsein" die vier Dimensionen: "Umweltwissen", "umweltbezogene Wertorientierung", "Umwelteinstellung" und "umweltbewusste Verhaltensabsicht" unterschieden werden.

Solche theoretischen Modelle, in denen Konstrukte mit mehreren theoretischen Dimensionen enthalten sind, lassen sich in Form von Messmodellen höherer Ordnung in SE-Modellen umsetzen. Im o.g. Beispiel wäre dann Umweltbewusstsein ein latentes Konstrukt zweiter Ordnung, während "Umweltwissen", "Umwelteinstellung" und die anderen Teilkonstrukte als Konstrukte erster Ordnung in die SEM-Analyse einzubeziehen wären.

Das Besondere an Messmodellen höherer Ordnung ist, dass nur die Konstrukte erster Ordnung über manifeste Indikatoren operationalisiert werden müssen (vgl. Abb. 4.5).

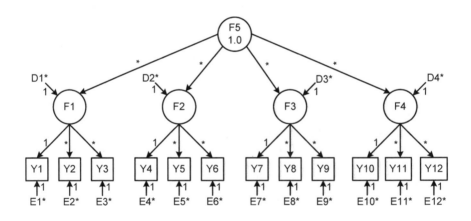

Abbildung 4.5: Messmodell zweiter Ordnung

Abbildung 4.5 zeigt ein SE-Modell mit vier Faktoren erster Ordnung (F1-F4) und mit einem Faktor zweiter Ordnung (F5). Der Faktor F5 (2. Ordnung) repräsentiert ein theoretisches Oberkonstrukt, das den Faktoren F1-F4 (1. Ordnung) gemeinsam zugrunde liegt.

Damit ein Messmodell höherer Ordnung empirisch getestet werden kann, muss sowohl die Ebene der Konstrukte erster Ordnung (Ebene 1) als auch die Konstrukt-Ebene zweiter Ordnung (Ebene 2) statistisch identifiziert sein.

Zur Identifikation eines Messmodells mit einem einzigen Faktor auf Ebene 2 (so wie in Abb. 4.5 dargestellt) sind drei Konstrukte erster Ordnung notwendig, damit dieses Messmodell genau identifiziert ist. Dementsprechend werden mindestens vier Konstrukte erster Ordnung gebraucht, um eine Überidentifikation auf Ebene 2 zu erreichen (was auch den Regeln zur Identifikation von einfachen Messmodellen entspricht, a.a.O.: Identifikation). Demnach ist der Faktor zweiter Ordnung in Abbildung 4.5 überidentifiziert, denn das Modell kann auf Ebene 2 zehn Informationseinheiten nutzen, die sich aus den vier Faktoren erster Ordnung ergeben (Berechnungsregel: $4\times(4+1)/2 = 10$, a.a.O.: t-Regel), und es enthält acht zu schätzende Parameter. Mithin ist das Messmodell auf Ebene 2 überidentifiziert und weist zwei Freiheitsgrade auf ($df_{Ebene2} = 10 - 8 = 2$).[36]

Wenn in einem Messmodell höherer Ordnung nicht nur, wie hier gezeigt, ein einziges Konstrukt zweiter Ordnung enthalten ist, sondern wenn die zweite Ebene zwei oder mehr korrelierte Faktoren umfasst (vgl. Abb. 4.6), reicht es für eine Überidentifikation auf Ebene 2 aus, wenn jeweils nur zwei Faktoren erster Ordnung den Konstrukten zweiter Ordnung zugeordnet werden (Rindskopf/Rose 1988: 55).

Um in höheren Messmodellen zusätzliche Freiheitsgrade zu gewinnen (und um damit z.B. vorhandene Identifikationsprobleme zu beseitigen), ist es möglich, zusätzliche Gleichheitsannahmen (equality constraints) im Modell zu spezifizieren. Auf diese Weise können für die Modellschätzung bestimmte Faktorladungen oder Fehler(Disturbance)-Varianzen gleichgesetzt werden, sodass für zwei oder mehr freie Parameter nur ein einziger Wert geschätzt werden muss (vgl. das Beispiel in Byrne 2006: 169f).

Zusätzlich zu den oben skizzierten Identifikationsproblemen können noch weitere Probleme bei der empirischen Identifikation von Messmodellen höherer Ordnung auftreten. Diese können z.B. dadurch entstehen, dass ein Faktor zweiter Ordnung einen Effekt von nahe null auf den Faktor erster Ordnung hat, oder dass mehrere Faktoren zweiter Ordnung mit einer Korrelation nahe null oder nahe eins zusammenhängen.

---

36 Auch das in Abbildung 4.5 dargestellte Gesamtmodell ist überidentifiziert. Es hat 78-28=50 Freiheitsgrade ($df_{Gesamtmodell}$).

Im ersten Falle, bei dem sich ein Effekt zwischen den Faktoren zweiter und erster Ordnung als gering (oder als nicht-signifikant) erweist, sollte die spezifizierte Struktur höherer Ordnung überdacht werden und ggfs. eine alternative Modellierung getestet werden. Denn generell gilt, dass analog zur Daumenregel bezüglich der Höhe standardisierter Faktorladungen zwischen Konstrukten erster Ordnung und Indikatoren (a.a.O.: Faktorladungen) auch zwischen Faktoren zweiter und erster Ordnung eine standardisierte Beziehung von mindestens 0,5 geschätzt werden sollte (allerdings werden in der Forschungspraxis auch häufig standardisierte Effektbeziehungen unterhalb von 0,50 bei der Konstruktion von Messmodellen höherer Ordnung akzeptiert).

Damit ein Messmodell zweiter Ordnung identifiziert und damit auch statistisch geschätzt werden kann, muss es in einer bestimmten Weise spezifiziert bzw. konstruiert werden. Dazu gibt es zwei Möglichkeiten:

Die erste Möglichkeit besteht darin, einen Effekt des Konstrukts zweiter Ordnung auf ein Konstrukt erster Ordnung auf einen Wert von „1.00" zu fixieren (ganz analog zur Identifikation von Konstrukten erster Ordnung mittels Fixierung einer Faktorladung, a.a.O.: Identifikation).

Alternativ dazu kann die Varianz des Faktors zweiter Ordnung auf einen Wert von "1.00 " fixiert werden, was einer Standardisierung des Faktors gleich kommt.

Im Beispiel von Abbildung 4.5 wird die zweite Strategie angewendet. Aber wann ist welche Strategie zu bevorzugen? Folgende Entscheidungsregeln können evtl. weiterhelfen:

(-) Richtet sich das theoretische Interesse des Anwenders vor allem auf die Beziehungen zwischen den Faktoren zweiter und erster Ordnung, dann sollte eine Fixierung der Varianz vorgenommen werden (solange die nachfolgenden Situationen nicht gegeben sind).

(-) Wird ein Faktor höherer Ordnung in einem SE-Modell als abhängige Variable modelliert (z.B. im Zuge eines Hypothesentests), so kann dessen Varianz nicht auf 1 fixiert werden und die erste, oben genannte Strategie ist anzuwenden.

(-) In Multigruppenanalysen und anderen SE-Modellierungen, die von der Problematik von Standardisierungen (a.a.O.) betroffen sein können, ist von der Fixierung der Faktorvarianz abzuraten (vgl. auch Kline 2011: 250).

(-) Zur Identifikation von Faktoren erster Ordnung ist in jedem Fall pro Faktor eine unstandardisierte Faktorladung auf "1" zu fixieren, da diese Faktoren abhängige Variablen sind und daher deren Varianz nicht fixiert werden kann.

Neben den erwähnten Identifikationsproblemen können SE-Modelle höherer Ordnung auch häufig Fit-Probleme verursachen. Diese sind umso wahrscheinlicher, je mehr Kausaleffekte zwischen den Faktoren unterschiedlicher Ordnung spezifiziert werden. Denn ein Messmodell höherer Ordnung impliziert immer, dass die Konstrukte niedrigerer Ordnung von keinen anderen Variablen als den ihnen zugeordneten Faktoren höherer Ordnung beeinflusst werden. Dies erweist sich allerdings empirisch häufig als falsch. Inwiefern dann einzelne Effekte zugelassen werden sollen, die die hierarchische Struktur von Messmodellen höherer Ordnung verletzen, ist vor allem eine Frage der theoretischen Modellierung und der theoretisch-substanziellen Begründbarkeit solcher Effekte.

Wie oben verdeutlicht, können Messmodelle höherer Ordnung insbesondere zur statistischen Analyse von mehrdimensionalen theoretischen Konstrukten eingesetzt werden. Sie sind aber auch immer dann sinnvoll, wenn mehrere Faktoren erster Ordnung sehr hoch miteinander korrelieren und somit zu vermuten ist, dass diese Faktoren sehr ähnliche empirische Sachverhalte messen. In so einem Fall kann es angemessen sein, eine Modellstruktur höherer Ordnung einzuführen und auf diese Weise die einzelnen Faktoren als Dimensionen eines gemeinsamen Oberkonstrukts explizit zu modellieren.

Eine weitere Variante einer SEM-Analyse mit Messmodellen höherer Ordnung sind die sog. "latenten State-Trait-Modelle". Sie werden zur Auswertung von Längsschnittdaten eingesetzt (a.a.O.). Dabei werden latente Konstrukte (wie z.B. Einstellungen) zu verschiedenen Zeitpunkten als situationsspezifische latente State-Konstrukte (Konstrukte erster Ordnung) modelliert und es wird angenommen, dass diesen ein übergeordneter Trait-Faktor (Konstrukt zweiter Ordnung), der die generalisierte stabile Einstellung oder Persönlichkeitseigenschaft etc. messen kann, zugrunde liegt (vgl. hierzu ausführlich Geiser 2010: Kap. 4.1 und 4.2).

Messmodelle höherer Ordnung können auch zur Spezifikation von SE-Modellen mit methoden-induzierten Faktoren sinnvoll sein. Zwar können diese auch mit separaten Methodenfaktoren (a.a.O.) oder mit MTMM-Modellen (a.a.O.) konstruiert werden, jedoch machen diese Modelle oftmals einigen Ärger in der ML-Schätzung (a.a.O.) und führen zu nicht lösbaren Konvergenzproblemen. In diesen Fällen können Messmodelle mit methoden-induzierten Faktoren einen Ausweg eröffnen. Diese Modelle sind z.B. dann möglich, wenn in einem Erhebungsinstrument mehrere Konstrukte jeweils mit positiv und negativ formulierten Items erhoben wurden (etwa mit dem Ziel, eine mögliche Akquieszenz zu kontrollieren), und sich dann in der SEM-Analyse herausstellt, dass pro Konstrukt die negativen und positiven Items zusätzlich auf separaten eigenen Faktor erster Ordnung laden.

Abbildung 4.6 verdeutlicht eine solche Struktur. In dem dargestellten Modell gibt es zwei substanziell definierte Faktoren zweiter Ordnung (F3 und F6) deren jeweils sechs Indikatoren in zwei Gruppen aufgeteilt werden (mit je positiv und negativ formulierten Items), denen jeweils zwei separate Faktoren erster Ordnung zugeordnet werden (F1/F2 und F4/F5).

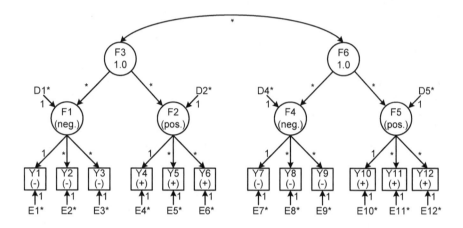

Abbildung 4.6: Messmodell zweiter Ordnung mit zwei substanziell bestimmten Faktoren zweiter Ordnung (F3 und F6) und mit jeweils zwei methoden-induzierten Faktoren erster Ordnung (F1/F2 und F4/F5)

5 Spezielle Varianten der SEM-Analyse

5.1 Welche SE-Modelle können zur Längsschnittanalyse mit Paneldaten eingesetzt werden?

Für SEM-Längsschnittanalysen mit Paneldaten stehen eine Vielzahl von unterschiedlichen SE-Modelltypen zur Verfügung. Im Folgenden werden nur einige wenige dieser Modelle in äußerst knapper Form vorgestellt.[1] Zusätzlich wird in einem eigenständigen Kapitel ein immer beliebter werdendes SE-Längsschnittmodell, das sogenannte "latente Wachstumskurvenmodell" (a.a.O.), etwas ausführlicher erläutert.

In all diesen Modellierungen ist zu berücksichtigen, dass Längsschnittanalysen, bei denen Mehr-Indikatoren-Messmodelle benutzt werden sollen, immer sicherstellen müssen, dass die Faktorstrukturen der Messmodelle über die Zeit hinweg konstant bleiben. Hinweise dazu werden im folgenden Kapitel 5.1.2 "Faktorinvarianz in SEM-Längsschnittanalysen/ Gruppenvergleichen" gegeben.

ad: Autoregressive Modelle (n-ter Ordnung)

Autoregressive Modelle werden auch als "Quasi-Simplex-Modelle" oder "Markov-Simplex-Modelle" bezeichnet. Mit diesen Modellen können zeitliche Veränderungen von Faktoren in einem Ein-Indikator- oder einem Mehr-Indikatoren-Messmodell analysiert werden. Dabei führen die autoregressiven Modelle die Veränderungen in den Faktorwerten zu einem Zeitpunkt t auf Einflüsse der davor liegenden Werte des gleichen Faktors zum Zeitpunkt t-1 zurück. Jeder Faktor wird nur vom unmittelbar vorausgehenden Faktor und keinem weiteren Faktor beeinflusst. Da aber jeder abhängige Faktor auch noch von einer Residualgröße bestimmt wird, handelt es sich um "Quasi"-Simplex-Modelle und um keine reinen Simplex-Modelle.

Zusätzlich können auch noch verschiedene Varianten von autoregressiven Modellen unterschieden werden. So ist es z.B. möglich, eine Abhängigkeitsstruktur zwischen den zeitspezifischen Zufallsmessfehlern oder den Faktorfehlern zu spezifizieren. Durch die Spezifikation von Korrelationen zwischen den

---

1   Vgl. ausführlicher: Biesanz 2012; Sivo 2001; Sivo/Willson 2000.

Messfehlern desselben Indikators über die Zeit hinweg (sog. "diachrone Messfehlerkorrelationen", a.a.O.) kann auch Autokorrelation berücksichtigt und deren Ausmaß ermittelt werden (gemessen an der Höhe der geschätzten Korrelationen). Alternativ dazu kann auch eine Kausalstruktur zwischen den Residuen (anstatt Korrelationen) modelliert werden (z.B. "moving average"-Modelle oder autoregressive "moving-average"-Modelle). Bei diesen Modellen wird ein Messfehler zum Messzeitpunkt t in kausaler Abhängigkeit von Messfehlern vorhergehender Zeitpunkte (z.B.: t-1) modelliert.[2]

Handelt es sich bei den analysierten Effekten stets um solche Einflüsse, die ihren Ursprung zum Zeitpunkt t-1 genommen haben, dann sind die Modelle von 1-ter Ordnung. Werden auch weiter zurückliegende Effektquellen zugelassen, erhöht sich der Ordnungswert des Modells (bei t-2 erhält man ein Modell 2. Ordnung bei; bei t-3 von 3. Ordnung usw.). Direkte Effekte in Modellen höherer Ordnung, die über mehrere Zeitabschnitte hinweg reichen und dabei einen oder mehrere Messzeitpunkte überspringen, wie z.b. ein direkter Effekt von F(t1) auf F(t3), werden auch "schlafende Effekte" genannt, da sie niemals zum nächst möglichen Zeitpunkt (hier: t2) sondern immer erst mit (teilweise beträchtlicher) Zeitverzögerung wirken.

Ein Spezialfall autoregressiver Modelle sind sog. kreuzverzögerte Autoregressionsmodelle (cross-lagged autoregressive models). Abbildung 5.1 zeigt beispielhaft ein solches latentes cross-lagged autoregressives Modell mit zwei Faktoren über drei Zeitpunkte hinweg, das auch diachrone Messfehlerkorrelationen (a.a.O.) aufweist.

Mit Hilfe solcher Modelle lassen sich wichtige Fragen bei Tests der kausalen Relation zwischen theoretischen Konstrukten beantworten. Es lässt sich damit z.B. abklären, ob Autoritarismus (F1) zu Ausländerfeindlichkeit (F2) führt, oder ob diese Wirkungskette eher umzudrehen ist. Das abgebildete Modell kann dazu beitragen, solche Fragen zu beantworten: Sollte die "wahre" Kausalstruktur F1→F2 lauten, so dürften sich nur für diese Relation statistisch signifikante Effekte vorfinden lassen, und für die umgekehrte Richtung F2→F1 sollten dann keine signifikanten Effekte auftreten. Gleichzeitig kontrolliert das Modell autoregressive Kausaleffekte desselben Konstrukts über die Zeit hinweg, also z.B. die Kausaleffekte F1(t1)→F1(t2)→F1(t3). Daher eignen sich kreuzverzögerte Autoregressionsmodelle ideal zur Modellierung von kausalen Längsschnittanalysen.

Vorsicht ist jedoch bei der Interpretation von autoregressiven Effekten eines Faktors über die Zeit hinweg geboten. Denn diese Effekte sind nicht im klassi-

---

2 Vgl. dazu Biesanz 2012; Sivo 2001; Sivo/Willson 2000.

schen Sinne als Pfadkoeffizienten sondern nur als Stabilitätskoeffizienten (a.a.O.) zu interpretieren. Geschieht dies nicht, entstehen unzulässige Schlussfolgerungen.

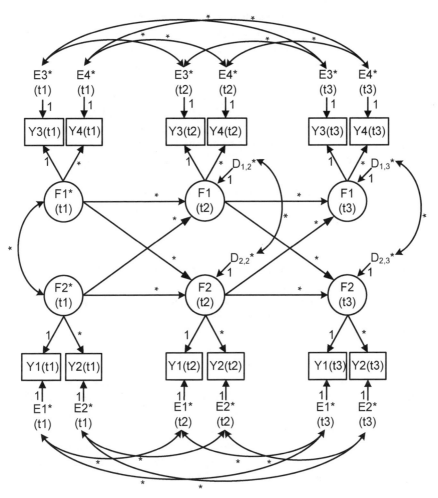

Abbildung 5.1: Ein cross-lagged autoregressives Kausalmodell erster Ordnung mit diachronen Messfehlerkorrelationen

ad: Ein-Faktor-Längsschnittmodelle

Die Ein-Faktor-Längsschnittmodelle sind die großen Konkurrenten von Autoregressions-Modellen. Ihre Grundannahme lautet: Jeder Messwert einer Messreihe ist Ausdruck eines einzigen, für den gesamten Beobachtungszeitraum gültigen Faktors plus eines zeitspezifischen Zufallsmessfehlers, der im klassischen Ein-Faktor-Längsschnittmodell nicht mit den Messfehlern von anderen Zeitpunkten korreliert (Sivo/Willson 2000).

Diese Grundannahme bestimmt auch die Grundstruktur eines jeden Ein-Faktor-Längsschnittmodells. In diesen Modellen wird jeder empirische Messwert durch eine frei zu schätzende Faktorladung von dem einzigen Faktor der Zeitreihe bestimmt. Dieser Faktor beeinflusst somit alle Indikatoren der Zeitreihe. Hinzu kommen bei jedem Indikator die Effekte unkorrelierter, zufälliger Indikatoren-Messfehler.

Haben die Ein-Faktor-Längsschnittmodelle mehrere Indikatoren pro Beobachtungszeitpunkt, so mutieren sie zu Faktormodellen höherer Ordnung.

ad: Modelle zur Analyse von Veränderungsprozessen (Vorher-Nachher-Modelle)

Veränderungsprozesse werden oftmals als Prozesse des sozialen Wandels zwischen zwei Zeitpunkten verstanden. Für die SEM-Analyse eines solchen Veränderungsprozesses stehen typischerweise die Paneldaten des Zeitpunkts t1 (vorher) und des Zeitpunkts t2 (nachher) zur Verfügung, und es wird angenommen, dass der Veränderungsprozess zwischen t1 und t2 stattfindet.

In der Literatur wird darauf hingewiesen, dass sich solche Veränderungsprozesse mit Hilfe von latenten Strukturmodellen in Form von Vorher-Nachher-Modellen besser abbilden lassen als mit Hilfe von Differenzen-Modellen (sog. "change score models" oder "difference score models", a.a.O.: Modelle mit Differenzwerten) oder mit Hilfe von Autoregressionsmodellen, bei denen die Nachher-Variablen als abhängige Variablen bestimmt werden.

Der Vorteil gegenüber autoregressiven Modellen ist dabei, dass die Veränderungsrate selbst als latente Variable geschätzt werden kann. Interessiert also die Veränderungsrate und nicht der Test der Kausalstruktur zwischen latenten Faktoren, dann bieten diese Modelle eine gute Alternative zu den oben vorgestellten Modellen. Zudem eröffnen die Vorher-Nachher-Strukturmodelle eine einfache Möglichkeit, Zusammenhänge zwischen den Veränderungsraten und weiteren Drittvariablen im gleichen Modell zu untersuchen. Sie schließen dabei eine Vielzahl von möglichen Fehlerquellen aus, die in anderen Modelle die Ergebnisse verzerren könnten (vgl. Cribbie/Jamieson 2000).

In welcher Weise ein SE-Modell zur Analyse von Veränderungsprozessen spezifiziert werden kann und gleichzeitig Korrelationen des Wandels zu Drittvariablen zu bestimmen sind, zeigt Abbildung 5.2 (nach Cribbie/Jamieson 2000).[3]

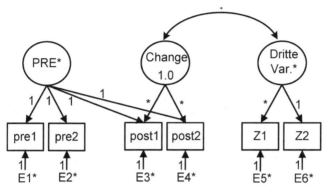

Abbildung 5.2: Grundstruktur eines Vorher-Nachher-SE-Modells

5.1.1 Stabilitätskoeffizienten in SEM-Längsschnittanalysen

In vielen SEM-Längsschnittanalysen werden Kovarianzen zwischen den Ausprägungen eines gleichbleibenden Faktors oder Indikators untersucht, der zu unterschiedlichen Zeitpunkten gemessen wurde und dessen Daten in Form von Paneldaten für die Analyse aufbereitet werden. Das gilt z.B. auch für die oben skizzierten Simplex- und Autoregressionsmodelle (a.a.O.).

So können z.B. in einer SEM-Längsschnittanalyse spezielle Pfadbeziehungen zwischen Faktoren, deren Indikatoren zum Zeitpunkt t_k, zum Zeitpunkt t_{k+1} und zum Zeitpunkt t_{k+2} erhoben wurden, berechnet werden. Dann berichten die geschätzten Pfadkoeffizienten (a.a.O.) über die zeitliche Stabilität von interindividuellen Differenzen (s.u.) und dürfen nicht entsprechend des klassischen pfadanalytischen Musters interpretiert werden. In autoregressiven Modellen dürfen die Werte von Pfadkoeffizienten nicht als Maß für die Richtung und Stärke von

---

3   Im nachfolgenden Kapitel 5.1.4, in dem es um latente Wachstumskurvenmodelle geht, werden wir eine spezielle Variante dieser Vorher-Nachher-Modelle noch ein wenig genauer betrachten.

Effekten gedeutet werden. Stattdessen müssen diese Pfadkoeffizienten unbedingt als Stabilitätskoeffizienten interpretiert werden. Was bedeutet das?

Stabilitätskoeffizienten berichten nicht über die Stärke und Richtung von Effekten, sondern sie informieren über das Ausmaß von Übereinstimmung zwischen der Rangordnung von Beobachtungsfällen auf einer Variablenskala zum Zeitpunkt t_1 und der Rangordnung der gleichen Beobachtungsfälle zum Zeitpunkt t_2. Sie berichten mithin über die Konstanz von interindividuellen Differenzmustern im Zeitverlauf. Dies sei an einem Beispiel verdeutlicht (vgl. dazu Abb. 5.3).

Wenn fünf Personen (Gruppe 1) zu einem ersten Beobachtungszeitpunkt (t1) den Einstellungswert "1" aufweisen und weitere fünf Personen (Gruppe 2) zum ersten Beobachtungszeitpunkt (t1) den Einstellungswert "2" aufweisen, und wenn dann zu einem zweiten Beobachtungszeitpunkt (t2) alle Mitglieder von Gruppe 1 einen Einstellungswert von "2" und alle Mitglieder von Gruppe 2 einen Einstellungswert von "3" aufweisen, dann bleibt die Werteordnung zwischen den Mitgliedern innerhalb und außerhalb der Gruppen gleich (vgl. dazu Abb. 5.3a).

In einer SEM-Autoregressionsanalyse ergäbe sich dann ein maximaler Stabilitätskoeffizient von 1.00, denn auch die Abstände zwischen den Werten (und damit die Verteilungsform) hätten sich im Zeitverlauf nicht geändert. Und wenn ein Koordinatensystem aus den t1-Werten (X-Variable) und den t2-Werten (Y-Variable) gebildet würde, ließe sich der Stabilitätskoeffizient auch als Steigungskoeffizient (b=+1,00) derjenigen Geraden verstehen, auf der alle Beobachtungswerte anzusiedeln wären (vgl. dazu Abb. 5.3a).

Ein Stabilitätskoeffizient von 1.00 ergäbe sich aber auch, wenn die Einstellungswerte konstant blieben (vgl. Abb. 5.3d: t_1: 1/3; t_2: 1/3) oder wenn sich die Einstellungswerte verkleinerten und dabei die relative Ordnung zwischen den Personen nicht verändert würde sowie gleichzeitig die Verteilungsform nicht variierte (vgl. Abb. 5.3b: t_1: 3/2; t_2: 2/1).

Nur wenn sich die Werteordnung in ihr komplettes Gegenteil verkehrte, erbrächte der Stabilitätskoeffizient einen negativen Wert von -1.00 (vgl. Abb. 5.3c: t_1: 1/3; t_2: 3/1).

Und wenn es keinerlei Systematik des Übergangs vom ersten zum zweiten Beobachtungszeitpunkt gäbe, sodass z.B. hohe Einstellungswerte sowohl größer oder kleiner oder auch konstant bleiben könnten (vgl. Abb. 5.3e), bewegte sich der Stabilitätskoeffizient gegen null (vgl. dazu Urban 2002).

In der Praxis ist der standardisierte Stabilitätskoeffizient (b*) natürlich immer kleiner als 1.00. Denn es wird bei realen Paneldaten niemals die hier dargestellte Reinform von Veränderungsmustern geben, sondern es wird dort immer eine Mischung aus verschiedenen Veränderungsmustern sowie eine Variation der relativen Abstände zwischen den Beobachtungsfällen vorliegen. Auch dann gilt jedoch:

Je mehr sich der Stabilitätskoeffizient einem Wert von 0 annähert, umso geringer ist die Stabilität der Werteordnung im analysierten Zeitintervall. Und je mehr sich der standardisierte Stabilitätskoeffizeint einem Wert von 1.00 annähert, umso höher ist die Stabilität der Werteordnung im analysierten Zeitintervall.

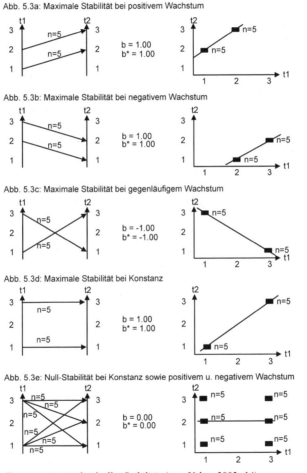

Abbildung 5.3: Typen von interindividueller Stabilität (aus: Urban 2002: 14)

Stabilität in der Längsschnittanalyse bedeutet somit entweder a) Konstanz oder b) Veränderung durch Wachstum um einen konstanten Betrag. Eine hohe Stabilität bzw. ein standardisierter Stabilitätskoeffizient nahe 1.00 besagt, dass die Rangordnung der Untersuchungseinheiten (z.b. der befragten Personen) über die Zeit konstant geblieben ist und dass sich gleichzeitig die Verteilungsform der Variablenwerte (bzw. die relativen Rangabstände zwischen den einzelnen Variablenwerten) über die Zeit hinweg nicht bedeutsam verändert hat.

Wird die Analyse von Stabilitätskoeffizienten in SE-Modellen mit Faktorstrukturen (d.h. mit latenten Konstrukten) durchgeführt, so ist zu beachten, dass die Stabilitätskoeffizienten zwischen den zeitspezifischen Faktoren hoch sein können (z.B. um 0.90), obwohl u.u. die Korrelationen zwischen den einzelnen zeitspezifischen Indikatoren gering sind (z.b. um 0.40). Denn einzelne Indikatoren können wenig reliabel sein (wenn sie z.b. durch Messfehler verunreinigt sind), sodass die Korrelationen zwischen diesen Indikatoren nach unten gemindert sind, während die minderungskorrigiert geschätzten Stabilitäten zwischen den dazugehörigen Faktoren erhöht werden (a.a.O.: Minderungskorrektur).

Wenn also nach der Stabilität von Faktoren in SEM-Faktorenmodellen gefragt wird, so wird nach der Stabilität der von Fehlern bereinigten Werte zwischen einzelnen Messzeitpunkten gefragt.

Dabei sind die Fehler, um die bereinigt wird, nicht immer nur Zufallsfehler. Die SEM-Längsschnittanalyse hat den großen Vorteil, dass sie auch systematische Fehler identifizieren und kontrollieren kann. Solche systematischen Fehlerstrukturen können z.b. dadurch entstehen, dass Fehlerterme des gleichen Indikators über die Zeit hinweg miteinander korrelieren. Dementsprechende Korrelationen können z.b. durch stets gleiche Frageformulierungen oder ein anderes, nicht im Modell berücksichtigtes latentes Konstrukt verursacht werden (vgl. Gerbing/ Anderson 1984). In der SEM-Längsschnittanalyse können systematische Fehler durch Spezifikation von Modellen mit diachronen Residuenkorrelationen (a.a.O.) oder von Modellen mit selbstständigen Methoden-Faktoren (a.a.O.) kontrolliert werden.

Generell gilt aber für alle SEM-Längsschnittanalysen, in denen spezielle Faktormodelle bzw. Messmodelle verwendet werden, dass in einem ersten Analyseschritt die Zeitreihentauglichkeit dieser Modelle kontrolliert werden muss. Dabei ist es Ziel der Analyse, eine ausreichende "Faktorinvarianz" (a.a.O.) eines jeden Messmodells nachzuweisen. Dazu mehr im Folgenden.

Spezielle Varianten der SEM-Analyse 167

5.1.2 Faktorinvarianz in SEM-Längsschnittanalysen/Gruppenvergleichen

Wenn in einer SEM-Längsschnittanalyse die Entwicklung von Faktoren über zwei oder mehr Beobachtungszeitpunkte hinweg verfolgt werden soll, ist in der Analyse sicherzustellen, dass im Beobachtungszeitraum die Faktoren nicht ihre inhaltliche Bedeutung verändern. So darf aus dem Faktor "Umweltbewusstsein", der vor allem durch eine hohe Faktorladung des Indikators "Umweltwissen" bestimmt wird, nicht plötzlich ein Faktor "Umweltbewusstsein" werden, der vor allem durch die Faktorladung des Indikators "umweltbezogene Verhaltensbereitschaft" bestimmt wird.

Ähnliches gilt für den SEM-Vergleich von Subgruppen. Auch bei diesen Analysen sollte davon ausgegangen werden können, dass die inhaltliche Bedeutung von Faktoren in allen untersuchten Subgruppen gleich ist.

In der SEM-Analyse kann die inhaltliche Bedeutung von Faktoren konstant gehalten werden, indem rechentechnisch erzwungen wird (mittels sog. "constraints"), dass sich die Faktorstrukturen trotz wiederholter Messungen nicht wesentlich verändern und somit invariant werden. Denn Längsschnittanalysen (aber auch Gruppenvergleiche), bei denen die gleichen Faktoren mehrfach gemessen werden, erfordern eine Faktorinvarianz der untersuchten Konstrukte. Die Ladungsstruktur in Messmodellen darf sich im Zeitverlauf (oder zwischen Subgruppen) nicht wesentlich verändern, wenn die dazugehörigen Faktoren zum Thema einer Zeitreihenanalyse (oder eines Subgruppenvergleichs) gemacht werden sollen. Die latenten Konstrukte müssen eine robuste zeit- bzw. subgruppenunabhängige Faktorstruktur aufweisen, wobei zur Faktorstruktur die Art und Anzahl der Indikatoren, deren absolute Ladungswerte und auch die relativen Relationen der Faktorladungen untereinander gehören.

Es können mehrere Typen von Faktorinvarianz unterschieden werden. Diese sind unterschiedlich hinsichtlich ihrer Rigidität und hinsichtlich der Modellkomponenten, die von Invarianz betroffen sein sollen.[4]

Ob ein jeweiliger Invarianztyp mit einem spezifischen SE-Modell und den dafür zur Schätzung bereitstehenden Daten kompatibel ist, muss in jedem Fall mittels eines Chi-Quadrat-Differenzentests (a.a.O.) getestet werden. Dabei wird der Fit (a.a.O.) des Modells mit Invarianz-Restriktionen[5] mit dem Fit des gleichen Modells verglichen, bei dem keine Invarianz-Restriktionen festgelegt wurden. Inferenzstatistisch wird dann darüber entschieden, ob die Invarianz-Restriktionen

---

4   Vgl. dazu u.a. Raines-Eudy 2000.
5   Solche Invarianz-Restriktionen können durch Spezifikation von "constraints", d.h. durch Fixierung oder Gleichsetzung von Modellparametern, erreicht werden.

den Modellfit signifikant verschlechtern. Tun sie es nicht, können die entsprechenden Invarianz-Restriktionen in die Modellanalyse aufgenommen werden und kann mit der jeweiligen SE-Modellierung eine Längsschnittanalyse durchgeführt werden (die Logik von SE-Modellvergleichen mittels Chi-Quadrat-Differenzentests wird a.a.O. ausführlich beschrieben).

Die verschiedenen Typen von Faktorinvarianz (FIV) werden im Folgenden in einer Reihenfolge zunehmender Rigidität und damit gleichzeitig auch in einer Reihenfolge zunehmender empirischer Unwahrscheinlichkeit aufgelistet.[6][7][8]

FIV1: konfigurative Faktorinvarianz

Die konfigurative Faktorinvarianz betrifft die relationalen Muster zwischen den Ladungsgewichten der einzelnen Faktorschätzungen. Nur die relativen und nicht die absoluten Faktorgewichte sollen bei der konfigurativen Faktorinvarianz über die Zeit hinweg identisch bleiben.[9]

---

6   Vgl. dazu Cunningham 1991; Horn 1991; Meredith 1993; Steenkamp/Baumgartner 1998.
7   Am Beispiel erläutert und empirisch getestet werden die verschiedenen Invarianztypen in Urban 2004: 51-64. Die folgenden Erläuterungen wurden teilweise aus Urban 2004: 52-54 übernommen.
8   Eine sehr differenzierte Unterscheidung von verschiedenen Typen von Faktorinvarianz (mit einer Formalisierung der jeweils damit verbundenen Faktorinvarianz-Hypothese) geben Cheung/ Rensvold (dies. 2002: 236). Hier seien nur sechs Typen von "measurement level invariance" vorgestellt, während drei weitere Typen von „construct level invariance" ausgespart bleiben:
(1) "configural invariance": In Subgruppen bzw. zu verschiedenen Messzeitpunkten werden dieselben Indikatoren mit jedem Konstrukt verbunden.
(2) "construct-level metric invariance": In Subgruppen bzw. zu verschiedenen Messzeitpunkten sind die Faktorladungen für wichtige (aber nicht alle) Items eines jeden Konstrukts gleich.
(3) "item-level metric invariance": In Subgruppen bzw. zu verschiedenen Messzeitpunkten werden dieselben Indikatoren mit jedem Konstrukt verbunden, und die Faktorladungen für jedes (d.h.: für alle) Item sind über die Gruppen/Zeitpunkte stets gleich.
(4) "residual variance invariance": In Subgruppen bzw. zu verschiedenen Messzeitpunkten sind die Residuen der Items pro Konstrukt gleich, es können aber verschiedene Items für dasselbe Konstrukt benutzt werden (damit sind die internen Konsistenzen für die Messungen gleich).
(5) "item-level metric invariance" plus "residual variance invariance": In Subgruppen bzw. zu verschiedenen Messzeitpunkten müssen beide Bedingungen gleichzeitig erfüllt sein (dann darf es aber auch nicht verschiedene Items für dasselbe Konstrukt geben, wie es unter der reinen „residual variance invariance" möglich ist).
(6) "intercept invariance": In Subgruppen bzw. zu verschiedenen Messzeitpunkten sind nicht nur die Faktorladungen sondern auch die Mittelwerte bzw. Intercepts der Items identisch.
9   Die konfigurative Faktorinvarianz kann durch zusätzliche Modellrestriktionen noch dahingehend verschärft werden, dass auch die Abstände zwischen den einzelnen Ladungen in jedem Messmodell gleich groß sein sollen.

Wenn z.B. für die Faktorladungen der drei Indikatoren einen Messmodells zum Zeitpunkt t_1 gilt: $\lambda_{1,1} > \lambda_{2,1} > \lambda_{3,1}$, so sollte diese Rangordnung auch für die Messmodelle des gleichen Faktors zu den Zeitpunkten t_{1+k} gelten. In der Forschungspraxis wird die konfigurative Faktorinvarianz auch häufig ohne restriktiven Modelleingriff erreicht.

FIV2: metrische (metrisch-partielle) Faktorinvarianz

Bei der metrischen (metrisch-partiellen) Faktorinvarianz werden in der Modellschätzung identische unstandardisierte Ladungsgrößen von gleichen Indikatoren in zeitverschobenen Messmodellen oder in subgruppenspezifischen Messmodellen erzwungen. Bei drei Messzeitpunkten muss dann z.B. für jeden Indikator "n" eines Messmodells gelten: $\lambda_{n1} = \lambda_{n2} = \lambda_{n3}$.

Echte metrische Faktorvarianz ist nur gegeben, wenn über die Gruppen bzw. Zeitpunkte hinweg alle Indikatoren auf den gleichen Konstrukten laden und zwischen allen (!) Faktorladungen desselben Indikators keine signifikanten Unterschiede bestehen.

Die klassische, metrische Faktorvarianz kann hinsichtlich ihrer Rigidität abgeschwächt werden. Dann gilt die Forderung gleicher Faktorladungen nur noch für eine bestimmte Teilgruppe von Indikatoren, die nach zuvor festgelegten Relevanzkriterien ausgewählt werden muss (metrisch-partielle Faktorinvarianz, oder: metrisch-saliente Faktorinvarianz). Allerdings sollten die nicht-invarianten Indikatoren in der Minderheit sein. Getestet wird die partielle Faktorinvarianz, indem eine Serie von Modellvergleichen (s.o.) durchgeführt wird und bei jedem Test jeweils nur ein Item (univariat) oder gleich mehrere (multivariat) als invariant gesetzt wird/werden.[10]

Generell gilt aber: Bei der metrischen und auch bei der metrisch-partiellen Faktorinvarianz müssen alle (bzw. nur die ausgewählten) Indikatoren über alle Gruppen oder Zeitpunkte hinweg auf den gleichen Konstrukten mit den gleichen Faktorladungen laden.

---

10 Cheung/Rensvold (1999) haben darauf hingewiesen, dass die Ergebnisse einer solchen Testserie sehr stark von der Auswahl desjenigen Items abhängen, das zu Identifikationszwecken auf einen festen Wert von 1.00 fixiert werden muss (a.a.O.: Faktor-Skalierung). Sie schlagen deshalb vor, mehrere Testserien durchzuführen, bei denen jeweils das zu fixierende Item gewechselt wird.

FIV3: metrische (metrisch-partielle) Faktorinvarianz-plus

Vergleichbar große Reliabilitäten der Messmodelle bestehen bei echter (metrischer) Faktorinvarianz nur, wenn zusätzlich (!) auch die Varianz-Kovarianzmatrizen der Fehlerterme nicht signifikant verschieden sind.

Diese "harte" metrische Faktorinvarianz (auch bezeichnet als: "metrische Faktorinvarianz-plus") kann über einen dreistufigen Test überprüft werden. Dieser betrifft 1.) die Invarianz des Faktormusters (vgl. FIV1), 2.) die Invarianz der Faktorladungen (vgl. FIV2), 3.) die Invarianz der Fehlerterme:

Auf der ersten Stufe wird ein Test der Invarianz des Faktormusters vorgenommen (entspricht dem Test der konfigurativen Faktorinvarianz). Dazu werden gleiche Messmodelle für alle Zeitpunkte (bzw. Subgruppen) spezifiziert und getestet. Auf der zweiten Stufe erfolgt der Test der Invarianz der Faktorladungen (unter Beibehaltung des gleichen Faktormusters), und auf der dritten Stufe wird der Test zur Invarianz der Fehlerterme durchgeführt (unter Beibehaltung des identischen Faktormusters und der invarianten Faktorladungen).

FIV4: (partielle) skalare Invarianz/Intercept-Invarianz/Schwellenwert-Invarianz

Diese Invarianz betrifft vor allem Multigruppenanalysen (a.a.O.) und Längsschnittanalysen (a.a.O.) mit Mittelwertstruktur.

Wenn in einer Längsschnittanalyse mit abhängigen Mehr-Indikatoren-Modellen (a.a.O.) gearbeitet wird und auch die Mittelwertstruktur (a.a.O.) geschätzt wird, sollten in Längsschnittanalysen die Mittelwerte bzw. die Interceptwerte der Indikatoren über alle Beobachtungszeitpunkte hinweg invariant gesetzt werden. Denn dadurch werden die zeitlich bedingten Veränderungen in die Faktoren verschoben, sodass Prozesse des sozialen Wandels anhand der Veränderungen von latenten Faktorenmittelwerten analysiert werden können.

In gleicher Weise sollten auch bei Mehrgruppenanalysen mit abhängigen Mehr-Indikatoren-Modellen und Schätzung von Mittelwertstrukturen die Mittelwerte bzw. die Interceptwerte der Indikatoren als invariant zwischen den Subgruppen definiert werden, um Gruppenunterschiede auf der Ebene der latenten Faktorenmittelwerte untersuchen zu können.

Sowohl Längsschnittanalysen als auch Multigruppenanalysen können also u.U. eine Intercept-Invarianz verlangen.

Bei der Intercept-Invarianz von Mehr-Indikatoren-Messmodellen sollten neben den Intercepts der Indikatoren auch die Faktorladungen (FIV2) über den gesamten Beobachtungszeitraum bzw. über alle Subgruppen hinweg identisch sein, was eine Voraussetzung für den Test von invarianten latenten Mittelwerten ist (vgl. Rivera/Satorra 2002: 92).

Da dies jedoch oftmals nur schwer zu erreichen ist, haben Byrne et al. (1989) vorgeschlagen, auch eine "partial intercept invariance" zuzulassen, die nur für die besonders wichtigen Items von Konstrukten gilt und annimmt, dass die nicht-invarianten Items den Vergleich der latenten Mittelwerte nicht bedeutsam beeinflussen.

Die Intercept-Invarianz verlangt also, dass die Mittelwerte bzw. die Interceptwerte[11] eines jeden Indikators über alle Beobachtungszeitpunkte bzw. über alle Subgruppen hinweg invariant gesetzt werden.

Dies ist jedoch in Modellen mit kategorialen Indikatoren nicht möglich. Denn dort werden anstelle von Mittelwerten oder Interceptwerten die sog. Schwellenwerte ("threshold values") geschätzt (diese wurden im Kapitel zu den Verfahren der SEM-Modellschätzung kurz vorgestellt, a.a.O.: Schwellenwerte).[12] Deshalb muss bei Verwendung von kategorialen Indikatoren und Einsatz der WLSMV-Schätzmethode (a.a.O.) die Intercept-Invarianz über die Invarianz der Schwellenwerte hergestellt werden.[13] Der Grund dafür ist folgender:

Da die Schwellenwerte die Zuordnung von kategorialen zu kontinuierlichen Werten steuern, darf diese Zuordnung nicht zu jedem Messzeitpunkt nach anderen Regeln (sprich: unter Anwendung anderer Schwellenwerte) erfolgen. Denn dann würde die Messung von ein und derselben Variablen mit unterschiedlichen, zeit- bzw. gruppenspezifischen Skalen vorgenommen, und es wäre nicht mehr zu entscheiden, ob evtl. beobachtete Veränderungsprozesse bzw. Gruppenunterschiede auf inhaltliche Veränderungen bei den befragten Personen oder auf veränderte Messskalen zurückzuführen sind.

FIV5: latent mean-Invarianz

Bei der Faktorinvarianz der latenten Mittelwerte wird bei einer Schätzung mit Mittelwertstruktur zusätzlich zu FIV2 und FIV4 angenommen (und auch in der Modellschätzung erzwungen), dass die latenten Mittelwerte aller Faktoren gleich

---

11   Wenn die Indikatoren als abhängige Variablen analysiert werden, vgl. die Angaben zur Analyse von Mittelwertstrukturen (a.a.O.).
12   Schwellenwerte (a.a.O.) sind notwendig, um für die kategorialen Indikatorenwerte kontinuierlich verteilte Y*-Werte schätzen zu können, mit denen dann die Korrelationsmatrix für die WLSMV-Schätzung (a.a.O.) aller Modellparameter erstellt werden kann. Die Schwellenwerte definieren dabei die Skala, die zur Messung der Y*-Indikatoren eingesetzt wird.
13   In Urban 2004: 42-44 werden zusätzlich zu den hier aufgeführten Hinweisen viele Beispiele für die empirische SEM-Analyse mit Schwellenwert-Invarianzen vorgestellt. Die folgenden Erläuterungen wurden teilweise aus Urban 2004: 42 übernommen.

sind. Dieser Typ von Faktorinvarianz macht natürlich für eine Längsschnittanalyse wenig Sinn, denn nur wenn es überhaupt Veränderungen in den Faktorausprägungen gibt, kann auch die Systematik dieser Veränderungen in einer longitudinalen SEM-Analyse ermittelt werden.

Dementsprechend wird die Faktorinvarianz der latenten Mittelwerte insbesondere bei Mehrgruppenanalysen (a.a.O.) eingesetzt, um Differenzen in den latenten Mittelwerten der Faktoren zwischen Gruppen zu analysieren (vgl. dazu das Kapitel zur Analyse von Modellen mit latenten Mittelwerten).[14]

FIV6: varianzbezogene Faktorinvarianz

Bei der varianzbezogenen Faktorinvarianz werden in der Modellschätzung alle latenten Faktorvarianzen zwischen den einzelnen Subgruppen als gleich geschätzt. Dieser Typ von Faktorinvarianz kann bei Mehrgruppenanalysen (a.a.O.), aber nicht bei SEM-Längsschnittanalysen angewendet werden. Denn in Längsschnittanalysen ist es gerade in empirischer Hinsicht besonders wichtig herauszufinden, ob die Varianz von Faktoren (relativ) konstant bleibt, oder ob die Varianz, wie in interpersonalen Entwicklungsprozessen häufig zu beobachten ist, in zeitabhängiger Weise ansteigt (was dann als "fading out" von Entwicklungstrends auf Gruppenebene analysiert werden kann).

Z.B. kann die Varianz von Einstellungen im Entwicklungsprozess von Jugendlichen mit zunehmendem Alter größer werden, weil sich die Opportunitätsstruktur für Mitgliedschaften in unterschiedlichsten, meinungsprägenden Sozial-Netzwerken (z.B. in Hobbygruppen, Vereinen, Freizeit-Cliquen) mit zunehmendem Alter verändert.

Im Extremfalle können aber auch polarisierende Entwicklungen in der Untersuchungspopulation stattfinden, die zu einem Anstieg der Faktorvarianz über die Zeit führen.

---

14 Die Faktorinvarianz der latenten Mittelwerte ist jedoch in der Analyse von latenten Wachstumskurvenmodellen (a.a.O.) sinnvoll, weil dort der Zusammenhang zwischen beobachteter und geschätzter Veränderung auf sehr spezielle Weise modelliert wird. Dort werden die Mittelwerte der zeitspezifischen Faktoren sowie die Mittelwerte (bzw. die Intercept-Werte) der dazugehörigen Indikatoren als zeitinvariante Größen geschätzt. Auf diese Weise können die evtl. vorhandenen Variablenveränderungen bzw. Faktorveränderungen statistisch unterdrückt und auf eine "höhere" Modellebene verschoben werden, wo sie als latente Ausprägungen von "übergeordneten" Wachstumsfaktoren geschätzt werden.

FIV7: strikte Faktorinvarianz

Die strikte Faktorinvarianz (auch "Mess-Äquivalenz" genannt) ist die weitestgehende und damit sicherlich auch empirisch am wenigsten sinnvolle Form einer erzwungenen Faktorinvarianz. Zur Herstellung einer strikten Faktorinvarianz werden FIV2, FIV3 und FIV6 (in ihrer jeweils rigidesten Form) miteinander kombiniert, wodurch sich identische Ladungsmatrizen sowie gleiche Faktorvarianzen für jedes Messmodell ergeben.
Wenn überhaupt, so ist die strikte Faktorinvarianz für Mehrgruppenvergleiche (a.a.O.), aber ganz bestimmt nicht für Längsschnittanalysen zu verwenden. Bei Modellen mit Schätzung von Mittelwertstrukturen (a.a.O.) kommt zudem noch FIV4 (und ggfs. FIV5) hinzu.

5.1.3 Diachrone Korrelationen von Messfehlern in SEM-Längsschnittanalysen

SE-Modelle können Messmodelle mit einer beträchtlichen Anzahl von Kovarianzen (bzw. Korrelationen) zwischen den Messfehlern der Indikatoren aufweisen. Darüber wurde in diesem Ratgeber in einem eigenen Unterkapitel ausführlich informiert (a.a.O.: Messfehlerkorrelationen). An dieser Stelle soll noch einmal auf den Sonderfall von diachronen Messfehlerkorrelationen eingegangen werden.[15]

Zeitübergreifende, diachrone Korrelationen zwischen den Residualvarianzen von Beobachtungswerten sind ein wichtiger Bestandteil von SE-Modellen in Längsschnittanalysen. Uns sind keine empirischen Längsschnittanalysen bekannt, die bei Verwendung von Mehr-Indikatoren-Messmodellen (a.a.O.) ohne die Schätzung von Fehlerkorrelationen akzeptable Fitwerte (a.a.O.) erreicht hätten. Dies gilt insbesondere dann, wenn die Konstrukt-Indikatoren eines Messmodells zu einem bestimmten Messzeitpunkt nur schwach miteinander korrelieren. In solchen Fällen liegen oftmals im Messmodell synchrone Korrelationen mit geringen Reliabilitäten vor und es sollten stets die indikatorspezifischen, diachronen Korrelationen in der Modellschätzung kontrolliert werden, indem die entsprechenden Residuenkorrelationen frei geschätzt werden (vgl. dazu Jagodzinski 1984).

Um die Bedeutung von indikatorspezifischen Residuenkorrelationen (a.a.O.: Messfehlerkorrelationen) für die SE-Längsschnittanalyse leichter verständlich zu machen, werden wir hier noch einmal in aller Kürze auf die allgemeine Logik von SE-Messmodellen (a.a.O.) eingehen:

---

15 In Urban 2004: 44-50 werden zusätzlich zu den hier aufgeführten Hinweisen viele Beispiele für diachrone Residuenkorrelationen und deren empirische Analyse vorgestellt. Die folgenden Erläuterungen wurden teilweise aus Urban 2004: 46-54 übernommen.

SE-Messmodelle operationalisieren latente Konstrukte bzw. latente Faktoren, indem sie diese Faktoren in systematischer Weise mit empirisch zu messenden Indikatoren verknüpfen. Die beobachtete Varianz dieser Indikatoren setzt sich zusammen aus:
(a) der gemeinsamen bzw. "wahren" Varianz ("common variance"), die allein von Faktoreffekten bestimmt wird, und
(b) der Residualvarianz, die von zufälligen aber auch von systematischen Messfehlereffekten herrührt und die zugleich die Reliabilität der Indikatoren negativ beeinflusst.

In der Residualvarianz (b) steckt somit nicht nur ein zufällig entstandener Varianzanteil, sondern auch ein systematischer, nicht zufälliger Varianzanteil, der die sog. "spezifische Varianz" von Indikatoren ausmacht.[16] Diese spezifische Varianz ist im eigentlichen Sinne eine systematische Varianz, die nicht als Fehlervarianz zu verstehen ist, die aber nach der SEM-Logik der Einfachheit halber wegen zur Residualvarianz hinzugerechnet wird

Mithin weist jeder Indikator eines Messmodells eine Residualvarianz auf, die aus zwei Anteilen besteht: aus Anteilen von zufällig entstandener Fehlervarianz und aus Anteilen von spezifisch-systematischer Varianz, die jeden Indikator in ganz besonderer Weise kennzeichnet.

Die spezifische Varianz von Indikatoren entsteht vor allem dadurch, dass Modellindikatoren auch noch von anderen Variablen oder Faktoren beeinflusst werden können, die nicht im Modell enthalten sind. So kann z.B. die Antwortvarianz bei einer Frage nach dem Gebrauch von Altglascontainern (Indikator "Oeko1") nicht nur vom variierenden Grad des Umweltbewusstseins innerhalb einer Befragtengruppe abhängig sein, sondern auch davon beeinflusst werden, mit welchem Zeitaufwand die Umweltcontainer in den verschiedenen Wohnquartieren überhaupt zu erreichen sind.

Wenn also z.B. das Umweltbewusstsein über drei Messzeitpunkte hinweg gemessen werden soll (etwa jeweils einmal in den Jahren 2009, 2010 und 2011), könnte auch noch der ergänzende Faktor "Zugänglichkeit umweltbezogener Entsorgungseinrichtungen" in das Messmodell aufgenommen werden. Dieser Faktor würde dann in zeitübergreifender und zugleich itemspezifischer Weise die gemeinsame Indikatorvarianz von Oeko1(2009), Oeko1(2010) und Oeko1(2011) bestimmen.

Solche zusätzlichen Faktoren können in der SEM-Analyse analog zu Methodenfaktoren (a.a.O.) spezifiziert, geschätzt und interpretiert werden. Denn die in-

---

16 Diese kann auch als "true score unique variance" bezeichnet werden.

Spezielle Varianten der SEM-Analyse 175

dikatorspezifischen Residuenkorrelationen können u.U. auch aufgrund von nicht im Modell enthaltenen Methodenfaktoren entstanden sein.

Wenn z.B. die zur Messung von Oeko1 benutzten Kategorien einer dichotomen Ratingskala ("ja, ich benutze Altglascontainer" = 1, versus: "nein, ich benutze keine Altglascontainer" = 0) von vielen Personen nicht eindeutig ausgewählt werden können, und wenn sie sich dadurch bei jeder Befragung in jedem Jahr genötigt sehen ("forced choice"-Frage!), die Kategorie "1" auszuwählen, obwohl sie die Altglascontainer nicht immer und auch nicht regelmäßig benutzen, dies aber auf der dichotomen Ratingskala nicht zum Ausdruck bringen können, dann könnte ebenfalls eine systematische Abhängigkeit zwischen den diachronen Messwerten eines Indikators entstehen.

Ein solcher frageninduzierter Zusammenhang zwischen den Werten eines Indikators, welcher zu jedem Erhebungszeitpunkt erneut gemessen wird, könnte im Längsschnittmodell durch einen zeitübergreifenden indikatorspezifischen Methodenfaktor (a.a.O.) eingefangen werden. Jedoch kann die spezifische Varianz von Indikatoren auch durch die Schätzung itemspezifischer zeitübergreifender Kovarianzen bzw. Korrelationen zwischen den Messfehlern der betroffenen Indikatoren kontrolliert werden.

Abbildung 5.4 zeigt ein Autoregressions- bzw. Quasi-Simplex-Modell (a.a.O.), das über drei Erhebungszeitpunkte hinweg unter Verwendung von Zwei-Indikator-Messmodellen und mit der maximal möglichen Anzahl von diachronen, itemspezifischen Messfehlerkorrelationen spezifiziert wurde.

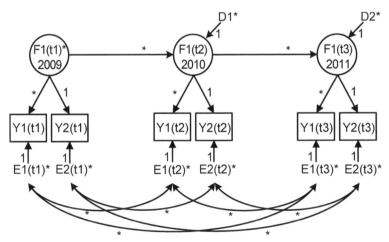

Abbildung 5.4: Autoregressionsmodell mit Zwei-Indikator-Messmodellen und maximal möglicher Anzahl von diachronen, itemspezifischen Messfehlerkorrelationen

Es ist ein großer Vorteil der SEM-Längsschnittanalyse, dass sie in der Modellschätzung zwischen den verschiedenen Varianzquellen von Messmodell-Indikatoren unterscheiden und diese separat ausweisen kann. Denn mittels traditioneller Methoden der Reliabilitätskontrolle (z.B. mittels einer Berechnung von Indikator-Reliabilitäten über Alpha-Koeffizienten, a.a.O.) ließe sich diese wichtige Differenzierung nicht vornehmen. Im Rahmen von SEM-Längsschnittanalysen kann jedoch die Schätzung von Messmodellen in zweifacher Weise und in unterschiedliche Richtungen (!) korrigiert werden:

Zum einen können Verzerrungen kontrolliert werden, die eine Folge von zufällig entstandenen, unsystematischen Messfehlern bzw. Messfehlervarianzen sind. Durch diese Korrektur steigen die geschätzten Parameterwerte in aller Regel an, weil häufig durch unkontrollierte, zufallsbedingte Verzerrungen die Kovarianzen zwischen den Modellfaktoren reduziert werden (vgl. minderungskorrigierte Schätzung, a.a.O.).

Zum anderen können auch solche Verzerrungen kontrolliert werden, die aufgrund der im Modell unberücksichtigt gebliebenen, indikatorspezifischen Kovarianzen entstehen. Die Korrektur solcher systematischen Verzerrungen kann, wie oben gezeigt, in der SEM-Längsschnittanalyse durch die zusätzliche Schätzung indikatorspezifischer Faktoren bzw. Methodenfaktoren (a.a.O.) oder die Schätzung indikatorspezifischer, diachroner Residuenkorrelationen (a.a.O.) erfolgen.

Allerdings werden mit dieser Korrektur, anders als bei Korrektur von zufälligen Reliabilitätseffekten, die im SE-Modell geschätzten Faktorkovarianzen nicht ansteigen sondern eher abfallen. Denn dann werden oftmals Anteile systematischer Kovarianz zwischen Modellfaktoren als Kovarianzen zwischen Indikatorresiduen an das Messmodell abgegeben.

Eine besondere Spielart der Längsschnitt-Spezifikation von Residuenmodellen zur Kontrolle itemspezifischer Residualvarianz besteht darin, im Messmodell nur Korrelationen zwischen den Residuen zeitlich benachbarter Indikatoren zuzulassen.

Im Beispiel aus Abbildung 5.4 würde das bedeuten, dass im Messmodell keine Korrelationen zwischen den Residualvarianzen von Oeko-Indikatoren aus dem Jahre 2009 und aus dem Jahre 2011 geschätzt werden dürften, dass jedoch Korrelationen zwischen Oeko-Indikatoren aus dem Jahre 2009 und dem Jahre 2010 (und zwischen 2010 und 2011) möglich wären.

Zur Begründung dafür könnte angenommen werden, dass die itemspezifischen Kovarianzen durch Erinnerungseffekte bei den Befragten entstehen, und die Erinnerung an itemspezifische Merkmale in aller Regel nur die zeitlich unmittelbar vorausliegenden und nicht die noch weiter zurückliegenden Ereignisse betrifft.

Spezielle Varianten der SEM-Analyse 177

Eine solche Annahme ist jedoch nicht unproblematisch. Sie kann u.U. die Entstehung von itemspezifischen Residualkovarianzen in unnötiger Weise auf einen bestimmten Wirkungsmechanismus einengen. Denn die oben genannten Verursachungsmechanismen, wie z.b. Effekte von ausgeschlossenen substanziellen und/oder methodischen Drittvariablen, könnten damit nur sehr ungenügend erfasst werden. Diese wirken zeitübergreifend und bedürfen keiner Annahmen über ein zeitspezifisches Respondentenverhalten. Allerdings schließen sie ein solches auch nicht aus, sondern lassen es als empirische Möglichkeit bestehen, da auch die Korrelationen zwischen benachbarten Residualgrößen im Modell stets mitgeschätzt werden können.

5.1.4 Latente Wachstumskurvenmodelle (LGC-Modelle)

Latente Wachstumskurvenmodelle ("latent growth curve models" = LGC-Modelle) ermöglichen eine spezielle Form von SEM-Längsschnittanalysen.

Diese Modelle sind in der Forschungspraxis der letzten Jahre recht populär geworden und sollen deshalb an dieser Stelle etwas ausführlicher vorgestellt werden. Allerdings ist die Spezifikation und Schätzung von latenten Wachstumskurvenmodellen oftmals nicht gerade einfach. Das gilt insbesondere dann, wenn sich diese Modellierung auf eine Längsschnittanalyse von Mehr-Indikator-Messmodellen (a.a.O.) bezieht. Deshalb wird im Folgenden nur die allgemeine Logik des Grundtyps von latenten Wachstumskurvenmodellen vorgestellt.[17] Für weitergehende Informationen zur empirischen Anwendung dieser Modellierung und zur Veranschaulichung ihrer diversen, teils sehr komplexen Spielarten sei hier auf die diesbezügliche Literatur verwiesen.[18]

Eine Grundannahme der LGC-Modellierung ist, dass die in einer Längsschnittanalyse u.a. untersuchten Personen, Organisationen oder Gesellschaften bestimmte Eigenschaften aufweisen (wie z.B. Wertorientierungen), die sich in der Zeit verändern und deren zeitliche Veränderungen bei jeder Person, Organisation oder Gesellschaft durch eine spezifische Entwicklungsdynamik gekennzeichnet ist. Diese Entwicklungsdynamik kann (im Falle von Personen) als personenspezifischer "Entwicklungspfad" oder personenspezifische "Trajektorie" bezeichnet werden.

---

17 Die folgenden Erläuterungen wurden teilweise aus Urban 2004: 72-87 übernommen.
18 Zu empfehlen sind: Bollen/Curran 2006; Duncan et al. 1999; Preacher/Wichman et al. 2008; Urban 2004.

178 Welche SE-Modelle können zur Längsschnittanalyse mit Paneldaten eingesetzt werden?

Allerdings sind die empirischen Ausprägungen eines jeden, wahren Entwicklungspfads aufgrund von individuellen Tagesschwankungen und methodischen Störeffekten nur in den seltensten Fällen direkt zu beobachten und die empirisch ermittelten Messwerte eines Entwicklungspfades werden in aller Regel von dessen wahren Ausprägungen abweichen.

In Abbildung 5.5 wird dies am Beispiel des als wahr angenommenen Entwicklungspfades "EZ-Pfad" der Ethnozentrismus-Einstellung von Person (i) verdeutlicht. Die Abbildung zeigt, dass zur Bestimmung des EZ-Pfades von Person (i) in jedem Jahr (1994, 1995 und 1996) jeweils drei EZ-Indikatoren (EZ1, EZ2 und EZ3) gemessen wurden. Keiner dieser Messwerte trifft jedoch die Werte des "wahren" Entwicklungspfades, der die Herausbildung der Ethnozentrismus-Einstellung von Person (i) genau beschreiben würde.

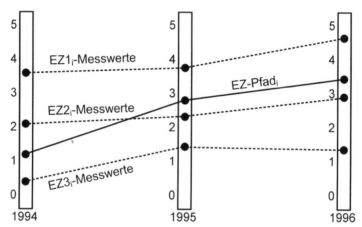

Abbildung 5.5: Latenter Entwicklungspfad des Ethnozentrismus (EZ) von Person i (EZ-Pfad) und Messwerte von drei EZ-Indikatoren (EZ1, EZ2, EZ3) zu drei Beobachtungszeitpunkten (1994, 1995, 1996) (aus: Urban 2004: 73)

Nach einer weiteren Grundannahme der LGC-Analyse besteht jeder "wahre" Entwicklungspfad aus mehreren Basisfunktionen zeitlicher Veränderung. Sie werden im Folgenden als "$g_k(t)$" bezeichnet ($k = 1, 2, ..., m$).

So besteht z.B. ein linearer Entwicklungspfad aus den beiden Basisfunktionen $g_1(t)$ und $g_2(t)$. Die Basisfunktion $g_1(t)$ bestimmt darin den konstanten Level oder den Sockelbetrag (bzw. das "Niveau") einer Eigenschaft, auf dem dann zeitgebundene Veränderungen dieser Eigenschaft entsprechend der zweiten Basisfunktion $g_2(t)$ stattfinden. Die erstgenannte Basisfunktion legt somit die Startwerte

Spezielle Varianten der SEM-Analyse 179

für Veränderungen im analysierten Zeitraum fest. Und die zweite Basisfunktion kann bspw. die konstanten Veränderungen definieren, welche die Dynamik eines linearen Entwicklungspfades ausmachen.

In der LGC-Analyse wird angenommen, dass alle Personen (bzw. alle Untersuchungseinheiten) einer bestimmten Population oder Sozialgruppe hinsichtlich der Veränderung von bestimmten Eigenschaften die gleiche "wahre" Trajektorie aufweisen und diese Trajektorie auch stets aus den gleichen Basisfunktionen besteht. Die Trajektorie ist somit eine populationstypische oder gruppentypische Wachstumskurve[19] mit individuell spezifischen Ausprägungen, sodass die Funktionsparameter der Trajektorien zwischen den Gruppenmitgliedern variieren können.

Alle LGC-Modelle analysieren die interindividuellen Differenzen (also die Unterschiede zwischen den verschiedenen Mitgliedern einer sozialen Population) von intraindividuellen Entwicklungspfaden (also von Entwicklungen bei jedem einzelnen Populationsmitglied). Und dies steht eigentlich in Widerspruch zur Logik der SEM-Analyse. Denn Strukturgleichungsmodelle analysieren die Kovarianzen und Mittelwerte von Variablen und keine Wachstumsparameter. Wie lassen sich also diese beiden unterschiedlichen Modell-Logiken miteinander verbinden?

Der wichtigste Gedanke zur Übersetzung der LGC-Logik in die SEM-Logik besteht darin, die individuell gewichteten Basisfunktionen aller Trajektorien als Ausprägungen von latenten Faktoren im Kontext von Strukturgleichungsmodellen anzusehen. Diese Faktoren können dann als "Wachstumsfaktoren" bezeichnet werden. Von diesen Wachstumsfaktoren ist ein spezieller Faktor für das Niveau (bzw. für den Level) des Wachstums zuständig, und ein oder mehrere weitere Wachstumsfaktoren bestimmen die funktionale Form der individuellen Wachstumskurven. Zudem repräsentieren die latenten Varianzen der Wachstumsfaktoren die interindividuellen Differenzen, die zwischen den latenten Wachstumskurven der untersuchten Personen bestehen. Und die latenten Mittelwerte (a.a.O.) dieser Wachstumsfaktoren legen die konkreten Verlaufswerte der populationstypischen, interindividuell gültigen Trajektorie fest.

Den Basistyp eines LGC-Modells, das als SE-Modell mit drei Wachstumsfaktoren spezifiziert wird, zeigt Abbildung 5.6. Darin wird zur Veranschaulichung der LGC-Analyse nur ein einfaches Modell mit einer einzigen manifesten Y-Vari-

---

19 Wenn diese Annahme zu rigide ist und stattdessen davon auszugehen ist, dass in einer Population mehrere typische, themenspezifische Wachstumskurven nebeneinander existieren, können statistische Verfahren des "latent class growth modeling" und des "growth mixture modeling" eingesetzt werden, die hier nicht beschrieben werden. Diese Verfahren werden in leicht verständlicher Weise vorgestellt in Muthén (1998) und Muthén/Muthén (1999).

ablen als Wachstumsindikator verwendet. In komplexeren LGC-Modellen können auch latente Messmodelle mit multiplen Indikatoren eingesetzt werden. Die SEM-Struktur der Wachstumsfaktoren bleibt dabei unverändert.

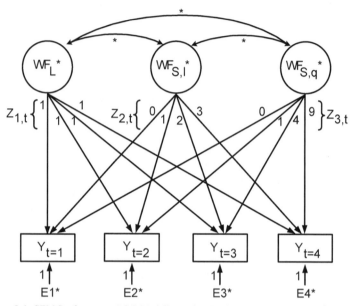

Abbildung 5.6: SEM-Struktur eines LGC-Modells mit drei Wachstumsfaktoren zur Analyse von Trajektorien über vier Messzeitpunkte (aus: Urban 2004: 78)[20]

Das in Abbildung 5.6 dargestellte LGC-Modell geht von der "wahren" Existenz einer gruppentypischen U-förmigen (oder gedreht U-förmigen) Wachstumskurve aus. Die drei Basisfunktionen, die diese U-förmige Wachstumskurve definieren, werden in dieser SE-Modellierung als die drei latenten Wachstumsfaktoren WF_L, $WF_{S,l}$ und $WF_{S,q}$ spezifiziert.

Zur Spezifikation eines solchen LGC-Modells für eine SEM-Analyse werden alle Wachstumsfaktoren durch fest fixierte Faktorladungen (a.a.O.) mit dem zu jedem Beobachtungszeitpunkt vorhandenen Ein- oder Mehr-

---

[20] Aus Gründen der besseren Übersichtlichkeit wird in der Abbildung auf die Darstellung der Mittelwertstruktur mit einer Konstanten als Prädiktor (in der Symbolnotation dargestellt als Dreieck) verzichtet.

Spezielle Varianten der SEM-Analyse 181

Indikator/en-Messmodell (a.a.O.) verbunden.[21] Da diese Faktorladungen auch die Zeitachse des Wachstumsprozesses definieren (mehr dazu im Folgenden), werden sie auch als "Zeitkoeffizienten" (z) bezeichnet.[22] Die Zeitkoeffizienten ($z_{1,1}$ bis $z_{m,T}$) sind also nichts anderes, als die für bestimmte Wachstumsfaktoren (WF) zu jedem Beobachtungszeitpunkt (t_1 bis t_T) fixierten Faktorladungen, die den Startwert und die Verlaufsform der im LGC-Modell analysierten Wachstumsfunktion festlegen.

Im Modell bestimmt der Levelwachstumsfaktor WF_L das Ausgangsniveau der Wachstumsdynamik (auch "Intercept-Faktor" genannt). Dieses Niveau ist für alle vier Beobachtungszeitpunkte gleich, und deshalb laden alle vier Y-Messwerte auch mit der gleichen Faktorladung bzw. dem gleichen Zeitkoeffizienten von $z_{1,t}$ = 1 (für t = 1 bis 4) auf diesem Faktor.

Zugleich bindet der Levelfaktor auch den Startwert der Wachstumskurve an einen bestimmten Beobachtungszeitpunkt. In unserer Abbildung ist das der Zeitpunkt t=1, also der erste Beobachtungszeitpunkt im untersuchten Zeitraum von vier aufeinander folgenden Y-Beobachtungen. Die Festlegung des Startwertes geschieht dadurch, dass für den beobachteten Y-Wert zum Zeitpunkt t=1 allein der Levelfaktor zuständig ist, da die beiden anderen Wachstumsfaktoren zu diesem Zeitpunkt eine Faktorladung bzw. einen Zeitkoeffizienten von 0 aufweisen. Dadurch definiert allein der Y_1-Wert den "Sockelbetrag" der Wachstumsdynamik und gibt zudem der Wachstumskurve auch noch ihren Startwert. Daher wird dieser Faktor auch als latenter Intercept-Faktor bezeichnet.

Die beiden weiteren latenten Wachstumsfaktoren $WF_{S,l}$ und $WF_{S,q}$ sind Shape- oder Steigungsfaktoren (auch Slope-Faktoren genannt). Ihre Zeitkoeffizienten definieren die Form der Wachstumsdynamik. In unserem Beispiel wird das U-förmige Wachstum durch den linearen Steigungsfaktor $WF_{S,l}$ und den quadratischen Steigungsfaktor $WF_{S,q}$ bestimmt. Diese beiden Wachstumsfaktoren wirken als linearer bzw. quadratischer Faktor durch die Werte der ihnen zugeordneten Zeitkoeffizienten. Beim linearen Steigungsfaktor sind das die Werte: 0/1/2/3, beim quadratischen Steigungsfaktor die Werte: 0/1/4/9. Wie bereits oben erwähnt (und auch in Abb. 5.6 ausgewiesen), werden die Zeitkoeffizienten dieser beiden Steigungsfaktoren zu dem Zeitpunkt, zu dem die Wachstumsdynamik beginnt, auf null fixiert.

Die Variation der individuellen Trajektorien wird in der SEM-Analyse durch Schätzung der latenten Varianzen aller Wachstumsfaktoren eingefangen. Die

---

21 Je nach Analyseabsicht können in komplexeren LGC-Modellierungen einige dieser Faktorladungen (und kann damit auch die Form der Wachstumskurve) frei geschätzt werden.
22 In der Literatur sind auch andere Bezeichnungen, wie z.B. "Basiskoeffizienten" oder "time scores", zu finden.

Höhe der latenten Varianzen ist dabei als Hinweis darauf zu verstehen, wie groß die interindividuellen Differenzen der latenten Wachstumsparameter sind, und sie informiert darüber, ob es im beobachteten Zeitverlauf zu einer substanziell bedeutsamen Zunahme von Heterogenität in den Levelwerten oder den Steigungswerten des Wachstumspfades kommt (was in der LGC-Analyse auch als "fanning out" oder "fan-spread" bezeichnet wird).

Sind die latenten Varianzen der Wachstumsfaktoren signifikant unterschiedlich vom testtheoretisch postulierten Null-Wert, so erzeugen die individuellen Gewichtungsfaktoren der verschiedenen Basisfunktionen dermaßen starke interindividuelle Differenzen zwischen den einzelnen Trajektorien, dass in der LGC-Analyse nach externen Prädiktoren zur "Erklärung" dieser Varianzen gesucht werden kann. Dazu können in der SEM-Analyse sog. "konditionale LGC-Modelle" geschätzt werden, bei denen Kausaleffekte von manifesten oder latenten Prädiktorvariablen auf die Wachstumsfaktoren spezifiziert werden (vgl. Urban 2004: 107ff).

Der Grundtyp einer LGC-Analyse wird also im Kontext einer SE-Modellierung als eine konfirmatorische Faktorenanalyse (CFA-Analyse) mit fixierten Faktorladungen (a.a.O.) in Form von fixierten Zeitkoeffizienten durchgeführt.

Die Werte der Wachstumsfaktoren legen den Startwert bzw. das Niveau der Wachstumsdynamik und den Wachstumsverlauf der individuellen Trajektorien bei einer als "wahr" angenommenen, gruppen- bzw. populationstypischen Wachstumsform fest.

Die Wachstumsform der populationstypischen Trajektorie wird im LGC-Modell durch eine bestimmte Anzahl von Wachstumsfaktoren und die fixierten Werte der Zeitkoeffizienten dieser Wachstumsfaktoren spezifiziert. So sind z.B. zur Spezifikation eines linearen Wachstumsverlaufs zwei Wachstumsfaktoren und zur Spezifikation eines U-förmigen (bzw. gedreht U-förmigen) Kurvenverlaufs drei Wachstumsfaktoren notwendig (vgl. Abb. 5.6).

Aber auch schon mit zwei Wachstumsfaktoren lassen sich bereits kurvilineare Wachstumsfunktionen modellieren. Dazu müssen nur genügend Beobachtungszeitpunkte vorhanden sein (mindestens vier!) und die Zeitkoeffizienten mit entsprechenden Werten fixiert werden.

Die Abbildungen 5.7a und 5.7b zeigen, auf welche Weise nur durch Variation der fixierten Zeitwerte für den Zeitkoeffizienten "z_2" (vom Steigungswachstumsfaktor "WF_s") und bei gleichzeitiger Invarianz des Zeitkoeffizienten "z_1" (vom Levelwachstumsfaktor "WF_L") mit nur zwei Wachstumsfaktoren eine logarithmisch verlaufende Wachstumskurve (Abb. 5.7a) oder eine exponentiell verlaufende Wachstumskurve (Abb. 5.7b) spezifiziert werden kann.

Spezielle Varianten der SEM-Analyse 183

a) logarithmisches Wachstum: ln(t)

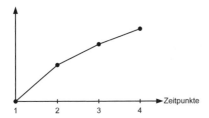

Zeitkoeffizient z_1: (t=1: 1.00), (t=2: 1.00), (t=3: 1.00), (t=4: 1.00)
Zeitkoeffizient z_2: (t=1: 0.00), (t=2: 0.69), (t=3: 1.10), (t=4: 1.39)

b) exponentielles Wachstum: exp(t-1)-1

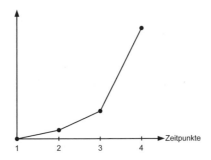

Zeitkoeffizient z_1: (t=1: 1.00), (t=2: 1.00), (t=3: 1.00), (t=4: 1.00)
Zeitkoeffizient z_2: (t=1: 0.00), (t=2: 1.72), (t=3: 6.39), (t=4: 19.09)

Abbildung 5.7: Spezifikation von kurvilinearen Wachstumskurven mit zwei Wachstumsfaktoren bei vier Beobachtungszeitpunkten mit konstanten Zeitabständen

Wie anhand der oben gezeigten Beispiele (Abb. 5.7a/b) zu erkennen ist, reichen in der SEM-basierten LGC-Analyse zwei Faktoren aus (Intercept- und Slope-Faktor), um die Lage und Form einer personenspezifischen, latenten Wachstumskurve zu bestimmen.

Jedoch muss in der LGC-Analyse nicht unbedingt vorab die Form der Wachstumskurve festgelegt werden. Die Lage und der Verlauf einer gruppentypischen bzw. populationstypischen Wachstumskurve kann auch empirisch geschätzt werden, indem nicht alle Zeitkoeffizienten der Slope-Faktoren vorab fixiert sondern teilweise frei geschätzt werden.

Um in der LGC-Analyse den empirischen Verlauf einer gruppentypischen, latenten Wachstumskurve untersuchen zu können, muss darin jedes SE-Faktorenmodell als latentes Mittelwertmodell (a.a.O.) geschätzt werden. Dadurch werden die latenten Mittelwerte aller Faktoren nicht mehr, wie sonst in der SEM-Schätzung üblich, auf feste Werte von 0 fixiert, sondern zur freien Schätzung freigegeben. Auf diese Weise erhält man sowohl einen Schätzwert für die Höhe des durchschnittlichen Sockelbetrags bzw. des Startniveaus, auf dem eine gruppentypische Wachstumsdynamik aufsitzt, als auch einen Schätzwert für die durchschnittliche Steigerungsrate, die durch den gruppentypischen Steigungsfaktor ausgelöst wird.

Mit Hilfe der gruppentypischen Werte von Level- und Steigungsfaktor(en) können dann auch die Y- oder F-Werte geschätzt werden, die für jede Person aufgrund ihrer Mitgliedschaft in einer bestimmten Gruppe (bzw. Population) und aufgrund der Existenz einer gruppentypischen Wachstumskurve für einen bestimmten Beobachtungszeitpunkt zu erwarten sind.

Zur Beurteilung der Übereinstimmung zwischen modell-implizierten und empirisch beobachteten Datenstrukturen wird auch in der LGC-Analyse der "Modellfit" berechnet (a.a.O.). Dieser indiziert in der LGC-Modellierung zweierlei: Bei Verwendung von Mehr-Indikatoren-Messmodellen (a.a.O.) informiert er darüber, ob es in der SEM-Analyse gelungen ist, akzeptable Messmodelle zu konstruieren. Und zum anderen informiert der Modellfit darüber, ob der geschätzte Kurvenverlauf die für die Analyse postulierte, gruppentypische Wachstumskurve ausreichend zuverlässig beschreiben kann.

Deshalb kann selbst bei datengerechten Messmodellen (mit entsprechend gutem Messmodellfit) ein schlechter Fit des Gesamtmodells entstehen. Dieser signalisiert dann, dass eine unzutreffende gruppentypische Wachstumskurve postuliert und das LGC-Modell mithin fehlspezifiziert wurde. Denn anders als in der klassischen SEM-Analyse muss in der LGC-Modellierung ein schlechter Modellfit nicht durch eine schlecht reproduzierte, empirische Kovarianzstruktur verursacht sein. Er kann auch durch eine schlecht reproduzierte Mittelwertstruktur bedingt sein, die z.B. dann entstehen kann, wenn zwar das Modell von einem gruppentypischen linearen Wachstum ausgeht, es aber dieses lineare Wachstum in den individuellen Trajektorien nicht gibt.

LGC-Modelle erzielen häufig einen im Vergleich zu traditionellen Strukturgleichungsmodellen nur schwachen oder überhaupt nicht zufriedenstellenden Gesamtfit. Dies ist insbesondere dann der Fall, wenn sie nur mit wenigen oder gar nur

Spezielle Varianten der SEM-Analyse 185

mit einem Wachstumsindikator geschätzt werden und zugleich die Messmodelle über keinen überdurchschnittlich guten Modellfit verfügen.

Jedoch muss bei Beurteilung der Anpassungsqualität von LGC-Schätzungen daran gedacht werden, dass, wie oben gezeigt, die LGC-Analysen als konfirmatorische Faktorenanalysen (CFA) mit fixierten Faktorenladungen durchgeführt werden. Und dass in der traditionellen CF-Analyse die Faktorenladungen, die in der LGC-Analyse fixiert werden, frei geschätzt werden, sodass dort aufgrund einer anderen Modell-Logik auch wesentlich bessere Anpassungsqualitäten zu erreichen sind.

Deshalb sollte, um Fehlschlüsse bei der Bewertung der Anpassungsqualität von LGC-Modellen zu vermeiden, in der SEM-basierten LGC-Analyse als zusätzliches Maß zur Beurteilung der erreichten Modellqualität auch stets der Anteil der durch die geschätzten Wachstumsfaktoren "erklärten" Varianz in den Wachstumsindikatoren bzw. Wachstumskonstrukten berücksichtigt werden (a.a.O.: Determinationskoeffizienten). Denn die Anteile modellbestimmter bzw. "erklärter" Varianz berichten über die Qualität der Modellschätzung auf individueller Beobachtungsebene (bzw. Einzelfallebene) und berücksichtigen damit eine Kritik an der SEM-Logik, nach der die SEM-Analyse bei der Modellevaluation viel zu sehr auf die Auswertung von Aggregatmaßen (wie z.B. Kovarianzstrukturen) und viel zu wenig auf die Auswertung von individuellen Beobachtungswerten abstellt.

Allerdings sollte man nach unserer Einschätzung auf keinen Fall auf eine Bewertung des Modellfits als wichtige Information zur Analyse von LGC-Modellen verzichten. Denn ein schlechter Modellfit kann auf vielerlei Mängel und Probleme in der LGC-Analyse aufmerksam machen. Die wichtigsten davon sind:

(-) Der Verlauf der Wachstumskurve wurde falsch spezifiziert: es sollte mit anderen Zeitkoeffizienten und/oder zusätzlichen Wachstumsfaktoren eine andere Wachstumskurve definiert werden oder es sollte eine Wachstumskurve mit freien Zeitkoeffizienten geschätzt werden.

(-) Die Heterogenität in den geschätzten Wachstumsparametern ist unter den beobachteten Gruppenmitgliedern zu groß: es sollte versucht werden, die Heterogenität durch zusätzliche externe Prädiktoren zu binden. Dazu sollte eine konditionale LGC-Modellierung vorgenommen werden, bei der die Intercept- und/oder Slope-Faktoren von Kontrollvariablen beeinflusst werden, sodass Teile der Heterogenität nunmehr gebunden sind.

(-) Im Messmodell wurden nicht alle oder nur die falschen Residuenkovarianzen zur Schätzung freigegeben. Es sollte nach weiteren, systematisch-diachronen Residuenkovarianzen (a.a.O.) und gegebenfalls nach weiteren zeit-

synchronen Residuenkovarianzen (als datenbedingte Anomalien) (a.a.O.) gefahndet werden.
(-) Im Messmodell wurden fälschlicherweise die Intercept-Werte bzw. die Schwellenwerte (bei kategorialen Variablen) von zu vielen Indikatoren zeitkonstant geschätzt (vgl. Faktorinvarianz, a.a.O). Es sollte nach Indikatoren mit stark zeitvariierenden Werten gesucht werden, und diese sollten evtl. separat modelliert werden oder evtl. gänzlich aus dem Modell ausgeschlossen werden.
(-) Im Messmodell wurde eine inadäquate Faktor-Invarianz-Annahme (a.a.O.) zur Konstanz von Faktorladungen implementiert. Es sollte auf "weichere" Formen der Messinvarianz ausgewichen werden.

Zusätzlich zur Beurteilung des Modellfits können in LGC-Modellen auch die geschätzten latenten Mittelwerte (a.a.O.) und latenten Varianzen der Wachstumsfaktoren inferenzstatistisch getestet werden. Ein nicht signifikanter Faktormittelwert verweist auf eine sehr geringe Bedeutung der dazugehörigen Basisfunktion für die gruppendurchschnittliche Wachstumsfunktion. Und große, statistisch signifikante Varianzen einzelner latenter Wachstumsfaktoren deuten auf starke interindividuelle Differenzen bei der entsprechenden Modellkomponente.

Zudem indizieren hoch signifikante, latente Varianzen auch gleichzeitig ein hohes Ausmaß von "Heterogenität" im Wachstumsverlauf, das zum Thema zusätzlicher Untersuchungen in der LGC-Modellierung gemacht werden sollte.

5.2 Was ist "Bootstrapping" und wozu kann es eingesetzt werden?

Das "Bootstrapping" gehört zur großen Gruppe der Monte Carlo-Simulationsverfahren bzw. der Monte Carlo-Experimente.[23] Bootstrapping-Verfahren werden häufig in der SEM-Analyse eingesetzt,
(a) um die Qualität von SEM-Schätzungen zu beurteilen, wozu z.B. gehört:
- die Ermittlung der Teststärke (a.a.O.) von speziellen Modellschätzungen;
- die Überprüfung der Verzerrungsfreiheit von SEM-Schätzverfahren (a.a.O.);
- die Überprüfung von speziellen SEM-Schätzungen auf deren Abhängigkeit von Stichprobenumfängen (a.a.O.), von nonnormalen Datenverteilungen (a.a.O.) und von Spezifikationsfehlern (a.a.O.);

---
23 Zur Durchführung von Monte-Carlo-Experimenten vgl. Paxton et al. 2001.

(b) um praktische Informationen für spezielle SEM-Analysen zu gewinnen, wie z.B. die Ermittlung der notwendigen Fallzahl (a.a.O.) für die stabile Schätzung eines SE-Modells;
(c) um auch bei ungünstigen empirischen Gegebenheiten (z.B. bei stark schiefen Werteverteilungen, a.a.O.) brauchbare SEM-Analysen durchführen zu können.

Um Bootstrapping-Verfahren richtig zu verstehen, ist es hilfreich, zwischen einem nonparametrischen und einem parametrischen Vorgehen zu unterscheiden:

Beim nonparametrischen Bootstrapping werden zunächst aus einem vorhandenen empirischen Datensatz (bzw. aus einer Population) viele Unterstichproben gezogen (auch "Resampling" genannt). Sodann wird jede Unterstichprobe für eine selbstständige SEM-Schätzung benutzt, und alle Schätzwerte (u.a. Parameterwerte, Standardfehler, Fit-Indizes, a.a.O.) werden über alle Stichproben hinweg gemittelt (meistens in Form von arithmetischen Mittelwerten). Auf diese Weise lässt sich z.B. ermitteln, wie groß die durchschnittliche Abweichung der Schätzwerte von einem als "wahr" definierten Populationswert ist.[24] Und es lässt sich ebenfalls ermitteln, bei wie viel Prozent der Unterstichproben bzw. Replikationen ein signifikanter Schätzwert erzielt wurde (was auch der Schätzung der Teststärke (a.a.O.) eines Schätzwertes entspricht).

Ein Bootstrapping mit realen Daten ist auch dann interessant, wenn post-hoc die Teststärke (a.a.O.) oder der Stichprobenumfang (a.a.O.: Fallzahl), der für eine adäquate Schätzung erforderlich gewesen wäre, ermittelt werden soll (was u.U. für den Forscher das unerfreuliche, weil nicht mehr korrigierbare Ergebnis liefern kann, dass seine Studie mit zu wenigen Fällen durchgeführt wurde).

Nonparametrische Bootstrapping-Verfahren setzen Gesamtfallzahlen von mindestens 200 Fällen voraus (bei einer Modellkomplexität von minimal 10:1 zwischen Fallzahl und Anzahl freier Parameter, vgl. Nevitt/Hancock 2001; Enders 2001).

Beim parametrischen Bootstrapping liegen keine empirischen Ausgangsdaten zur Ziehung von Unterstichproben vor. Deshalb wird dort die Datenpopulation "künstlich" erschaffen, indem auf der Basis plausibler analytischer Argumente oder nach Auswertung bereits durchgeführter empirischer Studien bestimmte "wahre" Populationswerte im Vorfeld des eigentlichen Bootstrapping-Verfahrens festgelegt werden. Diese "wahren" Populations- bzw. Parameterwerte werden dann "per Hand" als Startwerte für die Generierung von Daten benutzt, was je

---

24 Als "wahrer" Populationswert wird häufig der SEM-Schätzwert bei Verwendung aller Fälle aus der Gesamtstichprobe angenommen.

nach Komplexität des zu analysierenden SE-Modells recht aufwendig werden kann.

Zudem müssen beim Bootstrapping ohne realen Datensatz zur Datengenerierung auch Angaben über das Skalenniveau und die Skalenbreite (a.a.O.) der verwendeten Variablen sowie eventuell vorhandene Missing-Muster (a.a.O.) oder eventuell vorhandenen Abweichungen von Normalverteilungen (a.a.O) angegeben werden.

Im Laufe des Bootstrapping-Verfahrens müssen eine Reihe von Entscheidungen getroffen werden, die das Ergebnis der Simulation beeinflussen können:

(1) Zunächst ist die Anzahl der zu ziehenden Stichproben bzw. Replikationen für das Resampling zu bestimmen. Diese Anzahl sollte für stabile Ergebnisse möglichst groß sein. Eine häufig benutzte Daumenregel verlangt mehr als 500 Auswahlen, aber in der Forschungspraxis werden durchaus auch Analysen mit mehr als 10.000 Replikationen durchgeführt. Allerdings gibt es Studien, nach denen alle Simulationen mit mehr als 250 Replikationen nur noch von geringem Vorteil sind (vgl. Nevitt/Hancock 2001).

Da umfangreiche Replikationen trotz moderner Computerhardware einige Zeit in Anspruch nehmen können[25], sollte eine Simulation zunächst mit ca. 100 Replikationen durchgeführt werden. Ist dann der Output fehlerfrei (sind z.B. keine Syntax-Fehler zu erkennen), kann die Simulation auch mit sehr vielen Replikationen (u.U. auch mit 10.000 Replikationen) wiederholt werden.

(2) Die Ziehung der Zufallsstichproben hängt von einer Start-Zufallszahl ab (dem sog. Seed-Wert). Das Bootstrapping kann deshalb mit unterschiedlichen Seed-Werten wiederholt werden, um die Sensitivität der Ergebnisse hinsichtlich variierender Startwerte zu überprüfen.[26] Jedoch werden nach unserer Erfahrung die Simulationsergebnisse nur in sehr geringem Ausmaß vom jeweiligen Seed-Wert beeinflusst.

(3) Auch der Umfang für jede zu generierende Unterstichprobe muss für die Replikationen im Bootstrapping-Verfahren angegeben werden und kann dort auch variiert werden. Dabei ist natürlich die Fragestellung der jeweiligen Studie zu beachten. Sollen z.B. Parameterschätzwerte unter Variation der

---

25 So haben beispielsweise Monte Carlo-Simulationen von Multigruppenmodellen (a.a.O.) in Mayerl (2009) mit ML-Schätzer (a.a.O.) je nach Modellkomplexität zwischen 3 Minuten und 1:30 Stunden, mit dem robusten MLMV-Schätzer (a.a.O.) zwischen 4 Minuten und 4:50 Stunden und mit kategorialer WLSMV-Schätzung (a.a.O.) zwischen 13 Minuten und 6:55 Stunden (unter Verwendung von Mplus mit 10.000 Replikationen) benötigt.

26 Je nach SEM-Software variiert der voreingestellte Seed-Wert. In Mplus beträgt er "0", in EQS "123456789".

Stichprobengröße getestet werden, so kann der Stichprobenumfang bei jeder Simulation unter ansonsten gleichen Bedingungen erhöht oder verringert werden. Es kann aber auch, je nach Forschungsinteresse, der Stichprobenumfang konstant gehalten und die Stärke eines Zusammenhangs (z.B. in Form von Pfadkoeffizienten, a.a.O.) variiert werden.

Mit solchen kontrollierten Variationen kann u.a. die notwendige Fallzahl und die fallzahlabhängige Teststärke von Parameterschätzwerten überprüft werden (s.u.). Das Bootstrapping kann aber auch benutzt werden, um Standardfehler (a.a.O.) zu ermitteln, die nicht von nonnormalen Werteverteilungen verzerrt werden (s.u.). Beides soll nachfolgend an einigen Beispielen verdeutlicht werden:

ad: Bootstrapping und Fallzahl sowie Teststärke (power)

Bootstrapping kann eingesetzt werden, um die zur Schätzung eines speziellen SE-Modells notwendige Fallzahl sowie die fallzahlabhängige Teststärke von bestimmten Parameterschätzwerten zu ermitteln. Wir wollen dies anhand eines Beispiels verdeutlichen:

In Mayerl (2009: 297) wird ein einstellungstheoretisches Zweigruppen-Strukturgleichungsmodell zur Erklärung der Genese von Verhaltenseinstellungen (VE) im Bereich des Geldspendens (an soziale Hilfsorganisationen) analysiert. Als Bestimmungsfaktoren der Verhaltenseinstellung werden eine allgemeine Objekteinstellung (AllgE), vier kognitive Überzeugungen bzw. Beliefs (BELIEF1-4) sowie ein Maß der individuellen Zustimmungstendenz (AKQU) spezifiziert.

Um zu ermitteln, ob in dieser Studie die Fallzahl ausreicht, um verzerrungsfreie Parameter zu erhalten, und wie hoch die Teststärke der geschätzten Effekte ist, wurde eine Monte Carlo-Simulation mittels nonparametrischen Bootstrappings unter Verwendung der realen Studien-Daten durchgeführt.

Die nachfolgende Tabelle 5.1 zeigt in Auszügen das Ergebnis der Simulation mit 10.000 Replikationen (ML-Schätzverfahren, Mplus-Softwarepaket). Alle Angaben in Tabelle 5.1 entstammen dem Mplus-Output mit Ausnahme der Spalten (4) und (7). Die Angaben in diesen Spalten wurden "per Hand" auf Basis der Simulationsergebnisse ermittelt. Die Populationsparameter aus Spalte 2 entsprechen den unstandardisierten Ergebnissen der Modellschätzung mit dem realen Datensatz, die dann im zweiten Schritt in der Monte Carlo-Simulation als hypothetisch "wahre" Populationswerte verwendet wurden. Alle drei Kausaleffekte sind im empirischen Ausgangsmodell statistisch signifikant mit $p < 0.05$.

Tabelle 5.1: Ausgewählte Ergebnisse eines nonparametrischen Bootstrappings (Monte Carlo-Simulation), ML-Schätzverfahren; Ni=557 (SE-Modell nach: Mayerl 2009: 297)

(1)	(2) Populationsparameter	(3) Schätzung durchschn. Parameter	(4) Parameterverzerrung	(5) Std. Dev.	(6) durchschn. S.E.	(7) S.E.-Verzerrung	(8) 0.95 Coverage	(9) % Sign Coeff (Power)
AllgE → VE	0.80	0.81	|0.01|	0.13	0.13	|0.02|	0.96	1.00
BELIEF1 → VE	-0.13	-0.12	|0.01|	0.04	0.03	|0.03|	0.95	0.92
AKQU → VE	-0.06	-0.06	|0.00|	0.02	0.02	|0.01|	0.95	0.80

Anmerkungen zu Tabelle 5.1:
(4): Parameterverzerrung = [durschnittlicher Parameter − Populationsparameter] / Populationsparameter
(7): S.E.-Verzerrung = [durchschnittlicher S.E. − Standardabweichung] / Standardabweichung
Abkürzungen: VE: Verhaltenseinstellung; AllgE: Allgemeine Objekteinstellung; BELIEF1: Überzeugung 1; AKQU: Akquieszenz

Die Informationen aus der in Tabelle 5.1 dargestellten Monte Carlo-Simulation (nonparametrisches Bootstrapping) können genutzt werden, um die Qualität der SE-Modellschätzung, die allein auf einer einzigen ML-Schätzung unter einmaliger Verwendung des kompletten Datensatzes beruht, zu beurteilen (nach Muthén/ Muthén 2002, vgl. auch Urban/Mayerl 2003). Zur Beurteilung werden insgesamt vier verschiedene Gütekriterien analysiert:

(-) Grad der Parameterverzerrung (Spalte 4): Der durchschnittliche Parameterschätzwert der Replikationen sollte um nicht mehr als 10% vom "wahren" Populationswert abweichen. Zur Ermittlung der Parameterverzerrung wird der geschätzte Populationswert (Spalte 2) vom Durchschnittswert (Spalte 3) subtrahiert und diese Differenz dann durch den Populationswert dividiert.

(-) Grad der Verzerrung des Standardfehlers (Spalte 7): Die durchschnittliche Abweichung der Replikationen vom Populationswert sollte für Effekte, bei denen auch die Teststärke interessiert, einen Wert von 5% nicht übersteigen. Für die übrigen Standardfehler (a.a.O.) gilt der weniger strenge Grenzwert von 10%. Die Ermittlung der Verzerrung erfolgt analog zum o.g. Verfahren zur Feststellung der Parameterverzerrung.

(-) Coverage (Spalte 8): Die Abdeckung (coverage) berichtet den Anteil an Replikationen, bei denen der Populationswert im 95%-Konfidenzintervall liegt. Der Coverage-Wert sollte stets über 0.90 bzw. 90% liegen.

(-) Teststärke/Power (Spalte 9): In dieser Spalte wird angegeben, bei wie viel Prozent der Replikationen der entsprechende Effekt signifikant unterschiedlich von 0 ist (hier und in aller Regel mit 5% Irrtumswahrscheinlichkeit). Bei einem Effekt, der in der Population ungleich null ist, entspricht dies der Schätzung der Teststärke (a.a.O.), d.h. der Wahrscheinlichkeit, einen Effekt aufdecken zu können, wenn er tatsächlich vorhanden ist.[27] Die Teststärke sollte mindestens 0.80 bzw. 80% betragen (vgl. dazu Urban/Mayerl 2003). Wie der Tabelle 5.1 leicht zu entnehmen ist, sind in der dort berichteten Modellschätzung alle vier zuvor genannten Gütekriterien erfüllt.

Zudem zeigt die Tabelle 5.1 auch, dass der Akquieszenz-Effekt (AKQU) genau den minimal zulässigen Teststärke/Power-Wert von 80% erreicht (Spalte 9).

Was wäre jedoch, wenn das Modell mit weniger als 557 Fällen überprüft worden wäre? Eine solche Frage könnte sich z.B. bei Planung einer Replikationsstudie stellen.

Zur Beantwortung dieser Frage haben wir für das oben beschriebene Modell eine Monte Carlo-Simulation mit unterschiedlichen Fallzahlen durchgeführt. Der Abbildung 5.8 können die Ergebnisse dieser Simulationsstudie entnommen werden.

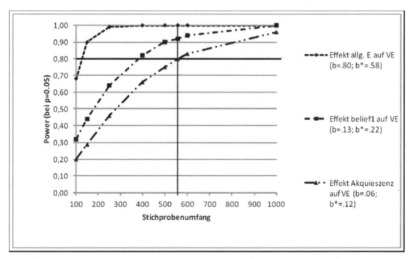

Abbildung 5.8: Teststärke in Abhängigkeit vom Stichprobenumfang (Beispielmodell aus Mayerl 2009: 297; ML-Schätzverfahren; im Ausgangsmodell Ni=557)

---

27 Die Teststärke bzw. die Entdeckungswahrscheinlichkeit entspricht auch der Wahrscheinlichkeit, mit welcher ein Beta-Fehler vermieden werden kann (1-β). Denn der Beta-Fehler besteht darin, zu behaupten, es gäbe keinen Effekt, wenn ein solcher Effekt doch tatsächlich vorhanden ist.

Nach Abbildung 5.8 reicht für den stärksten Effekt des Modells (allgemeine Einstellung → VE; standardisiert b*=0.58) eine Fallzahl von N_i=150 aus, um eine Teststärke von über 80% zu erreichen. Für den zweitstärksten Effekt (belief 1 → VE; standardisiert b*=0.22) ist dafür schon eine Fallzahl von 400 notwendig, und für den schwachen Akquieszenzeffekt (b*=0.12) wird eine Fallzahl von mehr als ca. 550 (besser jedoch von 600) benötigt, damit die Teststärke größer als 0.80 wird.

Ebenso wie die Power-Werte können auch die beiden in Tabelle 5.1 berichteten Verzerrungsindikatoren und die ebenfalls in Tabelle 5.1 berichtete Coverage in ihrer Abhängigkeit von den Fallzahlen überprüft werden. Eine diesbezügliche Analyse erbringt folgende Ergebnisse (die entsprechende Grafik wird hier nicht abgedruckt):
(-) für Coverage-Werte größer als 0.9 reicht eine Fallzahl von 100 aus,
(-) für Parameterverzerrungen bis höchstens 10% wird eine Fallzahl von 150 benötigt,
(-) für akzeptable SE-Verzerrungen ist eine Fallzahl von mindestens 250 notwendig.

Erweist sich in der Analyse die Teststärke eines nicht-signifikanten, aber in seiner Effektstärke durchaus substanziell interpretierbaren Effekts als zu gering (mit einer Teststärke deutlich <.80; im Extremfall <.50), und kann die Fallzahl nicht erhöht werden (was post-hoc in aller Regel der Fall ist), so kann dies zum Anlass genommen werden, das Signifikanzkriterium für diesen Effekt zu lockern und z.B. eine Irrtumswahrscheinlichkeit von 10% anstatt von 5% zu akzeptieren. Dadurch ließe sich die schier unüberwindbare "Schutzmauer" der Nullhypothese wieder etwas reduzieren, sodass die Alternativhypothese überhaupt eine Chance bekäme.

ad: Bootstrapping bei nonnormalen Werteverteilungen

In der SEM-Forschungspraxis werden Bootstrapping-Verfahren auch häufig eingesetzt, um bei kleinen Fallzahlen (a.a.O.) und/oder deutlich schiefen Werteverteilungen (a.a.O.) modifizierte Standardfehler (a.a.O.) mit erhöhter Robustheit zu erhalten.[28] Das Verfahren kann die inflationierten Fit-Statistiken (a.a.O.) und die geminderten Schätzwerte der Standardfehler, die in der üblichen SEM-Schätzung bei Verstößen gegen die Annahme der multivariaten Normalverteilung auftreten (a.a.O.), korrigieren, weil es ein empirisches Verteilungsmodell erstellt.

---

28 Dazu eignet sich insbesondere ein Bootstrapping mit Bollen-Kline-Korrektur. Vgl. Yung/Chan 1999 (darin auch eine verständliche Erläuterung der Bollen-Kline-Korrektur) sowie Rodgers 1999.

Spezielle Varianten der SEM-Analyse

Um ein empirisches Verteilungsmodell zu berechnen, werden im Verfahren wiederum aus der Gesamtmenge aller beobachteten Fälle sehr viele, gleich große Teilmengen per Zufallsauswahl (mit "Zurücklegen") gebildet (insgesamt ca. 250, mehr bringen wenig, vgl. Nevitt/Hancock 2001). Sodann werden die gewünschten statistischen Schätzungen in jeder Teilmenge separat durchgeführt.[29] Die dabei erzielten Schätzwerte ergeben für jeden Modellparameter eine empirische Häufigkeitsverteilung, die benutzt werden kann, um die Standardfehler und damit die Signifikanz der Parameterschätzungen zu ermitteln.

Verdeutlicht an einem Bespiel kann dies z.b. Folgendes bedeuten: Die Standardabweichung der empirischen Häufigkeitsverteilung aller Schätzwerte des Pfadkoeffizienten $\beta_{2,1}$, die in sehr vielen, durch Resampling erstellten Sample-Teilmengen (z.B. in 250 Teilmengen) ermittelt werden, ist gleichbedeutend mit dem Standardfehler $SE_{\beta2,1}$, mit dessen Hilfe die Signifikanz von $\beta_{2,1}$ (berechnet mit der Gesamtmenge aller Fälle) getestet werden kann. Zudem lassen sich so auch die Grenzen eines 90%-Konfidenzintervalls (oder jedes anderen Konfidenzintervalls) bestimmen. Zur Festlegung des unteren und oberen Endpunktes dieses 90%-Intervalls müssen nur die Werte des 5ten und 95ten Perzentils der empirischen Verteilung aller Koeffizientenschätzwerte ermittelt werden.

Auch kann der kritische Chi-Quadrat-Wert (a.a.O.), der zum Test der Gesamtanpassung eines Modells benutzt wird, mittels Bootstrapping ermittelt werden. Auf diese Weise kann der kritische Wert, der üblicherweise bei einmaliger Modellschätzung ermittelt wird und von der Multinormalverteilung aller Variablen in der Grundgesamtheit ausgeht, korrigiert werden (dann könnte, um ein Beispiel zu nehmen, der kritische Wert nicht mehr 20 sondern 27 sein, und der für das angepasste Modell empirisch ermittelte Wert von 30 könnte mit dem kritischen Wert von 27 verglichen werden).

Prinzipiell betrachtet, sollte das Bootstrapping-Verfahren allerdings nicht eingesetzt werden, um Punktschätzungen von freien Parametern zu korrigieren. Denn dann würden gleichzeitig die per Bootstrapping geschätzten Standardfehler artifiziell erhöht und es könnte ein „correcting bias" entstehen (Yung/Chan 1999: 101).

---

29 In EQS müssen zur Durchführung einer Bootstrap-Simulation allein vor dem Ende eines Inputfile (markiert durch: /END) folgende Zeilen ergänzt werden: /Simulation; BOOTSTRAP=250; OUTPUT DATA='BOOT.TXT`. Der Output-File BOOT.TXT muss sodann in ein Statistikprogramm eingelesen werden, um dort die notwendigen Verteilungskennwerte der Parameterschätzwerte zu berechnen. In Mplus und AMOS ist das Verfahren noch einfacher zu programmieren.

Fassen wir also zusammen: Wie gezeigt, können Monte Carlo-Simulationen sowohl in der Planungsphase von empirischen Studien (v.a. hinsichtlich der notwendigen Fallzahl) als auch post-hoc zur Beurteilung der Qualität von SE-Modellschätzungen (v.a. hinsichtlich der Teststärke und des Verzerrungsgrads) wertvolle Informationen liefern.

Wir empfehlen daher insbesondere bei problematischen Datenstrukturen die Anwendung von Monte Carlo-Simulationen in Form von nonparametrischen Bootstrappings. Gerade im Hinblick auf die Teststärke-Analyse können dadurch allzu voreilige Schlüsse über die Falsifikation von Kausalhypothesen vermieden werden.

Generell können Monte Carlo-Simulationen (Bootstrappings) für alle SE-Modelle, die wir in diesem Ratgeber vorstellen, durchgeführt werden.[30]

Es soll hier aber auch nicht der größte Einwand gegen das Bootstrapping-Verfahren verschwiegen werden:

Beim nichtparametrischen Bootstrapping wird angenommen, dass die empirisch ermittelten Stichprobenwerte ein realistischer Reflex von Datenstrukturen in der Population sind, sodass zur Analyse dieser Datenstrukturen kein potentiell empirie-fremdes, theoretisches Verteilungsmodell benötigt wird, sondern durch Anwendung von Resampling-Verfahren ein empirisch abgesichertes Verteilungsmodell erzeugt werden kann.

Wenn jedoch die Stichprobe "verunglückte" Datenstrukturen enthält, die kein Reflex der Datenstrukturen in der Population darstellen, sondern z.B. durch eine fehlerhafte Datenerhebung entstanden sind, dann werden diese Anomalien durch das Resampling im Bootstrapping-Verfahren noch einmal vergrößert bzw. in ihrer Bedeutung für die Datenanalyse zusätzlich verstärkt.

Der Einsatz von Bootstrapping-Verfahren setzt also ein hohes Maß von Vertrauen in die Qualität von Stichprobenziehung und Datenmessung voraus.

5.3 Wie können Modelle mit latenten Mittelwerten geschätzt werden?

Die Schätzung von SE-Modellen basiert üblicherweise auf einer Analyse von (Ko-)Varianzstrukturen und lässt Informationen über arithmetische Mittel unberücksichtigt. Dabei gehen die SEM-Kovarianzanalysen implizit von zentrierten

---

[30] Für Monte Carlo-Simulationen mit Mplus finden sich viele Beispielmodelle im entsprechenden Handbuch (Muthén/Muthén 2010: 357ff). Dort werden sowohl Beispiele für die künstliche Datengenerierung, als auch für die Verwendung realer Daten aufgezeigt.

Beobachtungsvariablen aus, sodass auch der Mittelwert einer jeden latenten Variablen "0" beträgt.

Es ist jedoch auch möglich, Mittelwerte als Modell-Parameter in SE-Modelle aufzunehmen und substanziell interpretierbare latente Mittelwerte zu schätzen. Dazu wird in der SEM-Analyse zusätzlich zur Kovarianzstruktur eine Mittelwertstruktur modelliert und geschätzt. Was dies bedeutet und wie dies modelltechnisch umgesetzt werden kann, lässt sich anhand des folgenden Beispielmodells in Abbildung 5.9 verdeutlichen.

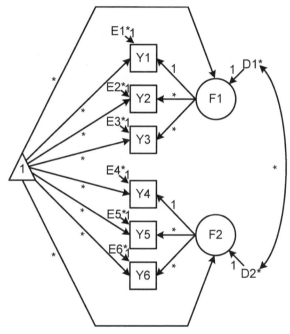

Abbildung 5.9: SE-Modell mit (uneingeschränkter) Mittelwertstruktur (unteridentifiziertes Modell)

Wie Abbildung 5.9 veranschaulicht, wird zur Schätzung von Mittelwertstrukturen eine Konstante in das SE-Modell als zusätzlicher Prädiktor aufgenommen (hier als Dreieck mit dem konstanten Wert "1" dargestellt.[31][32] Jeder Indikator ist dem-

---

31 Nach Kline 2011: 399ff. In der EQS-Schreibweise wird diese Konstante als "V999" bezeichnet (vgl. Byrne 2006: 293ff).
32 Häufig wird bei der graphischen Abbildung von SE-Modellen mit Mittelwertstruktur auf die Darstellung der Konstanten verzichtet. Für ein adäquates Verständnis solcher Modell kann es

nach nicht mehr nur eine Funktion des latenten Konstrukts und des Messfehlers, sondern zusätzlich auch noch eine Funktion der Konstanten. Dies ist vergleichbar mit der klassischen Regressionsschätzung und deren Regressionsgleichung: $Y = \alpha + \beta X + \varepsilon$. Denn nach der Regressionsgleichung wird der Y-Wert auch vom Wert einer Konstanten bzw. eines Intercepts (α) mitbestimmt.

Wie Abbildung 5.9 verdeutlicht, ergeben sich in SE-Modellen die Mittelwerte der Modellvariablen auf zwei unterschiedlichen Wegen:

Handelt es sich bei den Modellvariablen um exogene Variablen (wie in Abb. 5.9 die beiden latenten Variablen F1 und F2), so wird eine Regression der exogenen Variablen auf die Konstante durchgeführt und der unstandardisierte Effekt der Konstanten entspricht dem Mittelwert der exogenen Variablen.

Handelt es sich bei den Modellvariablen um endogene Variablen (wie in Abb. 5.9 die manifesten Variablen Y1 bis Y6), so wird eine Regression jeder endogenen Variablen auf die Konstante durchgeführt und der unstandardisierte Effekt der Konstanten entspricht dem Regressionsintercept (nicht dem Mittelwert!) der entsprechenden Schätzgleichung. Der Mittelwert einer jeden endogenen Variable (in Abb. 5.9: der Mittelwert jedes Indikators) ergibt sich dann als totaler Effekt (a.a.O.) der Konstanten auf jede einzelne endogene Variable. Dieser totale Effekt besteht aus einem direkten Effekt und einem indirekten Effekt, der über den latenten Faktor vermittelt wird.[33]

In Abbildung 5.9 besteht die Mittelwertstruktur mithin aus zwei unterschiedlichen Komponenten: aus den Intercepts der Indikatoren (d.h. den Effekten der Konstanten auf die Indikatoren) und aus den latenten Mittelwerten der Faktoren (d.h. den Effekten der Konstanten auf die latenten Faktoren).

In einer typischen SEM-Analyse von Modellen mit Mittelwertstruktur sollte der Test der Mittelwertstruktur in zwei Schritten durchgeführt werden:

Zunächst sollte ein Modell geschätzt werden, das nur die Intercepts der Indikatoren berücksichtigt und latente Mittelwerte auf null fixiert, und erst im zweiten

---

jedoch sinnvoll sein, auch die Konstante in die Modellabbildung aufzunehmen, sodass u.E. in der Regel nicht darauf verzichtet werden sollte. Auch unterscheiden sich manche graphische Darstellungen dahingehend, dass bei Modellen, wie sie in Abbildung 5.9 dargestellt werden, eine Disturbance-Variable abgebildet wird (z.B. Bentler 2006: 250) oder nicht (z.B. Kline 2011: 307). Dies liegt darin begründet, dass die Konstante an sich keinen Erklärungsbeitrag leistet, sodass im Modell auch keine Disturbance-Varianz entsteht bzw. diese mit der Faktorvarianz identisch ist (solange nicht noch weitere Modellprädiktoren neben der Konstanten auf die Faktoren einwirken).

33 Für eine ausführliche Einführung in die SE-Modellierung mit Mittelwertstruktur vgl. Kline 2011: 299ff.

Schritt sollte dann – bei einem akzeptablen Schätzergebnis im ersten Schritt – zusätzlich die latente Mittelwertstruktur eingebunden und getestet werden.

Häufig verursachen SE-Modelle mit Mittelwertstruktur zusätzliche Identifikationsprobleme (a.a.O.). Denn neben der Kovarianzstruktur (deren Identifikationsgrad mit der t-Regel (a.a.O.) überprüft werden kann), muss in diesen Modellen auch die Mittelwertstruktur für sich genommen (über-) identifiziert sein, um diese schätzen und ggf. testen zu können.

Hinsichtlich der Mittelwertstruktur gilt die einfache Regel, dass diese genau identifiziert ist, wenn die Zahl der beobachteten Mittelwerte der manifesten Variablen identisch ist mit der Zahl zu schätzender Parameter der Mittelwertstruktur (d.h. der Anzahl an Effekten, die von der Konstanten ausgehen). Für eine überidentifizierte Mittelwertstruktur müssen dementsprechend weniger zu schätzende Parameter als beobachtete Datenpunkte der Mittelwertstruktur vorliegen.

Zur Ermittlung der Identifikation des Gesamtmodells ist die Anzahl der beobachteten Datenpunkte der Kovarianzstruktur mit der Anzahl der Indikatoren, die jeweils eine Mittelwert-Information enthalten, zu addieren. Die modifizierte t-Regel (a.a.O.) zur Ermittlung der Identifikation des Gesamtmodells lautet dann (mit p = Anzahl der Indikatoren und t = Anzahl zu schätzender Parameter, vgl. Brown 2006: 258):

$$t \leq [p(p+1)/2] + p$$

Anhand von Abbildung 5.9 ist schnell ersichtlich, dass die uneingeschränkte Mittelwertstruktur des darin dargestellten SE-Mittelwertmodells unteridentifiziert ist. In dem Modell müssten maximal 8 Effekte der Mittelwertstruktur geschätzt werden (6 Indikator-Intercepts und 2 latente Mittelwerte), während zur Schätzung nur 6 beobachtete Mittelwertinformationen vorliegen.

Für die Schätzung eines solchen Modells müssen also Modifikationen an der Modellstruktur vorgenommen werden. Zwei Möglichkeiten (u.a.) für eine dementsprechende Respezifikation des Modells verdeutlicht Abbildung 5.10.

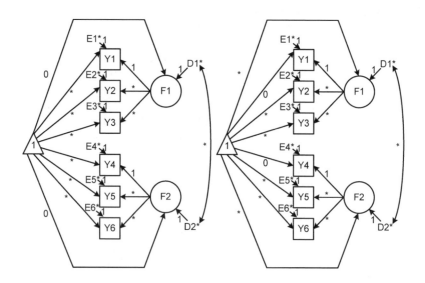

Abbildung 5.10: SE-Modelle mit eingeschränkter Mittelwertstruktur
  5.10a) Modell ohne latente Mittelwerte (=0)   *5.10b) Modell mit latenten Mittelwerten*

Die in Abbildung 5.10 dargestellten SE-Mittelwertmodelle sind sowohl in ihrer Kovarianzstruktur als auch in ihrer Mittelwertstruktur überidentifiziert und können deshalb problemlos geschätzt und getestet werden.

Die Überidentifikation der Mittelwertstruktur kann demnach erstens dadurch erreicht werden, dass die latenten Mittelwerte nicht geschätzt werden (bzw. auf null fixiert werden) und nur die Intercepts der Indikatoren berücksichtigt werden (Abb. 5.10a).[34]

Alternativ kann der Interceptwert des jeweiligen Referenzindikators pro Faktor auf null fixiert werden, sodass der latente Mittelwert des Faktors den Mittelwert des jeweiligen Referenzindikators annimmt (Abb. 5.10b). Auch in diesem Modell ist dann die Mittelwertstruktur genau identifiziert.

Ist die Gleichsetzung des latenten Mittelwerts mit dem Mittelwert des Referenzindikators unerwünscht, so kann auch ein alternatives Modell spezifiziert

---

34 Diese Form der Mittelwertmodellierung ist auch die Default-Einstellung in der SEM-Software "Mplus".

werden, bei dem alle (!) Intercepts der Indikatoren auf null fixiert werden und alle (!) unstandardisierten Faktorladungen auf 1.0 gesetzt werden. Die latenten Mittelwerte ergeben sich dann als Durchschnitt der Mittelwerte der jeweils dem Faktor zugehörigen Indikatoren.[35] Allerdings weist ein solches Modell zumeist einen schlechten Modellfit auf.

Eine generelle Möglichkeit, die Freiheitsgrade auf Ebene der Mittelwertstruktur zu erhöhen, besteht in der Spezifikation von Gleichheits-Constraints zwischen den Intercepts. Diese Gleichheitsannahmen sollten natürlich einem empirischen Test unterzogen werden und diesen auch bestehen. Hierfür können Chi-Quadrat-Differenzentests (a.a.O.) eingesetzt werden.

Die hier vorgestellten Spezifikationen von SE-Mittelwertmodellen sind natürlich mit vielen restriktiven Modellannahmen verbunden. Weniger restriktiv sind SEM-Analysen in Form von Zwei- oder Multigruppenanalysen, die deshalb in der Forschung auch häufig für SEM-Mittelwertanalysen bevorzugt werden. In SEM-Multigruppenanalysen können die Identifikationsprobleme von SE-Mittelwertmodellen bei der Schätzung der latenten Mittelwerte wesentlich leichter und eleganter gelöst werden. Wie das zu machen ist, beschreibt das Kapitel 6.2.1.

Es ist aber auch noch auf eine wichtige Besonderheit der SEM-Analyse bei Verwendung von Modellen mit Mittelwertstrukturen hinzuweisen:

Üblicherweise werden in der SEM-Analyse diverse Fit-Indizes (a.a.O.) zur Bewertung der Modellschätzung eingesetzt. Einige dieser Fit-Indizes (z.B. der CF-Index (a.a.O.) und alle anderen "inkrementellen" Fit-Indizes) ermitteln ihren Indexwert durch Vergleich des Fits der vom Forscher spezifizierten Modellschätzung mit dem Fit der Schätzung eines diesbezüglichen Nullmodells, bei der alle freien Modellparameter auf 0 fixiert werden. Dabei werden in aller Regel allein die Varianzen und Kovarianzen im Nullmodell auf Werte von 0 fixiert. Dies hat zur Konsequenz, dass bei Schätzung von SE-Mittelwertmodellen die Mittelwertstrukturen nicht zur Berechnung des Modellfits herangezogen werden. Die Fit-Indizes liefern dann unabhängig davon, ob das Modell auch Mittelwertstrukturen enthält oder nicht, stets die gleichen Fit-Werte.

Deshalb sind fast alle Fit-Indizes in den gebräuchlichen SEM-Softwarepaketen zur Beurteilung von SE-Modellen mit Mittelwertstrukturen nur bedingt zu gebrauchen. Denn die dort angebotenen Fit-Indizes betreffen immer nur einen Teil der Modellstruktur. Nach unserem Kenntnisstand liefert allein die SEM-Software

---

35 Zu identischen Schätzungen der Faktormittelwerte gelangt man, wenn 1.) alle (!) Faktorladungen auf 1.0 fixiert werden, 2.) die Intercepts innerhalb eines jeden Faktors als gleich geschätzt werden (Gleichheits-Constraints) und 3.) die Faktormittelwerte auf null fixiert werden. Die geschätzten Intercepts entsprechen dann den latenten Faktormittelwerten.

"EQS" einen für SEM-Mittelwertanalysen brauchbaren Fit-Index. Dieser ist eine spezielle Form des RMSEA-Index (a.a.O.), bei dem sowohl die Varianz/ Kovarianzstrukturen als auch die Mittelwertstrukturen bei der Kalkulation des Fit-Wertes berücksichtigt werden.

5.4 Was sind MTMM-Modelle und wozu werden sie gebraucht?

Die sog. "multi trait-multi method"-Modelle (Abk.: MTMM-Modelle) können in der SEM-Analyse für verschiedene Zwecke eingesetzt werden. Mit ihrer Hilfe kann z.B. bei der Analyse der Fehlervarianz einzelner Indikatoren zwischen einem Anteil unsystematischer, rein zufällig entstandener Fehlervarianz und einem Anteil systematischer Fehlervarianz (mehr dazu im Folgenden) unterschieden werden. Auch können MTMM-Modelle zur Überprüfung der Konstruktvalidität[36] (a.a.O.) von latenten Konstrukten (s.u.) sowie zur Schätzung der unterschiedlichen Einflüsse von Konstrukten und Messmethoden auf Beobachtungsdaten (s.u.) eingesetzt werden.

Ein MTMM-Modell besteht in seiner ursprünglichen Fassung aus drei Komponenten:
(a) das MTMM-Modell enthält mehrere substanziell und/oder theorieorientiert definierte Konstrukte/Faktoren (= "multiple traits");
(b) im MTMM-Modell wird jedes Theorie-Konstrukt bzw. jeder Theorie-Faktor (trait) mittels eines Multi-Indikatoren-Messmodells (a.a.O.) operationalisiert, wobei die einzelnen Indikatoren über unterschiedliche Methoden (z.B. unterschiedliche Erhebungsverfahren) gemessen werden;
(c) das MTMM-Modell enthält zusätzlich zu den o.g. Theorie-Konstrukten mehrere Methodenfaktoren (= "multiple methods"), die durch die unterschiedlichen Charakteristika der verschiedenen Messmethoden (z.B. unterschiedliche Erhebungsverfahren) definiert werden und die jeweils auf spezielle Indikatoren in jedem der vorhandenen Messmodelle einwirken.

Diese drei Komponenten eines jeden MTMM-Modells sollen im Folgenden durch ein Beispiel veranschaulicht werden:

In einem MTMM-Modell könnten die drei latenten Konstrukte (traits) "Autoritarismus" (Trait 1), "Ausländerablehnung" (Trait 2) und "Nationalstolz" (Trait

---

36 Die Validität von Konstrukten lässt sich in MTMM- Modellen in dreierlei Hinsichten untersuchen: a) als Konvergenzvalidität der Traits, b) als Diskriminanzvalidität der Traits und c) als Diskriminanzvalidität der Methoden-Effekte (vgl. dazu Brown 2006: 212ff; Byrne 2006: 325ff).

3) enthalten sein. Diese drei Konstrukte/Faktoren/Traits könnten jeweils mit drei Indikatoren gemessen werden, wobei zur Messung jeweils eine der drei Methoden "Selbsteinschätzung im Interview" (M1), "Fremdeinschätzung durch peers im Interview" (M2) und "Interviewereinschätzung nach Interview" (M3) eingesetzt werden. In diesem Modell wären mehrere (drei) Theorie-Konstrukte enthalten (= "multiple traits"), für die jeweils ein Multi-Indikatoren-Messmodell gegeben wäre, und es wären mehrere (drei) Methodenkonstrukte vorhanden (= "multiple methods"), die jeweils auf spezielle Indikatoren in jedem der vorhandenen Messmodelle einwirkten.

Ein dementsprechend spezifiziertes MTMM-Modell wird in Abbildung 5.11 dargestellt. In diesem Beispiel beeinflusst jeder Methodenfaktor immer nur einen Indikator in jedem Messmodell. In der Praxis könnte aber jeder Methodenfaktor auch mehrere Indikatoren in jedem Messmodell beeinflussen.

Aus Gründen der Modell-Identifikation (a.a.O.) werden in diesem Beispiel alle Faktorvarianzen auf "1.0" fixiert. Alternativ hätte statt dessen auch pro Faktor jeweils eine unstandardisierte Faktorladung auf "1.0" fixiert werden können.

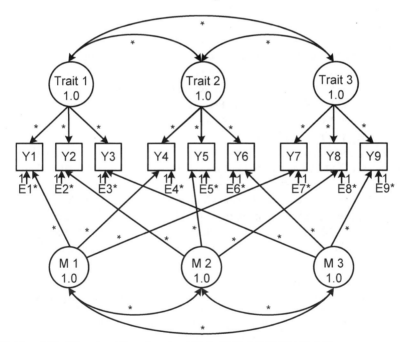

Abbildung 5.11: "Correlated Trait-Correlated Method"-Modell (CTCM-Modell)

Da MTMM-Modelle häufig Probleme bei ihrer Schätzung verursachen, liegen mittlerweile eine Reihe von Vorschlägen für unterschiedliche MTMM-Modellierungen vor. Die wichtigsten MTMM-Modelle werden nachfolgend kurz vorgestellt. Diese und weitere Modellierungsvorschläge werden u.a. in Brown (2006) ausführlich diskutiert:

Die in MTMM-Studien am häufigsten eingesetzte Modellierung erzeugt das sog. "correlated trait-correlated method"-Modell (CTCM). Auch das in der Abbildung 5.11 dargestellte MTMM-Modell ist ein CTCM-Modell mit drei Trait- und drei Methodenfaktoren. Das klassische CTCM-Modell basiert auf folgenden Annahmen:

(1) Jeder Indikator wird durch drei Größen bestimmt: einen Traitfaktor, einen Methodenfaktor und einen zufälligen Messfehler.[37]

(2) Trait- und Methodenfaktoren korrelieren jeweils untereinander, aber es werden keine Korrelationen zwischen Trait- und Methodenfaktoren zugelassen (d.h. diese werden auf "0" fixiert).

(3) Es werden keine Korrelationen zwischen den Messfehlern zugelassen.

Mit dem CTCM-Modell ist es möglich, Methodeneffekte und Effekte der Traits jeweils separat zu schätzen. Bei vorhandener Konvergenzvalidität müssten die Faktorladungen der Trait-Konstrukte hohe Werte aufweisen und statistisch signifikant sein. Die Korrelationen zwischen den Traits sollten niedrig bis moderat sein, was ein Hinweis auf gegebene Diskriminanzvalidität der Traits wäre. Die Methodenfaktoren sollten möglichst gering untereinander korrelieren, d.h. diskriminant sein. Hohe Faktorladungen der Methodenfaktoren indizieren Methoden-Effekte ("common method variance"), sodass diese Faktorladungen möglichst gering ausfallen sollten (Kline 2011: 250).

Zur Überprüfung einer CTCM-Modellierung können Chi-Quadrat-Differenzentests (a.a.O.) mit geschachtelten (nested) Modellen (a.a.O.) durchgeführt werden (vgl. Byrne 2006: 325ff).

Bei einer MTMM-Modellierung können neben dem CTCM-Modell (Modell 1) auch verschiedene andere Spielarten von MTMM-Modellen getestet werden:

So kann z.B. ein "no traits-correlated methods"-Modell (Modell 2) analysiert werden, bei dem überhaupt keine Traits und ausschließlich die Effekte von

---

37 Die hier vorgestellten MTMM-Modelle beruhen alle auf der Annahme, dass die Effekte von Trait- und Methodenfaktoren additiv wirken. Zwar werden in der Literatur auch multiplikative Modelle vorgeschlagen, diese werden jedoch in der Praxis nur selten eingesetzt. Zudem ist strittig, ob die Ergebnisse von multiplikativen MTMM-Modellen zur Feststellung von Konvergenz- und Diskriminanzvalidität benutzt werden können (vgl. z.B. Brown 2006: 229f; Marsh/Grayson 1995).

Methodenfaktoren geschätzt werden. Sollte sich dieses Modell 2 als signifikant schlechter erweisen als Modell 1, ist dies ein Hinweis auf eine vorhandene Konvergenzvalidität.

Auch kann ein Modell geschätzt werden, bei dem die Korrelationen zwischen den Traits auf "1" fixiert werden (Modell 3). Somit werden darin perfekt korrelierende Traits und eine nicht vorhandene Diskriminanz zwischen den Traits angenommen. Ist dieses Modell 3 signifikant schlechter als Modell 1, indiziert dies eine Diskriminanzvalidität auf Trait-Ebene.

In einem vierten Modell (Modell 4) können die Traits wie in Modell 1 wieder frei korreliert werden, aber die Korrelationen zwischen den Methodenfaktoren sind auf "0" zu fixieren. Im Vergleich zu Modell 1 sollte Modell 4 idealerweise keinen signifikanten Unterschied erbringen, sodass auf diese Weise eine Diskriminanz auf Methodenebene indiziert wird.

Auch CTCM-Modelle können Probleme bei ihrer Schätzung aufweisen, sodass die Modelle ggfs. respezifiziert werden müssen. So können z.B. Probleme auftreten, wenn die Faktorladungen (a.a.O.) innerhalb eines Trait- oder Methodenfaktors identisch (oder annähernd identisch) sind und/oder die Diskriminanzvalidität für mindestens zwei Faktoren nicht gegeben ist (vgl. Brown 2006: 227f).

CTCM-Modelle sind auch häufig empirisch unteridentifiziert. In der Folge können dann z.B. Heywood-Fälle bzw. negative Faktorvarianzen (a.a.O.), ungültige Werte wie Korrelationen größer null (a.a.O.) oder negative Fehlervarianzen (a.a.O.) entstehen. Z.T. lassen sich diese Probleme durch eine Zusatzspezifikation von Gleichheits-Constraints zwischen Messfehlervarianzen (a.a.O.) lösen (dazu werden dann diejenigen Messfehler ausgewählt, deren geschätzte Varianzen ohnehin bereits sehr ähnliche Werte aufweisen, vgl. Byrne 2006: 334ff). Dies erbringt jedoch nicht immer den gewünschten Erfolg.

Als Alternative zur teilweisen Neuspezifikation des CTCM-Modells wird daher das sog. "correlated uniqueness"-Modell (CU-Modell) vorgeschlagen (Kenny/ Kashy 1992; Marsh/Grayson 1995). Es wird in Abbildung 5.12 veranschaulicht.

Das CU-Modell verzichtet auf die Schätzung von Methodenfaktoren. Statt dessen werden im Modell zusätzliche Kovarianzen zwischen Messfehlern (a.a.O.) zugelassen, und zwar genau zwischen denjenigen Indikatoren, die mit derselben Methode gemessen wurden.

Ein Nachteil des CU-Modells ist, dass in dieser Modellierung keine separate Schätzung der Methoden-Effekte durch einen latenten Methodenfaktor erfolgt und somit zufällige und systematische Messfehlervarianzen konfundiert sind.

Als Alternative schlagen Eid et al. (Eid et al. 1999; Eid 2000; Geiser et al. 2010) vor, im CTCM-Modell auf einen der Methodenfaktoren zu verzichten und das Modell mit einer reduzierten Anzahl von Methodenfaktoren zu schätzen. Dieses Modell bezeichnen sie als CTC(M-1)-Modell. Das CTC(M-1)-Modell ist auch in Situationen identifiziert, in denen vollständige CTCM-Modelle unteridentifiziert wären (vgl. Eid 2000). Gleichzeitig können auf diese Weise die Nachteile der CU-Modelle umgangen werden.

In Abbildung 5.13 wird ein CTC(M-1)- Modell graphisch veranschaulicht. Zur detaillierteren Diskussion dieser und weiterer MTMM-Modellierungen vgl. Brown (2006) und Eid et al. (2008).

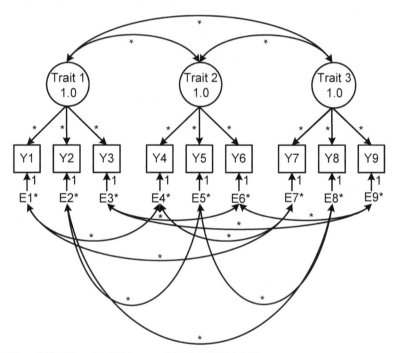

Abbildung 5.12: "Correlated Uniqueness"-Modell (CU-Modell)

Spezielle Varianten der SEM-Analyse 205

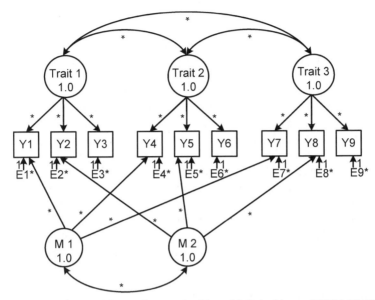

Abbildung 5.13: MTMM-Modell mit reduzierter Anzahl von Methodenfaktoren ("CTC(M-1)-Modell")

MTMM-Modellanalysen sollten immer in mehreren Schritten durchgeführt werden:

In einem ersten Schritt ist zunächst die "klassische" MTMM-Korrelationsmatrix zu untersuchen und zu interpretieren.[38] In Schritt 2 sollte dann ein vollständiges CTCM-Modell geschätzt werden. Konvergiert dieses problemlos, so kann in den nachfolgenden Schritten 3 bis 5 der oben beschriebene Modellvergleich mit den drei geschachtelten Submodellen durchgeführt werden, um das Messmodell auf Konvergenz- und Diskriminanzvalidität zu testen.

Sollte das CTCM-Modell nicht konvergieren, sind entweder Gleichheits-Constraints einzuführen, oder besser noch, dann sollte ein CTC(M-1)-Modell nach Eid et al. (1999) geschätzt werden (nachfolgend wären dann die Modelltests der o.g. Schritte 3 bis 5 durchzuführen).

Erst wenn die Schätzung all dieser CFA-Verfahren fehlschlägt, empfehlen wir die Verwendung des CU-Modells ohne Methodenfaktoren.

---

38 Dies wird u.a. in Schnell et al. 2011: 148-157 erläutert.

ad: Methodenfaktoren

Methodenfaktoren, wie sie im CTCM-Modell (vgl. Abb. 5.11) oder in modifizierter Form im CTC(M-1)-Modell (vgl. Abb. 5.13) spezifiziert werden, können auch außerhalb von MTMM-Studien analysiert werden. Denn häufig werden gerade Messfehlerkovarianzen (a.a.O.), die in SE-Modellen aufgenommen werden, durch methodische Effekte verursacht (z.b. bei gleichen Itemformulierungen oder bei gleicher Skalierung). Oftmals wird sogar in der Interpretation von SEM-Analysen argumentiert, dass Messfehlerkovarianzen durch Einwirkung eines gemeinsamen Methodenfaktors entstanden sind. In diesen Fällen sollte, wie oben gezeigt, dieser Methodenfaktor auch explizit in die SE-Modellierung aufgenommen werden.

Für SE-Modellierungen mit Methodenfaktoren ist v.a. die modifizierte MTMM-Modellierung nach Eid et al. zu empfehlen (vgl. Abb. 5.13), denn diese erzeugt weniger Schätzprobleme als andere Modellierungen. Bei dieser MTMM-Variante wird für jedes latente Konstrukt ein Indikator als Referenzindikator definiert, der nicht durch einen Methodenfaktor beeinflusst wird (alle übrigen Indikatoren werden von einem oder mehreren Methodenfaktoren bestimmt). Der Referenzindikator sollte dabei ein Indikator sein, der das latente Konstrukt inhaltlich besonders gut operationalisiert (vgl. Eid et al. 1999; Geiser 2010; Geiser et al. 2010).

Auch Messfehlerkorrelationen zwischen identischen Indikatoren, die zu unterschiedlichen Messzeitpunkten erhoben wurden (sog. diachrone Messfehlerkorrelationen, z.B. in Autoregressionsmodellen, a.a.O.), lassen sich in gleicher Weise als Methodenfaktoren respezifizieren (vgl. Geiser 2010: 143).

5.5 Wie werden Modelle mit Feedback-Schleifen (non-rekursive Modelle) geschätzt?

Bislang wurden in diesem Ratgeber ausschließlich rekursive Strukturgleichungsmodelle vorgestellt. In rekursiven Modellen werden die Relationen zwischen den latenten Konstrukten als unidirektionale Beziehungen festgelegt und es gibt in diesen Modell keine Wechselwirkungen zwischen den Variablen. Veränderungen in jeder Modellvariablen müssen ausschließlich auf Effekte von kausal vorgelagerten Variablen zurückgeführt werden (deshalb auch die Bezeichnung: "rekursive" Modelle).

Es ist in der SEM-Analyse jedoch auch möglich, non-rekursive Modelle mit reziproken Effekten zu schätzen. In solchen non-rekursiven Modellen werden Feedback-Schleifen zwischen Variablenbeziehungen untersucht.

Viele theoretische Modelle in den Sozialwissenschaften postulieren Wechselwirkungen zwischen den von ihnen analysierten Theorie-Konstrukten. So wird beispielsweise in Einstellungsmodellen davon ausgegangen, dass Einstellungen einen Effekt auf Verhaltensintentionen ausüben. Gleichzeitig wird aber auch angenommen, dass intendiertes Verhalten die verhaltensbezogenen Einstellungen verstärken kann, wodurch dann auch wiederum die Verhaltensintention verstärkt würde, was erneut die Einstellungen festigen könnte usw. Wenn also im Theoriemodell kein Abbruchskriterium für solche Wechselwirkungen benannt wird, könnte die Analyse von non-rekursiven Effekte endlos fortgesetzt werden. Es entstände eine Feedback-Schleife von Wechselwirkungseffekten (womit sich dann in Einstellungsmodellen auch die Herausbildung von Habits begründen ließe).

Idealerweise erfolgt der empirische Test von Modellen mit Feedback-Schleifen in Längsschnittmodellen (a.a.O.). Dazu können z.B. cross-lagged autoregressive Modelle (a.a.O.) eingesetzt werden (vgl. Abb. 5.14). In diesen Modellen beeinflussen sich die Konstrukte auch wechselseitig, jedoch verlaufen die Effekte mit einer gewissen zeitlichen Verzögerung über mehrere Zeitpunkte hinweg. Wie Abbildung 5.14 deutlich macht, beeinflusst in diesem Längsschnittmodell das Konstrukt F1 (gemessen zum Zeitpunkt t1) zunächst F2 (gemessen zum Zeitpunkt t2) und beeinflusst dann erst über F2 (t2) aber auch über F1(t2) die Ausprägung von F1 zum Zeitpunkt t3. Vergleichbares gilt für die Effekte von F2 auf F1.

In solch einem Modell wird also die strikte Kausalbedingung eingehalten, nach der eine zeitliche Reihenfolge zwischen unabhängigen und abhängigen Variablen gegeben sein muss, sodass die Modelle als rekursive Modelle zu analysieren sind. Allerdings sind zur Schätzung dieses Modells auch Längsschnittmessungen von F1 und F2 über drei Zeitpunkte hinweg (t1, t2, t3) erforderlich.

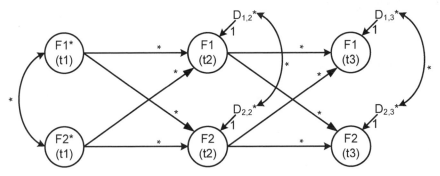

Abbildung 5.14: Grundstruktur eines cross-lagged autoregressiven Modells

Wenn jedoch keine Längsschnittdaten vorliegen, und wenn es gute theoretische Argumente für beide Kausalrichtungen gibt, dann können Wechselwirkungseffekte auch approximativ in non-rekursiven Modellen mit Querschnittsdaten geschätzt werden.

In Abbildung 5.15 wird ein non-rekursives SE-Modell dargestellt. In diesem Modell gibt es eine Feedback-Schleife zwischen den beiden Faktoren F1 und F2. Dies bedeutet, dass sowohl von F1 auf F2, als auch von F2 auf F1 ein direkter Effekt ausgeht. Bei non-rekursiven Effekten beeinflussen sich also Variablen in kausaler Weise wechselseitig in Form von mindestens zwei unterschiedlich ausgerichteten Effekten. Insofern unterscheiden sich auch non-rekursive Variablenbeziehungen sehr deutlich von korrelativen Variablenzusammenhängen, die stets symmetrisch angelegt sind und keine Effektrichtungen kennen.

Es können zwei verschiedene Typen von non-rekursiven Modellen unterschieden werden:
(a) non-rekursive Modelle mit direkten Feedback-Schleifen (Abb. 5.15),
(b) non-rekursive Modelle mit indirekten Feedback-Schleifen (Abb. 5.16).
Bei der Spezifikation beider Typen von non-rekursiven Modellen werden innerhalb der direkten oder indirekten Feedback-Schleife die Residuen aller beteiligten Konstrukte (auch "Disturbances" genannt) miteinander korreliert, während die Residuen der Indikatoren nicht korreliert werden (vgl. dazu auch die Abb. 5.15 und 5.16). Zwar lassen sich non-rekursive Modelle u.U. auch ohne Disturbances-Korrelationen schätzen, jedoch sind dann die Schätzwerte für die Feedback-Pfadkoeffizienten häufig verzerrt und können hochgradig von den betreffenden Schätzwerten in Modellen mit Disturbances-Korrelationen abweichen (vgl. Frone et al. 1994; Wong/Law 1999).

In der SEM-Analyse kann, unter bestimmten Bedingungen, jeder einzelne der wechselseitig gerichteten Effekte (innerhalb von Feedback-Schleifen) hinsichtlich seiner speziellen Effektstärke geschätzt werden. Welche Bedingungen sind das?

Dazu muss man wissen, dass die Schätzung non-rekursiver Modelle deutlich problemanfälliger und aufwendiger ist als die Schätzung rekursiver Modelle. Insbesondere weisen non-rekursive Modelle häufig ein schwerwiegendes Identifikationsproblem auf. Denn non-rekursive SE-Modelle können auch dann statistisch unteridentifiziert sein, wenn die t-Regel (a.a.O.) erfüllt ist. Dies liegt daran, dass diese Modelle, wenn sie schätzbar sein sollen, auch im Bereich ihrer Feedback-Schleifen identifiziert sein müssen, was aber dadurch verhindert wird,

Spezielle Varianten der SEM-Analyse 209

dass reziproke Beziehungen strukturell unteridentifiziert sind.[39][40] Deshalb gilt für die Schätzbarkeit von non-rekursiven Modellen als notwendige und hinreichende Identifikationsbedingung die sog. Rang-Regel:[41][42]

Nach Kline (2011: 135) kann bei der Analyse non-rekursiver SE-Modelle eine vereinfachte Form der Rang-Regel angewendet werden. Diese besagt, dass jede abhängige Variable, die Teil einer Feedback-Schleife ist, von mindestens einer unabhängigen Variablen (bzw. Kausalkette), die außerhalb der Schleife liegt, beeinflusst sein muss. Zudem darf die exogene Variable, die außerhalb der Feedback-Schleife angesiedelt ist, auch keine andere abhängige Variable in der Feedback-Schleife beeinflussen (weder direkt noch indirekt). Solche Variablen, die diese Funktion übernehmen, werden in der SEM-Analyse auch "Instrumentenvariablen" genannt.

Im Modell von Abbildung 5.16 dienen die vier exogenen Variablen X1 bis X4 der indirekten Feedback-Schleife als Instrumentenvariablen: X1 hat ausschließlich einen Effekt auf F1 und auf keine andere endogene Variable der Schleife, X2 hat ausschließlich einen Effekt auf F2, X3 hat ausschließlich einen Effekt

---

39 Zwischen zwei reziprok miteinander verbundenen Variablen F1 und F2 gibt es fünf zu schätzende, freie Parameter (für den Effekt von F1 auf F2, für den Effekt von F2 auf F1, für die beiden Disturbance- Varianzen D1 und D2 und für eine Kovariation zwischen den Disturbances). Dieses Strukturmodell ist jedoch unteridentifiziert, da als pseudo-empirische Informationseinheiten (vgl. hierzu auch Kapitel 2.8) nur drei Parameter gegeben sind: die Kovarianz zwischen F1 und F2 sowie die Varianzen von F1 und F2. Somit hat das Strukturmodell 3-5=-2 Freiheitsgrade. Die reziproke Beziehung ist damit unteridentifiziert, wenn nicht weitere Respezifikationen erfolgen (vgl. die nachfolgenden Ausführungen).

40 Die SEM-Erfahrung lehrt, dass verschiedene SEM-Computerprogramme oftmals in der Lage sind, auch bei der Schätzung unteridentifizierter Modelle (so auch bei der Schätzung non-rekursiver Modelle) zu formal richtigen Lösungen zu gelangen, und diese dann auch in ihren Outputs mitteilen (teilweise mit Warnhinweisen versehen). Jedoch sollten Schätzungen von unteridentifizierten Modellen niemals inhaltlich interpretiert werden. Sie sind bedeutungslos. Dies gilt auch dann, wenn in SEM-Publikationen über solche Schätzergebnisse als gültige Schätzungen berichtet wird (vgl. dazu M. Frone in SEMNET vom 14.11.2000).

41 Wenn Modelle nicht, so wie in den Abbildungen 5.15 und 5.16 gezeigt, alle in den Feedback-Schleifen möglichen Disturbance-Korrelationen enthalten, sondern nur eine Auswahl von Disturbance-Korrelationen aufweisen, kann die Einhaltung der genannten Regel zwar als Hinweis, aber nicht als hinreichende Bedingung für die statistische Identifiziertheit des Modells verwendet werden (vgl. hierzu und zu Hinweisen zur Behandlung von Modellen mit unbekanntem Identifikationsstatus: Kline 2011: 137ff). Als Ausgangspunkt für eine non-rekursive Modellierung ist jedoch die Annahme, dass alle Disturbance-Korrelationen im Modell vertreten sind, sinnvoll, da die Disturbances innerhalb einer Feedback-Schleife in aller Regel signifikant miteinander kovariieren.

42 In der SEM-Literatur wird für non-rekursive Modelle häufig eine weitere Identifikationsregel genannt: die sog. Ordnungsregel. Da jedoch die o.g. Rang-Regel sowohl notwendig als auch hinreichend für die Modell-Identifikation ist, genügt für die SEM-Analyse die Beachtung der Rang-Regel.

auf F3, und X4 übt ausschließlich einen Effekt auf F4 aus. Die Bedingung der Rang-Regel ist demnach für jede endogene Variable der Feedback-Schleife erfüllt. Weitere zusätzliche exogene Variablen (z.B. X5, X6, etc.) könnten deshalb auch Effekte auf alle endogenen Variablen der Feedback-Schleife ausüben und müssten sich nicht an die Rang-Regel halten.

Auch das Modell in Abbildung 5.15 ist nach der Rang-Regel identifiziert, denn auch dort gibt es außerhalb der Feedback-Schleife exogene Variablen (X1, X2), die allein jeweils eine der beiden endogenen Feedback-Variablen (F1, F2) beeinflussen.[43]

Generell gelten für die Identifikation (nach der Rang-Regel) und damit auch für die Schätzbarkeit von non-rekursiven Modellen folgende Bedingungen:

(a) Für jedes Konstrukt und für jede Variable, das/die an einer Feedback-Schleife beteiligt ist, muss es ein oder mehrere Instrumentenvariablen geben (evtl. auch in Form von Konstrukten mit jeweils mehreren Indikatoren), die jeweils nur auf eine Feedback-Variable einwirken (mit direkten Effekten). Besser als nur eine Instrumentenvariable sind zwei Instrumentenvariablen pro Feedback-Variable.[44]

(b) Die Instrumentenvariablen müssen deutliche Effekte auf die Feedback-Variablen ausüben. Ansonsten können non-rekursive Modell durch Verwendung von Instrumentenvariablen zwar prinzipiell (formal) aber nicht empirisch identifiziert sein (a.a.O.: Identifikation). Bei schwachen Effekten ist es leicht möglich, dass nach statistischer Kontrolle der Instrumenteneffekte ein nonrekursives Modell empirisch nicht mehr identifiziert ist.

(c) Die Instrumentenvariablen dürfen nicht von einer der Feedback-Variablen beeinflusst werden können.

(d) Die Instrumentenvariablen dürfen keine Beziehung zu den Residuen (Disturbances) der Feedback-Variablen haben.

---

43 Die vereinfachte Form der Regel zur Überprüfung der Rang-Bedingung gilt nicht für partiell nonrekursive Modelle ohne kausale Feedback-Schleife. Eine solche partielle Non-Rekursivität kann dann entstehen, wenn zwischen zwei endogenen Variablen ein einfacher Kausaleffekt spezifiziert ist, die Disturbances beider endogenen Variablen jedoch miteinander korrelieren, was dann den Kausaleffekt sozusagen untergräbt (vgl. Kline 2011: 107). Bei solchen partiell non-rekursiven Modellen muss eine modifizierte, komplexere Form der Rang-Regel angewendet werden.

44 Der Grund dafür ist, dass zwar mit einer Instrumentenvariablen konsistente Schätzungen möglich sind (das sind Schätzungen, die sich dem Populationswert nähern, wenn die Fallzahl anwächst), dass aber mit nur einer Instrumentenvariablen die Schätzungen nicht effizient sind (d.h. keine Schätzwerte mit minimaler Varianz liefern). Effiziente Schätzungen sind nur bei überidentifizierten Modellen möglich, wozu aber mindestens zwei Instrumentenvariablen pro Feedback-Variable erforderlich sind (vgl. Schaubroeck 1990).

(e) Wirken die Instrumentenvariablen über einen indirekten Effekt auf eine Feedback-Variable, so dürfen die an der Kausalkette beteiligten Variablen keine Verbindung zu einer weiteren Feedback-Variablen haben.
(f) Die Instrumentenvariablen dürfen nicht hoch miteinander korrelieren, denn dann hätten sie keine unabhängigen Effekte auf die Feedback-Variablen. Am besten sollten die Instrumentenvariablen überhaupt nicht miteinander kovariieren.

Wie bereits oben erwähnt, kann die Schätzung non-rekursiver Modelle eine Fülle von Problemen mit sich bringen. Denn non-rekursive Modelle verursachen nicht nur häufig Schwierigkeiten bei ihrer Identifikation, oftmals konvergiert ihre Schätzung auch nicht, oder die Schätzung produziert ungültige Schätzwerte und/oder die Schätzung weist schlechte Fit-Werte auf. Nachfolgend werden einige Möglichkeiten zur Behebung dieser Probleme vorgestellt:

Notlösungen bei Identifikationsproblemen:

In non-rekursiven Modellen muss zur Lösung der statistischen Identifikationsprobleme die oben erläuterte Rangbedingung erfüllt sein. Dies kann unter Umständen zur Folge haben, dass im Modell einige Kausaleffekte von exogenen auf endogene Variablen ausgeschlossen werden müssen. Denn jede Feedback-Variable benötigt mindestens eine exogene Variable, die ausschließlich auf sie selbst und nicht noch zusätzlich auf andere Feedback-Variablen einwirkt.

Wenn jedoch zur Einhaltung der Rangbedingung bestimmte Effekte ausgeschlossen werden, und wenn diese für das jeweilige SE-Modell substanziell bedeutsam sind, dann kann deren Nicht-Berücksichtigung bei der Modell-Schätzung schlechtere Fit-Werte (a.a.O.) zur Folge haben.

Um bei non-rekursiven Modellen eine Modellspezifikation zu erreichen, welche die Rang-Bedingung einhält und trotzdem akzeptable Fit-Werte erreicht, können zwei unterschiedliche Strategien verfolgt werden:
(1) es können in das non-rekursive Modell zusätzliche exogene Variablen aufgenommen werden, die ausschließlich nur jeweils eine der Feedback-Variablen beeinflussen;
(2) es können im non-rekursiven Modell diejenigen Effekte (auf endogene Variablen der Feedback-Schleife) ausgeschlossen werden, die zugleich mehrere Feedback-Variablen beeinflussen, und deren Ausschluss die Fit-Werte des Modells am geringsten verschlechtern.

Die *erste* Strategie kann natürlich nur dann eingesetzt werden, wenn entsprechende zusätzliche Variablen, i.d.R. sind das Kontrollvariablen, zur Verfügung stehen, und wenn es zu deren Begründung auch theoretische Argumente gibt. Wenn z.B. im Modell aus Abbildung 5.15 die Effekte von X1 *und* X2 auf F1 spezifiziert worden wären, dann wäre das Modell nicht mehr identifiziert, da die Rang-Bedingung verletzt würde. Jedoch könnte dann durch Aufnahme einer zusätzlichen exogenen Variablen X3 die Identifiziertheit des Modells wieder hergestellt werden, wenn X3 nur einen Effekt auf F2, aber nicht auf F1 ausübte. Ein solches Modell wäre dann wieder identifiziert, da jede endogene Feedback-Variable von mindestens einer Variablen außerhalb der Schleife beeinflusst würde, und von diesen Variablen keine weiteren endogenen Variablen abhängig wären, sodass die hinreichende Rang-Bedingung erfüllt wäre.

Bei der *zweiten* Strategie muss darüber entschieden werden, welche Kausaleffekte aus dem Modell ausgeschlossen werden sollen. Dabei sollte in zwei Schritten verfahren werden: in einem ersten Schritt sollten diejenigen Effekte herausgenommen werden, zu deren Begründung keine theoretischen Hypothesen formuliert werden können oder für welche die schwächsten theoretischen Argumente vorliegen (auch dabei wäre stets zu beachten, dass die Rang-Bedingung eingehalten wird). Bei schlechten Fit-Werten wären dann im zweiten Schritt unterschiedliche Respezifikationen, bei denen andere Effekte aus der Modellspezifikation entfernt werden, zu testen. Dabei könnten auch die Modifikations-Indizes (a.a.O.) als Hinweis auf Effekte, die in die Modellspezifikation aufgenommen werden sollten, berücksichtigt werden.

Die beiden hier skizzierten Strategien können auch eingesetzt werden, wenn Schätzprobleme bei non-rekursiven Modellen auftreten, die empirisch unteridentifiziert sind. Dies ist besonders häufig dann der Fall, wenn Effekte, die wichtig für die statistische Identifikation sind, Werte von nahe null annehmen (s.o.). Dann sollte über eine Respezifikation des Modells nachgedacht werden.

Notlösungen bei Schätzproblemen:

Treten bei der Analyse non-rekursiver Modelle schwerwiegende Probleme bei der Konvergenz der Schätzungen auf, so sollte zunächst die maximale Iterationsanzahl in der jeweiligen SEM-Software erhöht werden (in EQS z.B. von 30 Iterationen, die dort als Voreinstellung benutzt werden, auf 200 Iterationen). Häufig hilft es dann auch, veränderte Startwerte für die Schätzung zu benutzen, denn gute Startwerte können oftmals die Konvergenz des Schätzverfahrens begünstigen.[45] Auch kann es bei Nicht-Konvergenz der Schätzung durchaus hilfreich sein, ein non-rekursives Modell mit einer Feedback-Beziehung zwischen F1 und F2 zunächst zweimal rekursiv schätzen zu lassen (zunächst allein mit dem F1→ F2-Effekt und dann allein

---

45 Die Qualität der Startwerte variiert zwischen den verschiedenen SEM-Computerprogrammen. So kann es auch hilfreich sein, bei der Schätzung non-rekursiver Modelle mehrere Programme parallel einzusetzen.

mit dem F2 → F1 -Effekt). In einem zweiten Schritt können dann die beiden unstandardisierten Schätzwerte aus den separaten rekursiven Schätzungen als Startwerte für die Schätzung der beiden Pfade in der Feedback-Schleife benutzt werden. Bei anderen Schätzproblemen, die häufig bei der Analyse non-rekursiver Modelle auftreten (wie z.b. standardisierte Effekte größer 1.0 (a.a.O.), negative Varianzen (a.a.O.) oder zu geringe Anzahl von Freiheitsgraden (a.a.O.)) kann versucht werden, durch Gleichheits- bzw. Proportionalitäts-Constraints oder durch Ausschluss von Disturbances-Korrelationen eine Problemlösung zu erreichen (wobei Letzteres auch wiederum zusätzliche Schätz- und Identifikationsprobleme nach sich ziehen kann und daher nur mit Bedacht eingesetzt werden sollte). Parallel zu diesem Vorgehen sollte stets die Stabilität der übrigen Schätzergebnisse, die vor dem Eingriff keine Probleme verursacht haben, kontrolliert werden.

Bei der Schätzung von non-rekursiven Modellen mit Hilfe von Instrumentenvariablen ist auch zu berücksichtigen, dass die Höhe der geschätzten Feedback-Effekte sehr stark von den jeweils ausgesuchten Instrumentenvariablen abhängen kann (vgl. Pfeifer/Schmidt 1987: 82). Deshalb sollten (wenn möglich) verschiedene Modelle geschätzt werden, die sich nur hinsichtlich einer Instrumentenvariablen unterscheiden, und sollte dann die Stabilität der geschätzten Feedback-Pfadkoeffizienten überprüft werden.

Notlösungen bei verzerrten R^2-Werten:

In non-rekursiven Modellen können die R^2-Werte (a.a.O.) für die endogenen Variablen einer Feedback-Schleife verzerrt sein, da deren Residuen (Disturbances) aufgrund der Feedback-Beziehung zwischen den endogenen Variablen leicht mit Prädiktoren korreliert sein können. Dadurch können klassische R^2-Berechnungen, die von der Unkorreliertheit der Residuen mit entsprechenden Prädiktoren ausgehen, zu verzerrten Werten führen. Eine solche Verzerrung kann im Extremfall auch R^2-Werte außerhalb des gültigen Wertebereichs von 0 bis 1 ergeben.

Im SEM-Programmpaket EQS wird daher für non-rekursive Modelle das Bentler-Raykov-korrigierte BR-R^2 ausgegeben, welches mögliche Korrelationen zwischen Residuen und Prädiktoren berücksichtigt[46] (für Variablen außerhalb von Feedback-Schleifen bleiben R^2 und BR-R^2 identisch). Insbesondere in Fällen, bei denen das herkömmliche R^2 ungültige Werte produziert, liefert BR-R^2 durchweg sinnvoll interpretierbare Werte.[47]

---

46 Vgl. Bentler/Raykov 2000; Bentler 2006: 157; Kline 2011: 187f für weitere Vorschläge in der Literatur.

47 Eine Alternative zu BR-R^2 ist die reduzierte Form des Determinantionskoeffizienten"RF-R^2", die im SEM-Programmpaket LISREL implementiert ist. Vgl. dazu die Ausführungen in Kap. 2.5.3.

Zusammenfassend muss hier darauf hingewiesen werden, dass Modelle mit non-rekursiven Effekten immer nur Notlösungen für SEM-Analysen sind, die eigentlich in Form von Längsschnittanalysen durchgeführt werden müssten. Wenn aber dafür in der Forschungspraxis keine adäquaten Zeitreihendaten zur Verfügung stehen (vgl. Abb. 5.14), dann können auch non-rekursive Modelle mit Feedback-Schleifen eingesetzt werden, um wechselseitig gerichtete Variablenbeziehungen zu analysieren.

Stets sollten aber bei Analyse von Modellen mit Feedback-Schleifen zur Begründung von beiden Kausalrichtungen plausible und überzeugende, möglichst theoretisch-orientierte Argumentationen vorhanden sein. Wenn das nicht der Fall ist, sollte auf eine Analyse von Modellen mit non-rekursiven Feedback-Schleifen besser verzichtet werden und sollte in solchen Modellen stattdessen nur eine unidirektionale Beziehung zwischen den betreffenden endogenen Variablen spezifiziert werden (wodurch auch etliche der oben genannten Schätzprobleme umgangen werden können). Auch dafür müsste es natürlich eine überzeugende, analytische Begründung geben.

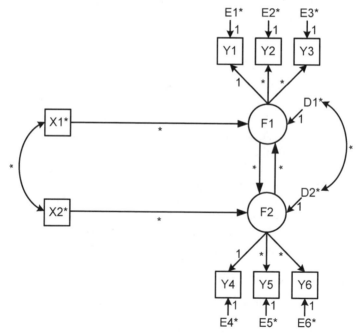

Abbildung 5.15: Non-rekursives Modell mit direkter Feedback-Schleife

Spezielle Varianten der SEM-Analyse 215

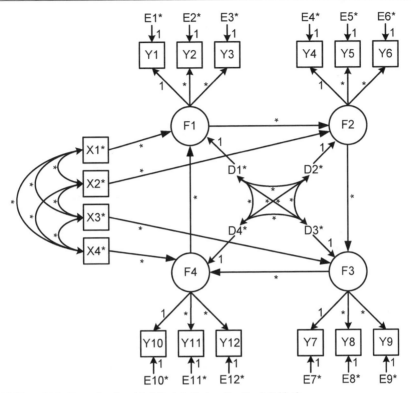

Abbildung 5.16: Non-rekursives Modell mit indirekter Feedback-Schleife

6 Modell-Vergleiche

6.1 Wie können Modell- und Koeffizientenschätzungen untereinander verglichen werden?

Oftmals ist in SEM-Analysen zu entscheiden, welche von zwei oder mehreren Schätzungen von unterschiedlich spezifizierten SE-Modellen die bessere ist bzw. welche den besten Modellfit (a.a.O.) aufweist. Um dies zu erkennen, kann ein Chi-Quadrat-Differenzentest (s.u.) eingesetzt werden. Voraussetzung dafür ist allerdings, dass die zu vergleichenden Modellschätzungen mit dem gleichen Datensatz durchgeführt wurden und dass es sich bei den Modellen um geschachtelte (nested) Modellspezifikationen handelt.

Zwei oder mehrere SE-Modelle sind geschachtelt, wenn die unterschiedlichen Modellstrukturen allein durch Hinzunahme oder Ausschluss von bestimmten Constraints ineinander überführbar sind. Zugleich muss die Anzahl und Identität aller Modellvariablen (inkl. der Faktoren und Indikatoren) in beiden Modellen gleich sein. Dies ist z.B. dann gegeben, wenn zwei Modelle die gleichen Faktoren, die gleichen Indikatoren und auch die gleichen manifesten Variablen aufweisen, und sich die beiden Modelle allein dadurch unterscheiden, dass in einem Modell eine frei zu schätzende Kovariation zwischen zwei Faktoren vorhanden ist, während diese im anderen Modell fehlt (bzw. auf 0.00 fixiert ist).

Somit gibt es bei jedem Modellvergleich immer ein restriktives und ein weniger restriktives Modell. Das restriktive Modell (oftmals "M0" genannt) hat dabei die geringere Anzahl von frei zu schätzenden Parametern, während das umfangreichere, weniger restriktive Modell (oftmals "M1" genannt) im Vergleich zu M0 eine größere Anzahl von frei zu schätzenden Parametern hat, da einige Parameter, die in M0 auf null fixiert sind, in M1 zur Schätzung freigegeben werden.

Die geschachtelten Modelle unterscheiden sich also auch immer hinsichtlich der Anzahl zu schätzender Modellparameter und der damit verbundenen Anzahl von Freiheitsgraden. Hat bei zwei geschachtelten Modellen eines der beiden Modelle weniger zu schätzende Modellparameter, so hat es mehr Freiheitsgrade und ist restriktiver als das andere Modell, das eine größere Anzahl von freien Modellparametern aufweist.

So könnte z.B. ein beliebiges SE-Modell zwei Faktoren enthalten, zwischen denen in der Modellspezifikation "M0" keine Beziehung vorgesehen wäre. Die ML-Schätzung dieses Modells könnte dann einen Chi-Quadrat-Wert (a.a.O.) von 14.23 bei 10 Freiheitsgraden erbringen. Wenn nun eine alternative, weniger restriktive Modellspezifikation "M1" eine frei zu schätzende Korrelation zwischen den beiden Faktoren vorsähe und ansonsten die Modellspezifikation von "M0" unverändert übernähme, könnte die Modellschätzung einen Chi-Quadrat-Wert von 9.65 bei 9 Freiheitsgraden erbringen. Denn die Anzahl der Freiheitsgrade würde sich von 10 auf 9 reduzieren, weil in der Schätzung "M1" ein zusätzlicher Parameter zu schätzen wäre. Und da ein Modell mit mehr freien Schätzparametern immer einen besseren Fit als ein Modell mit weniger freien Schätzparametern aufweist, wäre es auch verständlich, wenn bei der Modellschätzung "M1" der Chi-Quadrat-Wert von 14.23 auf 9.65 fiele. Beide Werte könnten dann einem Chi-Quadrat-Differenzentest unterzogen werden (s.o.).

Da also Modelle mit mehr freien Schätzparametern immer einen besseren Modellfit aufweisen, muss bei einem Vergleich von geschachtelten Modellschätzungen entschieden werden, ob eine Fitverbesserung relativ zur Veränderung der Anzahl der frei zu schätzenden Parameter ein inhaltlich bedeutsames Ausmaß aufweist.

Um dies zu entscheiden, wird der Chi-Quadrat-Differenzentest eingesetzt. Bei dem Chi-Quadrat-Differenzentest wird zunächst die Differenz zwischen den beiden Chi-Quadrat-Testwerten gebildet, die in den beiden Schätzungen der zu vergleichenden, geschachtelten Modelle berechnet wurden. Da dieser Differenzwert chi-quadrat-verteilt ist, kann sodann in einer standardisierten Tabelle der Chi-Quadrat-Verteilung (z.B. in Sahner 2002: 141f) oder mittels eines kleinen Internet-Tools[1] ermittelt werden, ob der Differenzenwert größer ist als der entsprechende kritische Chi-Quadrat-Wert (auf einem bestimmten Signifikanzniveau). Die dazu gehörigen Freiheitsgrade ergeben sich ebenfalls aus der Differenz der Freiheitsgrade der beiden zu vergleichenden Modellschätzungen. Ist der zu testende Chi-Quadrat-Differenzwert größer als der kritische Chi-Quadrat-Wert, so ist er mit einer bestimmten Irrtumswahrscheinlichkeit signifikant und dann wird das weniger restriktive Modell gegenüber dem generelleren Modell (das Modell

---

1   Die kritischen Chi-Quadrat-Werte für jede beliebe Kombination von Freiheitsgraden und Irrtumswahrscheinlichkeit sind in Tabellenform in fast jedem Lehrbuch zur Statistik enthalten. Ein gutes Internet-Tool zur Ermittlung der empirischen p-Werte von Chi-Quadrat-Werten bei beliebigen Freiheitsgraden findet sich hier: http://www.quantitativeskills.com/sisa/calculations/signif.htm

mit der größeren Anzahl zu schätzender Parameter) bevorzugt. Ansonsten ist es umgekehrt.[2]

Für unser oben genanntes Beispiel mit zwei zu vergleichenden, geschachtelten (!) Modellschätzungen ergibt sich ein Chi-Quadrat-Differenzenwert von 4.58 (14.23-9.65 = 4.58) mit einem Freiheitsgrad von 1 (10-9=1). Und diese Differenz muss selbst wiederum, so wie oben beschrieben, einem Chi-Quadrat-Test unterzogen werden:

Bei einem Vergleich von zwei geschachtelten Modellschätzungen mit einer Differenz der Freiheitsgrade von df=1 muss die Differenz zwischen den beiden angepassten Chi-Quadrat-Werten größer als 3.84 sein, um signifikante Modelldifferenzen zu ermitteln (bei $\alpha=0.05$). Das wäre in unserem Beispiel mit einem Differenzenwert von 4.58 der Fall. Somit könnte man mit einer Irrtumswahrscheinlichkeit von 5% die Nullhypothese verwerfen, nach der die beiden Modellschätzungen "M0" und "M1" nur eine zufällig entstandene Differenz aufweisen, und könnte annehmen, dass es sich bei Modellschätzung "M1" um eine signifikante Verbesserung des Modellfits handelt.

Bei mehrfachen Tests, wenn also mehr als zwei geschachtelte Modelle verglichen werden sollen, muss immer mit dem am wenigsten restriktiven Modell begonnen werden (das ist das Modell mit den meisten freien Parametern), weil ansonsten die Teststatistiken nicht unabhängig voneinander sind. Es darf also nicht mit dem Modell begonnen werden, das am stärksten restringiert ist, bzw. das die wenigsten freien Parameter aufweist.

Auch ist zu beachten: Das generelle Modell (mit vielen freien Parametern) kann u.U. einen schlechten Fit haben, während das restringierte Modell gut fitten kann. Dies ist immer dann der Fall, wenn beim Übergang zu spezifischeren Modellen sehr viele Freiheitsgrade gewonnen werden, aber die Verschlechterung des Fits nicht allzu stark ausfällt (nach Bentler 2000).

Wenn die beiden SE-Modellschätzungen, die verglichen werden sollen, nach der Methode der ML(robust)-Schätzung (a.a.O.) ermittelt wurden, d.h. wenn die ML-Schätzungen nach der Satorra-Bentler-Methode korrigiert wurden, kann der Chi-Quadrat-Differenzentest nach der oben vorgestellten Methodik nicht durchgeführt werden. Denn dann ist der Chi-Quadrat-Differenzenwert seinerseits nicht chi-quadrat-verteilt. In diesem Falle muss der Differenzentest nach der im Folgenden beschriebenen Methodik durchgeführt werden. Dazu kann aber auch ein ein-

---

2 Wenn die Satorra-Bentler(SB)-korrigierten Chi-Quadrat-Werte der ML(robust)-Schätzung (a.a.O.) benutzt werden sollen, um geschachtelte (nested) Modelle miteinander zu vergleichen, muss im Chi-Quadrat-Differenzentest eine Skalierungskorrektur vorgenommen werden. Diese wird nachfolgend sowie in Byrne 2006: 218f beschrieben.

fach anzuwendendes Hilfsprogramm eingesetzt werden ("sbdiff.exe"), das leicht und gebührenfrei aus dem Internet herunter zu laden ist.[3]

Per Hand müsste der Chi-Quadrat-Differenzentest bei Chi-Quadrat-Werten, die nach der ML(robust)-Schätzmethode ermittelt wurden, folgendermaßen durchgeführt werden:[4]

Zu vergleichen sei das geschachtelte Modell M_0, das stärker festgelegt (constrained) bzw. stärker restriktiv ist (df_0= 90), mit dem Vergleichsmodell M_1, das weniger festgelegt (constrained) bzw. weniger restriktiv ist (df_1= 89), weil es einen zusätzlichen, frei zu schätzenden Modellparameter enthält.

1. Schritt:
Zu berechnen sind für beide Modelle die Chi-Quadrat-Werte nach der klassischen ML-Schätzmethode (C_0 und C_1) und nach der ML-robust-Schätzmethode (Cr_0 und Cr_1). Diese seien (die Zahlen werden hier rein fiktiv angenommen):
$C_0 = 1593.851$
$C_1 = 1582.359$
$Cr_0 = 271.094$
$Cr_1 = 266.909$

2. Schritt:
Zu berechnen sind die Skalierungswerte "S_0 und S_1"
$S_0 = C_0/Cr_0 = 1593.851/271.094 = 5.8793$
$S_1 = C_1/Cr_1 = 1582.359/266.909 = 5.9285$

3. Schritt:
Zu berechnen ist der Diffferenz-Skalierungswert "DS"
$$DS = (df_0 \times S_0 - df_1 \times S_1) / (df_0 - df_1)$$
$$= (90 \times 5.8793 - 89 \times 5.9285) / (90-89) = 1.5005$$

4. Schritt:
Zu berechnen ist der robuste Chi-Differenzenwert "CDr"
$CDr = (Cr_0 - Cr_1)/DS = (1593.851-1582.359)/1.5005 = 7.6588$

Der robuste Chi-Quadrat-Differenzenwert (CDr=7.6588) ist wesentlich größer als der kritische Chi-Quadrat-Wert (df=1, α=0.05) von 3.84. Der Unterschied zwischen M_0 und M_1 ist somit hochsignifikant.[5]

---

3 www.abdn.ac.uk/~psy086/dept/sbdiff.htm
4 Die Darstellung übernimmt die Beschreibung aus "www.statmodel.com/chidiff.shtml". Vgl. dazu auch die Darstellung in Byrne 2006: 218f.
5 Der robuste Chi-Quadrat-Differenzenwert (CDr=7.6587) entspricht dem kritischen Chi-Quadrat-Wert bei einer Irrtumswahrscheinlichkeit von α=0.0056.

Modell-Vergleiche 221

Diese Korrektur des Chi-Quadrat-Differenzentests gilt nicht nur im Multigruppenvergleich (a.a.o.), sondern immer dann, wenn geschachtelte (nested) Modelle nach dieser Methode miteinander verglichen werden sollen und gleichzeitig SB-korrigierte Chi-Quadrat-Werte benutzt werden müssen.

Der Chi-Quadrat-Differenzentest kann auch eingesetzt werden, wenn einzelne Koeffizientenschätzwerte aus zwei geschachtelten Modellschätzungen gegeneinander getestet werden sollen.

So können z.B. die Ergebnisse von zwei geschachtelten Modellschätzungen hinsichtlich einzelner geschätzter Pfadkoeffizienten miteinander verglichen werden, indem in einer ersten Schätzung ein entsprechender Wert frei geschätzt wird und in einer zweiten Schätzung der entsprechende Pfad auf einen bestimmten Koeffizienten fixiert wird, der sich u.a. aus den Ergebnissen anderer SEM-Analysen oder aus einer theorie-orientierten Annahme ergeben kann. Dann können die Anpassungen beider Modelle mittels Chi-Quadrat-Differenzentest miteinander verglichen werden.

Auch können Chi-Quadrat-Differenzentests zum Test von indirekten Effekten (a.a.O.) eingesetzt werden. Dies kann z.b. dann geschehen, wenn sich zwei geschachtelte Modelle allein dadurch unterscheiden, dass ein Modell1 nur zwei direkte Effekte aufweist, nämlich einmal einen Effekt von F1 auf F2 und einen weiteren Effekt von F1 auf F3, während Modell2 noch einen zusätzlichen indirekten Effekt von F1 über F2 auf F3 beinhaltet (in Modell 2 also der Effekt von F2 auf F3 neu hinzukommt).

In diesem Falle sollten in Modell 2 alle Pfade, die es auch in Modell 1 gibt, auf die Schätzwerte aus der Schätzung von Modell 1 fixiert werden (aber immer mit dem entsprechenden unstandardisierten Wert !!) und nur der neu aufgenommene Pfad "F2→F3" frei geschätzt werden. Sodann können die Chi-Quadrat-Werte der beiden Schätzungen mittels Chi-Quadrat-Differenzentest auf signifikante Differenzen getestet werden.

Dementsprechend kann auch in einem einzigen Modell, das sowohl einen direkten als auch einen indirekten Pfad zu einem bestimmten Faktor enthält, überprüft werden, ob diese beiden signifikant unterschiedlich sind. Dazu werden beide zunächst frei geschätzt und sodann in einer anderen Modellvariante als gleich groß restringiert (sog. Gleichheits-Constraints). Die Differenz der Chi-Quadrat-Werte dieser beiden Modellvarianten kann sodann mittels Chi-Quadrat-Differenzentest auf Signifikanz überprüft werden.

Wie hier gezeigt, können also die Anpassungsgrade geschachtelter Modelle über Chi-Quadrat-Differenzentests miteinander verglichen werden.

Wie können jedoch nicht geschachtelte SE-Modelle miteinander verglichen werden? Dazu gibt es zwei verschiedene Möglichkeiten. Nicht geschachtelte Modelle können verglichen werden:
(1) durch Vergleich der RMSEA-Konfidenzintervalle (a.a.O.). Wenn die 90%-Intervalle sich an irgendeiner Stelle überlappen, sind die Modellschätzungen nicht signifikant unterschiedlich. Wenn sie sich nicht überlappen, sollte das Modell mit dem kleinsten RMSEA-Wert ausgewählt werden.
(2) durch Vergleich der AIC- oder BIC-Werte (a.a.O.). Wenn der Unterschied größer als 5 Punkte ist, sind systematische Modellunterschiede wahrscheinlich. Wenn der Unterschied größer als 10 Punkte ist, sind systematische Unterschiede fast sicher.

6.2 Wie können die SEM-Schätzungen für mehrere Subgruppen miteinander verglichen werden?

In der SEM-Mehrgruppenanalyse (auch "Multisample-Analyse" genannt) werden multiple Gruppenvergleiche durchgeführt und wird getestet, ob eine bestimmte SEM-Schätzung nur für eine Stichprobengruppe (Subgruppe) oder für mehrere Stichprobengruppen (Subgruppen) gilt. Es wird also danach gefragt, ob verschiedene Subgruppen aus einem einzigen Sample mit einer spezifischen Modellstruktur kommen und mithin zwischen den verschiedenen, gruppenspezifischen SEM-Schätzungen nur rein zufällige, eher zu vernachlässigende Unterschiede bestehen, oder ob die Modellschätzungen für die einzelnen Subgruppen so stark voneinander abweichen, dass anzunehmen ist, dass die Gruppen aus unterschiedlichen Samples mit unterschiedlichen Wirkungszusammenhängen stammen.

Um dies festzustellen, wird in einem multiplen Gruppenvergleich zunächst nur ein einziges SE-Modell geschätzt, das für alle Subgruppen gültig sein soll. Dabei wird das Schätzverfahren mittels exakt festzulegender Constraints gezwungen, für alle freien Parameter, deren Schätzwerte evtl. signifikante Differenzen zwischen den Gruppen aufweisen könnten, zahlenmäßig identische Werte zu schätzen. Diese Constraints werden auch als "Gleichheits-Constraints" oder "Invarianzannahmen" bezeichnet.

Ob die Constraints auch empirisch gültig sind, oder möglicherweise die wahre Sachlage verkennen, wird sodann mit Hilfe von Chi-Quadrat-Differenzentests bzw. mit sogenannten "Lagrange Multiplier-Tests (LM-Tests)"[6] ermittelt:

---

6   Zur Konstruktion und Logik von LM-Tests vgl. auch Bentler/Chou 1992.

Lagrange Multiplier-Tests (LM-Tests) (a.a.O.) werden von den verschiedenen SEM-Softwarepaketen als univariate und als multivariate Tests durchgeführt. Der univariate LM-Test überprüft, ob die Invarianz-Annahme für ein ganz bestimmtes Constraint berechtigt ist (weitere gesetzte Constraints werden dabei ungeprüft akzeptiert), sodass im Chi-Quadrat-Differenzentest (a.a.O.) die Signifikanz des Unterschieds zwischen zwei Modellen (mit und ohne Constraint) bei immer nur einem Freiheitsgrad getestet werden kann.

Im multivariaten LM-Test wird zwar auch die Berechtigung eines Gleichheits-Constraints getestet, aber gleichzeitig werden in kumulativer Weise auch alle weiteren Gleichheits-Constraints getestet, sodass mit Chi-Quadrat-Differenzentests überprüft werden kann, ob ein Modell mit mehreren Constraints im Vergleich zu einem Modell ohne diese Constraints einen signifikant schlechteren oder besseren Fit aufweist. Ein solches Vorgehen kann z.B. dann sinnvoll sein, wenn die Ladungen eines bestimmten Faktors in zwei Gruppen mit den gleichen Werten geschätzt werden sollen (sog. metrische Faktorinvarianz, a.a.O.) und der Modellfit einer solchen Schätzung im Vergleich zum Fit eines "unconstrained model", also eines Modells ohne metrische Faktorinvarianz, beurteilt werden soll.

Der univariate LM-Test ist demnach dann sinnvoll einzusetzen, wenn einzelne Gleichheitsannahmen geprüft werden sollen, während der multivariate LM-Test zum Test mehrerer Invarianzannahmen benutzt werden kann, die in kumulativer Weise schrittweise eingeführt werden und auf diese Weise die Modellspezifikation immer restriktiver machen.

Ein großes Problem für den multiplen SEM-Gruppenvergleich ergibt sich aus der eingeschränkten Vergleichbarkeit der geschätzten Koeffizienten zwischen den analysierten Gruppen. Im strikten Sinne sind nur die unstandardisierten Schätzwerte vergleichbar, da sie nicht gruppenspezifisch kalibriert werden. Die unstandardisierten Schätzwerte sind aber nicht mit den Schätzwerten für andere Effekte mit anders skalierten Variablen in derselben oder in den anderen Subgruppen zu vergleichen.

Benötigt würden also komplett standardisierte und zugleich gruppenübergreifend vergleichbare Schätzwerte. Die dazu vorgelegten Lösungen sind aber bislang unzureichend.[7] Daher sollte idealiter darauf geachtet werden, dass alle Variablen eines SE-Modells zu Vergleichszwecken möglichst gleich skaliert sind.

---

7 Eine interessante Methode stellen Raykov/Marcoulides (2000a) vor, die aber deutlich am unterentwickelten Stand der SEM-Software RAMONA krankt (z.B. kein Gruppenvergleich als Programm-Option, keine alternativen Fit-Indizes, Vergleich nur von Subgruppen mit gleicher Fallzahl).

Zudem sind multiple Gruppenvergleiche auf die Invarianz der Mess- bzw. Faktormodelle über die verschiedenen Gruppen hinweg angewiesen (vgl. dazu die Ausführungen zum Thema "Faktorinvarianz" (a.a.O.) im Kapitel zur SEM-Längsschnittanalyse). Denn wenn in den zu vergleichenden Gruppen die Messmodelle nicht (möglichst) identisch sind, d.h. wenn nicht in jeder Gruppe jedes latentes Konstrukt auf dieselbe Weise gemessen wird, dann können unterschiedliche Struktureffekte zwischen latenten Variablen nicht inhaltlich interpretiert werden, denn Gruppenunterschiede könnten dann ja auch schlicht aufgrund der unterschiedlichen Messung von latenten Variablen entstanden sein.

In der Forschungspraxis sollten Multigruppenanalysen in folgenden Schritten durchgeführt werden:

S1: Die latenten Messmodelle sollten separat geschätzt und für jede Gruppe auf ihre Konstruktvalidität (a.a.O.) hin geprüft werden. Die Messmodelle sollten dabei zunächst (dazu später mehr) in allen Gruppen identisch spezifiziert sein. Der Fit sollte in allen separat geschätzten Gruppen ausreichend hoch sein (a.a.O.: Fit-Indizes).

S2: Waren die Messmodellschätzungen in jeder Gruppe erfolgreich, so ist eine Multigruppenanalyse zu schätzen. Dabei müssen die Messmodelle, wie oben bereits erwähnt, möglichst identisch sein, um Vergleiche zwischen den Gruppen auf Ebene der Struktureffekte zu ermöglichen. Hierzu sind schrittweise Gleichheits-Constraints auf der Ebene der Messmodelle in der folgenden Reihenfolge einzusetzen:[8]

a) gleiche unstandardisierte Faktorladungen[9] (sog. "metrische Faktorinvarianz", a.a.O.);

b) gleiche Messfehlervarianzen (sog. "metrische Faktorinvarianz-plus", a.a.O.);

c) gleiche Faktorvarianzen (sog. "varianzbezogene Faktorinvarianz", a.a.O.).

Je mehr dieser Invarianzannahmen spezifiziert werden können und in der Schätzung zu einem akzeptablen Modellfit führen (a.a.O.: Fit-Indizes), desto besser ist ein Modell für Gruppenvergleiche auf Strukturmodellebene geeignet.

S3: Nunmehr sollten Chi-Quadrat-Differenzentests (a.a.O.) bzw. LM-Tests (a.a.O.) durchgeführt werden, um zu ermitteln, ob die Constraint-Annahmen auch zu einer signifikanten Verbesserung des Modellfits führen. Dabei

---

8   Dies gilt im Fall der Schätzung von Kovarianzstrukturen ohne Mittelwertstruktur. Für Modelle mit Mittelwertstruktur sind noch weitere Invarianzannahmen wie z.B. die Invarianz der Intercepts zu prüfen (a.a.O).

9   Diese sollte mindestens erfüllt sein.

wird eine Modellschätzung mit Gleichheitsannahmen einer Schätzung ohne Gleichheitsannahmen gegenüber gestellt. Wird der Chi^2-Wert nicht signifikant schlechter, wenn das Gleichheits-Constraint eingeführt wird, so kann die Gleichheitsannahme empirisch akzeptiert werden.

Die Modellvergleiche sollten schrittweise vollzogen werden, wenn die Constraints nicht nur für Faktorladungen, sondern auch für Messfehler- und Konstruktvarianzen getestet werden. Dann ist zunächst das Basismodell (ohne Constraints) dem Modell mit Faktorladungs-Invarianz gegenüberzustellen. Im Anschluss sollte das Modell mit gleichen Faktorladungen mit einem Modell verglichen werden, bei dem zusätzlich (!) die Messfehlervarianzen gleichgesetzt werden. Dementsprechend kann dann dieses Modell mit einem Modell verglichen werden, bei dem ergänzend auch die Faktorvarianzen gleichgesetzt werden.

S4: Nachdem die Messmodelle in allen Gruppen möglichst gleich spezifiziert wurden (mindestens mit gleichen Faktorladungen), können Strukturhypothesen überprüft werden. Postuliert z.B. eine Hypothese über einen Moderatoreffekt (a.a.O.) stärkere Struktureffekte in einer bestimmten Gruppe, so ist ein Mehrgruppen-SE-Modell inkl. Gleichheits-Constraints der Messmodelle mit einem Mehrgruppen-SE-Modell zu vergleichen, bei dem zusätzlich auch noch der interessierende Struktureffekt gleichgesetzt wird. Haben beide Modelle einen ausreichenden Fit und unterscheiden sich signifikant (in einem Chi-Quadrat-Differenzentest, a.a.O.), dann gilt die Moderatorhypothese als vorläufig nicht falsifiziert, d.h. dann hat sie sich empirisch bewährt.[10]

Häufig treten in Anwendungen der Multigruppenanalyse gravierende Probleme bei einem der oben genannten Schritte auf:

Was ist z.B. zu tun, wenn sich einige oder gar alle Gleichheitsannahmen der Messmodelle als empirisch falsch herausstellen? Dann bestände das Dilemma, dass zwar einerseits zum Zweck des Gruppenvergleichs die Gleichheitsannahmen aufrecht erhalten werden sollten, aber andererseits ein solches Modell nicht mehr den empirischen Gegebenheiten entspräche.

Ein pragmatischer Ausweg aus diesem Dilemma bestände darin, zum Zweck des Gruppenvergleichs zumindest die Faktorladungen gleich zu setzen, auch wenn

---

10 Alternativ kann zum Moderatortest auch ein Modell, bei dem neben den Messmodellen alle (!) Struktureffekte gleichgesetzt werden, mit einem Modell verglichen werden, das identisch spezifiziert ist, bei dem aber der interessierende Effekt frei geschätzt wird. Beide Verfahren zum Test von Moderatorhypothesen sollten i.d.R. zu identischen Ergebnissen führen. Da zumeist jedoch das Gleichsetzen aller Struktureffekte empirisch verworfen wird, ist die oben vorgestellte Strategie zum Moderatortest gebräuchlicher.

sich diese Gleichsetzungen als empirisch falsch herausstellen sollten. Denn wenn die Messmodelle in den Gruppen komplett unterschiedlich geschätzt würden, wären die Struktureffekte der Gruppen nicht mehr adäquat miteinander zu vergleichen. Voraussetzung dafür wäre allerdings, dass der Fit des Gesamtmodells auch mit Gleichheits-Constraints akzeptabel bliebe. Ist der Fit bei Faktorladungs-Invarianz sogar gut oder gar sehr gut, kann auch versucht werden, die Messmodelle noch strenger gleichzusetzen, indem auch die Invarianzen von Messfehlern und ggfs. von Faktorvarianzen in die Schätzung einbezogen werden.

Ist der Fit hingegen nicht mehr akzeptabel, wenn die Faktorladungen gleichgesetzt werden, dann kann versucht werden, einen akzeptablen Fit zu erreichen, indem nur einzelne Faktorladungen als gleich und die übrigen frei geschätzt werden (sog. "metrisch- partielle Faktorinvarianz", a.a.O.). Die Vergleichbarkeit der Gruppenergebnisse ist dann zwar eingeschränkt, aber in den meisten Fällen immer noch akzeptabel (solange die Mehrheit der Faktorladungen gleichgesetzt werden können).

Alternativ (oder ggfs. zusätzlich) zur partiellen Invarianz ist es auch möglich, kleinere Abweichungen in den Modellspezifikationen zwischen den Gruppen zuzulassen, z.B. eine zusätzliche Messfehlerkorrelation in nur einer Gruppe zu spezifizieren (was inhaltlich natürlich gut zu begründen wäre). Auch hier gilt: je weniger Unterschiede zwischen den gruppenspezifischen Modellen existieren, desto besser sind die Schätzergebnisse zu vergleichen. In aller Regel sollte jedoch versucht werden, die Messmodelle in allen Gruppen identisch zu spezifizieren (es sei denn, diese Unterschiede sind von substanziellem Interesse).

Zur Identifikation von Multigruppenmodellen gilt wie bei üblichen SE-Modellen die t-Regel (a.a.O.), der zufolge ein Modell dann überidentifiziert ist, wenn es mehr bekannte Datenpunkte als zu schätzende Parameter (t) enthält.

Bei Multigruppenmodellen besteht nun die Besonderheit, dass jede manifeste Variable (p) *gruppenspezifische* Varianz- und Kovarianzinformationen besitzt. Daher werden die Freiheitsgrade (df) in Multigruppenmodellen mit der folgenden modifizierten Formel ermittelt:

$$df = (p(p+1)/2)G - t$$

Die Formel ist identisch mit der herkömmlichen Bestimmung der Freiheitsgrade mit Ausnahme der Gruppenanzahl "G". Und wenn alle Parameter des Multigruppenmodells über alle Gruppen hinweg gleichgesetzt werden, entspricht die Anzahl der Freiheitsgrade derjenigen eines Eingruppenmodells.

Abbildung 6.1 zeigt die drei oben, unter Schritt 3 beschriebenen Modelle beispielhaft als Zweigruppenmodelle (G=2) mit zwei korrelierenden Faktoren, die jeweils vier Indikatoren aufweisen. Mit dem Symbol "**" wird angezeigt, dass der Parameter in beiden Gruppen frei zu schätzen ist, und mit "*=" wird angezeigt, dass für den frei zu schätzenden Parameter ein Gleichheits-Constraint zwischen den Gruppen gesetzt wird.

Wie in der Abbildung zu erkennen ist, nimmt die Anzahl der Freiheitsgrade zu, je mehr Gleichheits-Constraints ein Modell enthält, d.h. je weniger frei zu schätzende Parameter (t) spezifiziert werden.

Zusätzlich ist bei Multigruppenmodellen zu beachten, dass in allen Gruppen derselbe Referenzindikator zur Identifikation der Metrik des jeweiligen Faktors durch Fixierung der unstandardisierten Faktorladung auf "1.00" verwendet wird (a.a.O.: Faktor-Skalierung). Für diese Faktorladungen müssen natürlich auch keine gesonderten Gleichheits-Constraints definiert werden, da alle betreffenden Faktorladungen ja auf 1.00 festgesetzt werden.

Problematisch bei diesem Vorgehen ist jedoch, dass die implizite Gleichheitsannahme ("Die Referenzindikatoren sind in jeder Subgruppe gleich und haben immer eine Faktorladung von 1.00") empirisch falsch sein kann, aber nicht zu überprüfen ist, da die Faktorladungen ja auf einen Wert fixiert und nicht frei geschätzt werden. Daher kann es empfehlenswert sein, die Multigruppenschätzung mit anderen Referenzindikatoren zu wiederholen, und schließlich denjenigen Referenzindikator für das Endmodell auszuwählen, bei dem die in in den Subgruppen frei geschätzten, unstandardisierten Faktorladungen ähnlich hoch sind (oder bei dem der LM- bzw. Chi-Quadrat-Test anzeigt, dass die Gleichheitsannahme empirisch zutrifft).

228 Wie können die SEM-Schätzungen für mehrere Subgruppen miteinander verglichen werden?

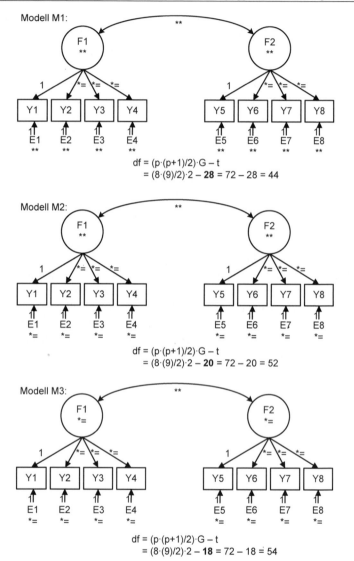

Abbildung 6.1: Beispiel für drei Varianten eines Zweigruppenmodells: mit metrischer Faktorinvarianz (M1), mit zusätzlicher Messfehler-Invarianz (M2) und mit zusätzlicher Faktorvarianz-Invarianz (M3)

Sollen in der Mehrgruppenanalyse auch Differenzen zwischen den latenten Mittelwerten (a.a.O.) von Gruppen untersucht werden, so kann die Signifikanz von Unterschieden zwischen den gruppenspezifischen Mittelwerten durch einen Mittelwert-Differenzentest überprüft werden. Vgl. dazu auch das folgende Kapitel 6.2.1 "Multigruppenvergleiche mit latenten Mittelwerten".

6.2.1 Multigruppenvergleiche mit latenten Mittelwerten

In Multigruppenanalysen (a.a.O.) mit SE-Modellen, die eine Mittelwertstruktur aufweisen (a.a.O.: latente Mittelwerte), kann danach gefragt werden, ob sich die Mittelwerte von latenten Konstrukten zwischen zwei oder mehr Gruppen (in der Regel: Gruppen von befragten Personen) signifikant voneinander unterscheiden. So ließe sich z.B. in einer Multigruppenanalyse der Frage nachgehen, ob das Umweltbewusstsein von Frauen im Mittel höher oder niedriger ist als das Umweltbewusstsein von Männern.

Generell gilt wie bei allen Modellen mit Mittelwertstruktur (a.a.O.), dass sowohl die Kovarianzstruktur als auch die Mittelwertstruktur für sich genommen überidentifiziert sein müssen. In der SEM-Analyse werden bei einer Multigruppenmodellierung zunächst Gleichheits-Constraints zwischen den Mittelwertstrukturen der einzelnen Gruppen gesetzt, wodurch diese Modelle die gewünschte Überidentifikation (a.a.O.) erreichen können.[11]

Wird z.B. das Modell aus Abbildung 5.9 (in Kap. 5.3) getrennt für zwei Gruppen, z.B. für Frauen und Männer, geschätzt, so liegen sechs beobachtete Mittelwert-Informationen pro Gruppe, also insgesamt zwölf Mittelwert-Informationen, vor (sechs Indikatoren pro Gruppe). Werden nun für die Intercepts der Indikatoren über die beiden Gruppen hinweg Gleichheits-Constraints eingeführt (wodurch eine sog. "skalare Invarianz" hergestellt wird, a.a.O.), dann müssen bei insgesamt zwölf beobachteten Mittelwert-Informationen nur sechs Indikator-Intercepts geschätzt werden, sodass dadurch sechs Freiheitsgrade auf der Ebene der Mittelwertstruktur gewonnen werden. Zudem sorgen diese Intercept-Constraints (zusammen mit Faktorladungs-Constraints bzw. mit Faktorinvarianzen, a.a.O.) dafür, dass die Messmodelle in den Gruppen möglichst gleich sind und dadurch eine hohe Gruppen-Vergleichbarkeit auf Messebene gewährleistet ist.

---

11 Allgemein gilt für Multigruppenanalysen mit Mittelwertstruktur zur Prüfung der Identifiziertheit des Gesamtmodells die folgende modifizierte t-Regel: $t \leq [p(p+1) / 2] \times G + p \times G$ (mit G=Gruppenanzahl, p=Anzahl manifester Variablen und t=Anzahl freier Schätzparameter)

Zusätzlich zur Identifikation der Indikator-Mittelwertstrukturen müssen in SEM-Multigruppenanalysen mit Mittelwert-Schätzung der latenten Variablen immer auch die latenten Mittelwertstrukturen identifiziert sein. Zur Identifikation der latenten Mittelwerte in Multigruppenanalysen können zwei verschiedene Strategien eingesetzt werden (vgl. hierzu ausführlich Little et al. 2006).

Die am häufigsten angewendete Strategie ist die sog. Referenzgruppen-Methode. Dabei werden in einer Gruppe, die als Referenzgruppe dient, alle latenten Faktormittelwerte auf den Wert "0" fixiert. Die latenten Mittelwerte in der/den übrigen Gruppe/n werden dann als freie Modellparameter in Form von Differenzen zu den Mittelwerten in der Referenzgruppe (die auf "0" fixiert wurden) geschätzt.

Somit wird nach dieser Strategie in der SEM-Analyse getestet, ob der latente Mittelwert eines jeden Faktors in jeder frei zu schätzenden Gruppe höher (positive Schätzwerte) oder niedriger (negative Schätzwerte) ist als der entsprechende latente Mittelwert in der Referenzgruppe (der auf "0" fixiert wurde). Die Mittelwertdifferenz wird dabei in der Skalierung des jeweiligen Faktors ausgegeben und kann insofern auch substanziell-inhaltlich interpretiert werden.

Von dieser Vorgehensweise unberührt muss weiterhin (in jeder Gruppe!) eine Faktorladung pro Konstrukt auf "1.00"fixiert werden.

Wenn diese Referenzgruppen-Methode auf das SE-Modell in Abbildung 5.9 (in Kap. 5.3) (als Zweigruppenmodell) angewandt wird, sind darin 6 Indikator-Intercepts (aufgrund der Gleichheits-Constraints) und 2 latente Mittelwerte (F1 und F2) in nur einer Gruppe (aufgrund der Fixierung der latenten Mittelwerte auf "0" in der Referenzgruppe) frei zu schätzen. In diesem Multigruppenmodell wäre somit auch die Mittelwertstruktur überidentifiziert und könnte empirisch getestet werden (12 empirische Datenpunkte vs. 8 zu schätzende Parameter).

Bei einer Zweigruppenanalyse nach der Referenzgruppen-Methode könnte z.B. ein signifikanter latenter Mittelwert (relativ zu 0.00) von 2.01 geschätzt werden. Was würde dieser Differenzwert nun inhaltlich bedeuten? Was ließe sich über den Zahlenwert aussagen, außer dass die Differenz signifikant ist?

Entscheidend wäre zunächst die Skalierung der latenten Variablen, die diese von ihrem Referenzindikator erhält. Ist dieser mit einer 5-Punkte-Ratingskala gemessen, so würde eine Differenz von 2.01 auf einen recht hohen Unterschied zwischen den Gruppen hindeuten.

Ergänzend zur Interpretation von latenten Mittelwertdifferenzen kann die "d-Statistik" (nach Cohen 1988) berechnet werden, die sich ergibt aus: "(Gruppen-Mittelwertdifferenz) / (pooled within-group standard deviation)". Letzere erhält man, wenn man die Quadratwurzel aus dem Mittel der Faktorvarianzen in beiden Gruppen berechnet:

SQRT($(Var_{F1,G1} + Var_{F1,G2})/2$),

welche z.B. 1.41 sein könnte. Dann wäre die d-Statistik 2.01/1.41 = 1.43. Die Mittelwertdifferenz zwischen den Gruppen würde somit 1.43 Standardabweichungen betragen. Nach Cohen indizieren d-Werte um 0.20 "kleine" Differenzen, um 0.50 "mittlere" Differenzen, und d-Werte größer als 0.80 "große" Differenzen.

Eine Alternative zur Referenzgruppen-Methode ist die sog. Markervariablen-Methode. Hierbei wird pro Konstrukt (in allen Gruppen gleichermaßen!) ein Indikator bestimmt, der das Konstrukt besonders gut repräsentiert und folglich als Marker-(bzw. Referenz-)variable fungiert. Die Faktorladung dieser Variablen wird auf "1" und das entsprechende Indikator-Intercept auf "0" fixiert. Die Faktormittelwerte und -varianzen können dann alle frei geschätzt werden. Allerdings ergibt sich bei dieser Methode ein Faktormittelwert, der dem Mittelwert des Indikators, dessen Intercept auf "0" und dessen Faktorladung auf "1" fixiert wurde, entspricht. Somit bestimmt hier die Auswahl der Markervariablen die Schätzergebnisse der SEM-Analyse (vgl. Little et al. 2006).[12]

Grundsätzlich gilt bei allen hier beschriebenen Analysestrategien: In Modellen mit zu schätzenden Mittelwertstrukturen reagiert das Schätzverfahren häufig in sehr sensibler Weise auf die vorgegebenen Startwerte und verweigert auch häufig ein iteratives Ergebnis. Deshalb können ggf. die beobachteten Mittelwerte als Startwerte für die Schätzung der Indikator-Intercepts benutzt werden. Als Startwerte für die latenten Mittelwerte exogener latenter Faktoren muss dann ein Durchschnittswert über alle Indikatorenmittelwerte berechnet werden.

---

12 Eine weitere, dritte Strategie, die in der Praxis selten angewendet wird, ist die Effektkodierungs-Methode. Dabei werden Constraints der Modellparameter so gesetzt, dass für jedes Konstrukt die Indikator-Intercepts in der Summe "0" und die Faktorladungen im Mittel "1" ergeben. Bei einem Konstrukt mit zwei Indikatoren kann dies dadurch erreicht werden, dass die Faktorladung (λ) des zweiten Indikators auf "$2 - \lambda_{Indikator1}$" und das entsprechende Intercept (I) auf "$0 - I_{Indikator1}$" gesetzt wird (vgl. dazu Little et al. 2006).

7 Anhang

7.1 SEM-Notation nach LISREL (reduziert)

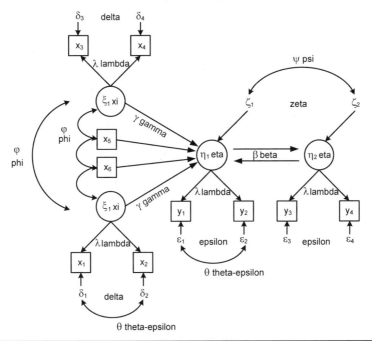

Griechisches Alphabet					
Zeichen	**Sprechweise**	**Zeichen**	**Sprechweise**	**Zeichen**	**Sprechweise**
A, α	Alpha	I, ι	Jota	P, ρ	Rho
B, β	Beta	K, κ	Kappa	Σ, σ	Sigma
Γ, γ	Gamma	Λ, λ	Lamda	T, τ	Tau
Λ, δ	Delta	M, μ	My	Y, υ	Ypsilon
E, ε	Epsilon	N, ν	Ny	Φ, φ	Phi
Z, ζ	Zeta	Ξ, ξ	Xi	X, χ	Chi
H, η	Eta	O, ο	Omikron	Ψ, ψ	Psi
Θ, θ	Theta	Π, π	Pi	Ω, ω	Omega

Varianz-Kovarianzmatrizen: PHI, GAMMA, BETA, PSI, LAMBDA-X, LAMBDA-Y, THETA-EPSILON, THETA-DELTA

Vektoren: XI, ETA, ZETA, X, Y, DELTA, EPSILON

7.2 SEM-Notation nach EQS (Bentler-Weeks-Modell) (reduziert)

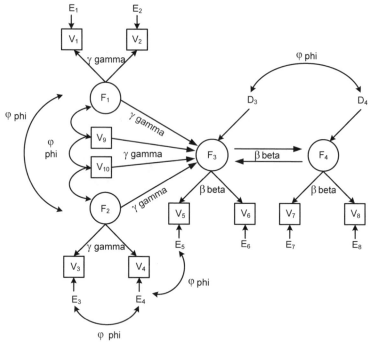

Griechisches Alphabet					
Zeichen	**Sprechweise**	**Zeichen**	**Sprechweise**	**Zeichen**	**Sprechweise**
A, α	Alpha	I, ι	Jota	P, ρ	Rho
B, β	Beta	K, κ	Kappa	Σ, σ	Sigma
Γ, γ	Gamma	Λ, λ	Lamda	T, τ	Tau
Δ, δ	Delta	M, μ	My	Y, υ	Ypsilon
E, ε	Epsilon	N, ν	Ny	Φ, φ	Phi
Z, ζ	Zeta	Ξ, ξ	Xi	X, χ	Chi
H, η	Eta	O, ο	Omikron	Ψ, ψ	Psi
Θ, θ	Theta	Π, π	Pi	Ω, ω	Omega

Varianz-Kovarianzmatrix von unabhängigen Variablen: PHI (P), z.B. PVV, PEE, PEF, PFV
Regressionsmatrix von unabhängigen und abhängigen Variablen: GAMMA (G), z.B. GFF, GVF, GFV
Regressionsmatrix von abhängigen Variablen: BETA (B), z.B. BFF, BVF, BFV
Vektoren: F, V, E, D

7.3 SEM-Notation nach Mplus (reduziert)

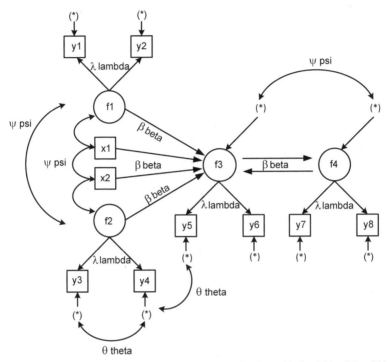

(*) In der Mplus-Notation wird keine spezielle Bezeichnung für die Residualvariablen (Messfehler der manifesten Indikatoren) und für die Disturbances (Residuen der latenten Konstrukte) benutzt.

Griechisches Alphabet					
Zeichen	Sprechweise	Zeichen	Sprechweise	Zeichen	Sprechweise
A, α	Alpha	I, ι	Jota	P, ρ	Rho
B, β	Beta	K, κ	Kappa	Σ, σ	Sigma
Γ, γ	Gamma	Λ, λ	Lamda	T, τ	Tau
Δ, δ	Delta	M, μ	My	Y, υ	Ypsilon
E, ε	Epsilon	N, ν	Ny	Φ, φ	Phi
Z, ζ	Zeta	Ξ, ξ	Xi	X, χ	Chi
H, η	Eta	O, o	Omikron	Ψ, ψ	Psi
Θ, θ	Theta	Π, π	Pi	Ω, ω	Omega

Varianz-Kovarianzmatrizen: BETA, PSI, LAMBDA, THETA
Vektoren: F, X, Y

7.4 Vereinfachte SEM-Notation (verwendet im vorliegenden Skript)

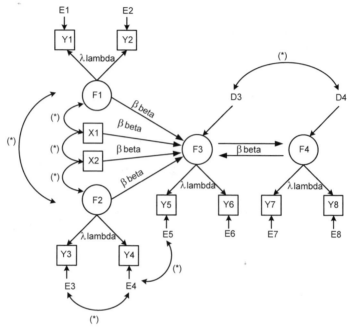

(*) Im vorliegenden Skript wird zur Bezeichnung aller Varianzen und Kovarianzen keine spezielle SEM-Notation benutzt. Stattdessen werden dafür die allgemeinen statistischen Bezeichnungen "Var" und "Cov" verwendet.

Griechisches Alphabet					
Zeichen	Sprechweise	Zeichen	Sprechweise	Zeichen	Sprechweise
A, α	Alpha	I, ι	Jota	P, ρ	Rho
B, β	Beta	K, κ	Kappa	Σ, σ	Sigma
Γ, γ	Gamma	Λ, λ	Lamda	T, τ	Tau
Λ, δ	Delta	M, μ	My	Y, υ	Ypsilon
E, ε	Epsilon	N, ν	Ny	Φ, φ	Phi
Z, ζ	Zeta	Ξ, ξ	Xi	X, χ	Chi
H, η	Eta	O, o	Omikron	Ψ, ψ	Psi
Θ, θ	Theta	Π, π	Pi	Ω, ω	Omega

Regressionsmatrix im Strukturmodell: BETA
Regressionsmatrix in Messmodellen: LAMBDA
Vektoren: X, Y, F, E, D

Literaturverzeichnis

Abelson, R.P., 1995: Statistics as principled argument. Hillsdale: Erlbaum.
Agresti, A., 1990: Categorical data analysis. New York: Wiley.
Aiken, L.S. / West, S.G., 1991: Multiple regression: Testing and interpreting interactions. London: Sage.
Akaike, H., 1987: Factor analysis and AIC. Psychometrika 52: 317-332.
Algina, J. / Olejnik, S., 2000: Determining sample size for accurate estimation of the squared multiple correlation coefficient. Multivariate Behavioral Research 35: 119-136.
Allison, P.D., 1987: Introducing a disturbance into logit and probit regression models. Sociological Methods and Research 15: 355-374.
Alwin, D.F., 1988: Measurement and the interpretation of effects in structural equation models. S. 15-45 in: Long, J.S. (ed.), Common problems/ Proper solutions. Avoiding error in quantitative research. New York: Sage.
Andress, H.-J. / Hagenaars, J. / Kühnel, S., 1997: Maximum-Likelihood-Schätzungen. S. 40-45 in: dies.: Analyse von Tabellen und kategorialen Daten. Berlin: Springer.
Andrews, F.M., 1984: Construct validity and error components of survey measures: A structural modeling approach. Public Opinion Quarterly 48: 409-442.
Babakus, E. / Ferguson, C.E. / Jöreskog, K.G., 1987: The sensivity of confirmatory maximum likelihood factor analysis to violations of measurement scale and distributional assumptions. Journal of Marketing Research 24: 222-228.
Bacon, D.R. / Sauer, P.L. / Young, M., 1995: Composite reliability in structural equations modeling. Educational and Psychological Measurement 55: 394-406.
Bagozzi, R.P., 1994: Effects of arousal on organization of positive and negative affect and cognitions: Application to attitude theory. Structural Equation Modeling: A Multidisciplinary Journal 1: 222-252.
Bandalos, D.L. / Enders, C.K., 1996: The effects of nonnormality and number of response categories on reliability. Applied Measurement in Education 9: 151-160.
Bedeian, A.G. / Day, D.V. / Kelloway, E.K., 1997: Correcting for measurement error attenuation in structural equation models: Some important reminders. Educational and Psychological Measurement 57: 785-799.
Bentler, P.M., 2000: Rites, wrongs, and gold in model testing. Structural Equation Modeling: A Multidisciplinary Journal 7: 82-91.

Bentler, P.M., 2006: EQS 6 Structural equation program manual. Encino/CA: Multivariate Software, Inc.
Bentler, P.M. / Bonett, D.G., 1980: Significance tests and goodness of fit in the analysis of covariance structures. Psychological Bulletin 88: 588-606.
Bentler, P.M. / Chou, C.-P., 1987: Practical issues in structural modeling. Sociological Methods and Research 16: 78-117.
Bentler, P.M. / Chou, C.-P., 1992: Some new covariance structure model improvement statistics. Sociological Methods and Research 21: 259-282.
Bentler, P.M. / Raykov,T., 2000: On measures of explained variance in nonrecursive structural equation models. Journal of Applied Psychology 85: 125-131.
Biesanz, L,. 2012: Autoregressive longitudinal models. S. 459-471 in: Hoyle, R.H. (ed.), Handbook of structural equation modeling. New York/London: The Guilford Press.
Bollen, K.A., 1989: Structural equations with latent variables. New York: Wiley.
Bollen, K.A., 2000: Modeling strategies: In search of the holy grail. Structural Equation Modeling: A Multidisciplinary Journal 7: 74-81.
Bollen, K.A. / Curran, P.J., 2006: Latent curve models: A structural equation approach. Sussex: Wiley.
Bollen, K.A. / Lennox, R., 1991: Conventional wisdom on measurement: A structural equation perspective. Psychological Bulletin 110: 305-314.
Boomsma, A., 1982: The robustness of LISREL against small sample sizes in factor analysis models. S. 149-174 in: Jøreskog, K.G. / Wold, H. (eds.), Systems under indirect observation: Causality, structure, prediction (Band 1). Amsterdam: North-Holland.
Boomsma, A., 1983: On the robustness of LISREL (maximum likelihood estimation) against small sample size and non-normality. Amsterdam: Sociometric Research Foundation.
Boomsma, A. / Hoogland, J.J., 2001: The robustness of LISREL modeling revisited. S. 139-168 in: Cudeck, R. / du Toit, S. / Sørbon, D. (eds.), Structural equation models: present and future. A Festschrift in honor of Karl Jøreskog. Chicago: Scientific Software International.
Brandmaier, R. / Mathes, H.,1992: Güte der Schätzer bei Strukturgleichungsmodellen mit mehrstufig ordinalen Variablen. S. 92-118 in: Reinecke, J. / Krekeler, G. (Hrsg.), Methodische Grundlagen und Anwendungen von Strukturgleichungsmodellen. Mannheim: FRG e.V.
Brito, C. / Pearl, J., 2002: A new identification condition for recursive models with correlated errors. Structural Equation Modeling: A Multidisciplinary Journal 9: 459-474.

Brown, R.L., 1989: Using covariance modeling for estimating reliability on scales with ordered polytomous variables. Educational and Psychological Measurement 49: 385-398.

Brown, R.L., 2001: Is it a problem if I use dichotomous data in scale development? Comparison of the pearson and tetrachoric correlation in scale development using dichotomous observed variables. Madison: University of Wisconsin.

Brown, T.A., 2006: Confirmatory factor analysis for applied research. New York/ London: The Guilford Press.

Browne, M.W. / Cudeck, R., 1992: Alternative ways of assessing model fit. Sociological Methods and Research 21: 230-258.

Burt, R. S., 1973: Confirmatory factor-analytic structures and the theory construction process (plus corrigenda). Sociological Methods and Research 2: 131–190.

Burt, R.S., 1976: Interpretational confounding of unobserved variables in structural equation models. Sociological Methods and Research 5: 3-51.

Byrne, B.M., 1995: One application of structural equation modeling from two perspectives. Exploring the EQS and LISREL strategies. S. 138-157 in: Hoyle, R.H. (ed.), Structural equation modeling: Concepts, issues, and applications. Tousand Oaks, CA: Sage.

Byrne, B.M., 2006: Structural equation modeling with EQS and EQS/Windows. Basic concepts, applications, and programming (2nd ed.). Mahwah: Erlbaum.

Byrne, B.M., 2010: Structural equation modeling with AMOS. Basic concepts, applications and programming (2nd edition). New York/London: Routledge.

Byrne, B.M. / Shavelson, R.J. / Muthén, B., 1989: Testing for the equivalence of factor covariance and mean structures: The issue of partial measurement invariance. Psychological Bulletin 105: 456-466.

Chan, D., 2001: Latent Growth Modeling. S. 302-349 in: Drasgow, F. / Schmitt, N. (eds.), Measuring and analysing behavior in organizations. San Francisco: Jossey-Bass.

Chen, F. / Bollen, K.A. / Paxton, P. / Curran, P.J. / Kirby, J.B., 2001: Improper solutions in structural equation models: Causes, consequences, and strategies. Sociological Methods and Research 29: 468-508.

Cheung, G.W. / Rensvold, R.B., 1999: Testing factorial invariance across groups: A reconceptualization and proposed new method. Journal of Management 25: 1-27.

Cheung, G.W. / Rensvold, R.B., 2002: Evaluation goodness-of-fit-indexes for testing measurement invariance. Structural Equation Modeling: A Multidisciplinary Journal 9: 233-255.

Chou, C.-P. / Bentler, P.M., 1995: Estimates and tests in structural equation modeling. S. 37-55 in: R. H. Hoyle (ed.), Structural equation modeling: Concepts, issues and applications. Thousand Oaks, CA: Sage.

Christ, O. / Schlüter, E., 2012: Strukturgleichungsmodelle mit Mplus. Eine praktische Einführung. München: Oldenbourg Verlag.

Coenders, G. / Satorra, A. / Saris, W.E., 1997: Alternative approaches to structural modeling of ordinal data: A monte carlo study. Structural Equation Modeling: A Multidisciplinary Journal 4: 261-282.

Cohen, J., 1988: Statistical power analysis for the behavioral sciences (2nd edition) London: Erlbaum.

Cohen, P. / Cohen, J. / Teresi, J. / Marchi, M.L. / Velez, C.N., 1990: Problems in the measurement of latent variables in structural equations causal models. Applied Psychological Measurement 14: 183-196.

Cribbie, R.A. / Jamieson, J., 2000: Structural equation models and the regression bias for measuring correlates of change. Educational and Psychological Measurement 60: 893-907.

Cunningham, W.R., 1991: Issues in factorial invariance. S. 106-113 in: Collins, L.M. / Horn, J.L. (eds.), Best methods for the analysis of change. Washington: American Psychological Association.

Curran, P.J. / Bollen, K.A. / Chen, F. / Paxton, P. / Kirby, J.B., 2003: Finite sampling properties of the point estimates and confidence interval of the RMSEA. Sociological Methods and Research 32: 208-252.

Curran, P.J. / West, S.G. / Finch, J., 1996: The robustness of test statistics to nonnormality and specification error in confirmatory factor analysis. Psychological Methods 1: 16-29.

Duncan, S.C. / Duncan, T.E. / Stycker, L.A. / Li, F. / Alpert, A., 1999: An introduction to latent variable growth curve modeling: Concepts, issues, and applications. Mahwah, N.J.: Erlbaum.

Davis, W.R., 1993: The FC1 rule of identification for confirmatory factor analysis. A general sufficient condition. Sociological Methods and Research 21: 403-437.

Diamantopoulos, A. / Winklhofer, H.M., 2001: Index construction with formative indicators: An alternative to scale development. Journal of Marketing Research 38: 269-277.

Ding, L. / Velicer, W.F. / Harlow, L.L., 1995: Effects of estimation methods, number of indicators per factor, and improper solutions on structural equation modeling fit indices. Structural Equation Modeling: A Multidisciplinary Journal 2: 119-144.

Ditlevsen, S. / Christensen, U. / Lynch, J. / Damsgaard, T.B. / Keiding, N., 2002: The mediation proportion: A structural equation approach with an application to a common problem in social epidemiology (Research Report No. 11). Copenhagen: Department of Biostatistics.

Edwards, J.R. / Bagozzi, R.P., 2000: On the nature and direction of relationships between constructs and measures. Psychological Methods 5: 155-174.

Eid, M., 2000: A multitrait-multimethod model with minimal assumption. Psychometrika 65: 241-261.

Eid, M. / Nussbeck, F.W. / Geiser, C. / Cole, D.A. / Gollwitzer, M. / Lischetzke, T., 2008: Structural equation modeling of multitrait-multimethod data: Different models for different types of methods. Psychological Methods 13: 230-253.

Eid, M. / Schneider, C. / Schwenkmezger, P., 1999: Do you feel better or worse? The validity of perceived deviations of mood states from mood traits. European Journal of Personality 13: 283-306.

Enders, C.K., 2001: The impact of nonnormality on full information maximum-likelihood estimation for equation models with missing data. Psychological Methods 6: 352-370.

Fan, X. / Thompson, B. / Wang, L., 1999: Effects of sample size, estimation methods, and model specification on structural equation modelling fit indices. Structural Equation Modeling: A Multidisciplinary Journal 6: 56-83.

Faulbaum, F. / Bentler, P.M., 1994: Causal modeling: Some trends and perspectives. S. 224-241 in: Borg, I. / Mohler, P.P. (eds.), Trends and perspectives in empirical social research. Berlin: Walter de Gruyter.

Finch, J.F. / West, S.G. / MacKinnon, D.P., 1997: Effects of sample size and nonnormality on the estimation of mediated effects in latent variable models. Structural Equation Modeling: A Multidisciplinary Journal 4: 87-107.

Flora, D.B. / Curran, P.J., 2004: An empirical evaluation of alternative methods of estimation for confirmatory factor analysis with ordinal data. Psychological Methods 9: 466-491.

Frone, M.R. / Russel, M. / Cooper, M.L., 1994: Relationship between job and family satisfaction: Causal or noncausal covariation? Journal of Management 20: 565-579.

Geiser, C., 2010: Datenanalyse mit Mplus. Eine anwendungsorientierte Einführung. Wiesbaden: VS Verlag.

Geiser, C. / Eid, M. / Nussbeck, F.W. / Courvoisier, D.S. / Cole, D.A., 2010: Analyzing true change in longitudinal multitrait-multimethod studies: Application of a multimethod change model to depression and anxiety in children. Developmental Psychology 46: 29-45.

Gerbing, D.W. / Anderson, J.C., 1984: On the meaning of within-factor correlated measurement errors. Journal of Consumer Research 11: 572-580.
Graham, J.M. / Guthrie, A.C. / Thompson, B., 2003: Consequences of not interpreting structure coefficientes in published CFA research: A reminder. Structural Equation Modeling: A Multidisciplinary Journal 10: 142-153.
Grapentine, T., 2000: Path analysis vs. structural equation modeling. Marketing Research 12: 12-20.
Green, S.B. / Akey, T.M. / Fleming, K.K. / Hersberger, S.L. / Marquis, J.G., 1997: Effect of the number of scale points on chi-square fit indices in confirmatory factor analysis. Structural Equation Modeling: A Multidisciplinary Journal 4: 108-120.
Green, S.B. / Thompson, M.S. / Poirier, J., 1999: Exploratory analyses to improve model fit: Errors due to misspecification and a strategy to reduce their occurrence. Structural Equation Modeling: A Multidisciplinary Journal 6: 113-126.
Greenland, S. / Maclure, M. / Schlesselman, J.J. / Poole, C. / Morgenstern, H., 1991: Standardized regression coefficients: A further critique and review of some alternatives. Epidemiology 2: 387-392.
Greenland, S. / Schlesselman, J.J. / Criqui, M.H., 1986: The Fallacy of employing standardized regression coefficients and correlations as measures of effect. Journal of Epidemiology 123: 203-208.
Guadagnoli, E. / Velicer, W.F., 1988: Relation of sample size to the stability of component patterns. Psychological Bulletin 103: 265-275.
Hancock, G.R. / Freeman, M.J., 2001: Power and sample size for the root mean square error of approximation test of not close fit in structural equation modeling. Educational and Psychological Measurement 61: 741-758.
Hayduk, L.A., 1987: Structural equation modeling with LISREL. Baltimore: The Johns Hopkins University Press.
Hayduk, L.A. / Avakame, E.F., 1990/91: Modeling the deterrent effect of sanctions on family violence: Some variations of the deterrence theme. Criminometrica 6/7: 16-37.
Hayduk, L. / Cummings, G. / Stratkotter, R. / Nimmo, M. / Grygoryev, K. / Dosman, D. / Gillespie, M. / Pazderka-Robinson, H. / Boadu, K., 2003: Pearl's D-separation: One more step into causal thinking. Structural Equation Modeling: A Multidisciplinary Journal 10: 289-311.
Hayduk, L.A. / Glaser, D.N., 2000: Jiving the four-step, waltzing around factor analysis, and other serious fun. Structural Equation Modeling: A Multidisciplinary Journal 7: 1-35.

Heck, R.H., 2001: Multilevel modeling with SEM. S. 89-127 in: Marcoulides, C.A. / Schumacker, R.E. (eds.), New developments and techniques in structural equation modeling. London: Erlbaum.

Heck, R.H. / Thomas, S.C., 2009: An introduction to multilevel modeling techniques (2nd ed.). New York: Routledge.

Herting, J.R / Costner, H.L., 2000: Another perspective on "The proper number of factors" and the appropriate number of steps. Structural Equation Modeling: A Multidisciplinary Journal 7: 92-110.

Holmbeck, G. N., 1997: Toward terminological, conceptual, and statistical clarity in the study of mediators and moderators: Examples from the child-clinical and pediatric psychology literatures. Journal of Consulting and Clinical Psychology 65: 599-610.

Hoogland, J.J. / Boomsma, A., 1998: Robustness studies in covariance structure modeling. An overview and a meta-analysis. Sociological Methods and Research 26: 329-367.

Horan, P.M. / DiStefano, C. / Motl, R.W., 2003: Wording effects in self-esteem scales: Methodological artifact or response style? Structural Equation Modeling: A Multidisciplinary Journal 10: 435-455.

Horn, J.L., 1991: Comments on issues in factorial invariance. S. 114-125 in: Collins, L.M. / Horn, J.L. (eds.), Best methods for the analysis of change. Washington: American Psychological Association.

Hosmer, D.W. / Lemeshow, S., 1989: Applied logistic regression. New York: Wiley.

Hox, J.J., 2010: Multivariate multilevel regression analysis. S. 157-174 in: Skrondal, A. / Rabe-Hesketh, S. (eds.), Multilevel modelling (Vol. IV). London: Sage.

Hoyle, R.H. / Kenny, D.A., 1999: Sample size, reliability, and tests of statistical mediation. S. 195-222 in: Hoyle, R.H. (eds.), Statistical strategies for small sample research. Thousand Oaks: Sage.

Hu, L.T. / Bentler, P.M., 1995: Evaluating model fit. S. 76-99 in: Hoyle, R.H. (ed.), Structural equation modeling. Concepts, issues, and applications. Thousand Oaks, CA: Sage.

Hu, L. / Bentler, P.M., 1999: Cutoff criteria for fit indexes in covariance structure analysis: conventional criteria versus new alternatives. Structural Equation Modeling: A Multidisciplinary Journal 6: 1-55.

Hu, L. / Bentler, P.M. / Kano, Y., 1992: Can test statistics in covariance structure analysis be trusted? Psychological Bulletin 112: 351-362.

Hutchinson, S.R. / Olmos, A., 1998: Behavior of descriptive fit indexes in confirmatory factor analysis using ordered categorical data. Structural Equation Modeling: A Multidisciplinary Journal 5: 334-364.
Jackson, D.L., 2001: Sample size and number of parameter estimates in maximum likelihood confirmatory factor analysis: A Monte Carlo investigation. Structural Equation Modeling 8: 205-223.
Jackson, D.L., 2003: Revisiting sample size and number of parameter estimates: Some support for the n:q hypothesis. Structural Equation Modeling: A Multidisciplinary Journal 10: 128-141.
Jagodzinski, W., 1984: Wie transformiert man labile in stabile Relationen? Zur Persistenz postmaterialistischer Wertorientierungen. Zeitschrift für Soziologie 13: 225-242.
Jarvis, C.B. / MacKenzie, S.B. / Podsakoff, P.M., 2003: A critical review of construct indicators and measurement model misspecification in marketing and consumer Research. Journal of Consumer Research 30: 199-218.
Julian, M.W., 2001: The consequences of ignoring multilevel data structures in nonhierarchical covariance modeling. Structural Equation Modeling: A Multidisciplinary Journal 8: 325-352.
Kaplan, D., 1997: Statistical power in structural equation modeling. S. 110-117 in: Hoyle, R.H. (ed.), Structural equation modeling: Concepts, issues, and applications. Thousand Oaks: Sage.
Kaplan, D., 2000: Structural equation modeling. Foundations and extensions. Thousand Oaks: Sage.
Kaplan, D. / Elliott, P.R., 1997: A didactic example of multilevel structural equation modeling applicable to the study of organizations. Structural Equation Modeling: A Multidisciplinary Journal 4: 1-24.
Kenny , D.A., 2012: Measuring model fit. http://davidakenny.net/cm/fit.htm; zugegriffen am 29.11.2012.
Kenny, D.A. / Judd, C.M., 1984: Estimating the nonlinear and interactive effects of latent variables. Psychological Bulletin 96: 201-220.
Kenny, D. A. / Kashy, D. A., 1992: Analysis of the multitrait-multimethod matrix by confirmatory factor analysis. Psychological Bulletin 112: 165–172.
Kenny, D.A. / McCoach, D.B., 2003: Effect of the number of variables on measures of fit in structural equation modeling. Structural Equation Modeling: A Multidisciplinary Journal 10: 333-351.
Kimmel, H.D., 1957: Three criteria for the use of one-tailed-tests. Psychological Bulletin 54: 351-353.

King, G., 1986: How not to lie with statistics: Avoiding common mistakes in quantitative political science. American Journal of Political Science 30: 666-687.
Kleinbaum, D.G. / Kupper, L.L. / Muller, K.E., 1988: Applied regression analysis and other multivariate methods. Belmont: Duxbury.
Kline, R.B., 1998: Principles and practice of structural equation modeling. New York: Guilford Press.
Kline, R.B., 2000: Supplemental Chapter D: Latent growth models. www.psychology.concordia.ca/fac/Kline/supplemental/latent_d.html; zugegriffen am 13.12.2012.
Kline, R.B, 2011: Principles and practice of structural equation modeling (3rd ed.). New York: Guilford Press.
Kumar, A. / Sharma, S., 1999: A metric measure for direct comparison of competing models in covariance structure analysis. Structural Equation Modeling: A Multidisciplinary Journal 6: 169-197.
Lee, S. / Hershberger, S., 1990: A simple rule for generating equivalent models in covariance structure modeling. Multivariate Behavioral Research 25: 313-334.
Lindenberg, S., 1991: Die Methode der abnehmenden Abstraktion: Theoriegesteuerte Analyse und empirischer Gehalt. S. 29-78 in: Esser, H. / Troitzsch, K.G. (Hrsg.), Modellierung sozialer Prozesse. Bonn: Informationszentrum Sozialwissenschaften.
Little, T.D. / Bovaird, J.A. / Widaman, K.F., 2006: On the merits of orthogonalizing powered and product terms: Implications for modeling interactions among latent variables. Structural Equation Modeling: A Multidisciplinary Journal 13: 497-519.
MacCallum, R.C. / Browne, M.W. / Cai, L., 2006: Testing differences between nested covariance structure models: Power analysis and null hypotheses. Psychological Methods 11: 19-35.
MacCallum, R.C. / Browne, M.W. / Sugawara, H.M., 1996: Power analysis and determination of sample size for covariance structure modeling. Psychological Methods 1: 130-149.
Maddala, G.S., 1983: Limited-dependent and qualitative variables in econometrics. Cambridge: Cambridge University Press.
MacKenzie, S.B., 2003: The danger of poor construct conceptualization. Journal of the Academy of Marketing Science 31: 323-326.
Marsh, H.W. / Antill, J.K. / Cunningham, J.D., 1989: Masculinity, feminity, and androgyny: Bipolar and independent constructs. Journal of Personality 57: 625-663.

Marsh, H.W. / Grayson, D., 1994: Longitudinal stability of latent means and individual differences: A unified approach. Structural Equation Modeling: A Multidisciplinary Journal 1: 317-359.
Marsh, H.W. / Grayson, D., 1995: Latent variable models of multitrait-multimethod data. S. 177-198 in: Hoyle, R.H. (ed.), Structural equation modeling. Concepts, issues, and applications. Thousand Oaks, CA: Sage.
Marsh, H.W. / Hau, K.-T., 1999: Confirmatory factor analysis: Strategies for small sample sizes. S. 251-284 in: Hoyle, R.H. (ed.), Statistical strategies for small sample research. London: Sage.
Marsh, H.W. / Hau, K. / Chung, C. / Siu, T.L.P., 1998: Confirmatory factor analysis of chinese students' evaluations of university teaching. Structural Equation Modeling: A Multidisciplinary Journal 5: 143-164.
Maruyama, G.M., 1998: Basics of structural equation modeling. London: Sage.
Mayerl, J., 2009: Kognitive Grundlagen sozialen Verhaltens. Framing, Einstellung und Rationalität. Wiesbaden: VS-Verlag.
Meredith, W., 1993: Measurement invariance, factor analysis, and factorial invariance. Psychometrika 58: 525-543.
Mulaik, S.A. / Millsap, R.E., 2000: Doing the four-step right. Structural Equation Modeling: A Multidisciplinary Journal 7: 36-73.
Muthén, B.O., 1983: Latent variable structural equation modeling with categorical data. Journal of Econometrics 22: 43-65.
Muthén, B.O., 1984: A general structural equation model with dichotomous, ordered categorical, and continuous latent variable indicators. Psychometrika 49: 115-132.
Muthén, B.O., 1993: Goodness of fit with categorical and other nonnormal variables. S. 205-234 in: Bollen, K.A. / Long, J.S. (eds.), Testing structural equation models. Newbury Park: Sage.
Muthén, B.O., 1998: Second-generation structural equation modeling with a combination of categorical and continuous latent variables: New opportunities for latent class/latent growth modeling. S. 291-322 in: Sayer, A.G. / Collins, L.M. (eds.), New methods for the analysis of change. Washington: American Psychological Association.
Muthén, B.O., 2002: Using Mplus Monte Carlo simulations in practice: A note on assessing estimation quality and power in latent variable models. Vers. 2. Los Angeles: unv. Man.
Muthén, B.O. / Du Toit, S.H.C. / Spisic, D., 1997: Robust inference using weighted least squares and quadratic estimating equations in latent variable modeling with categorical and continuous outcomes. Los Angeles: unv. Man.

Muthén, B.O. / Kaplan, D., 1985: A comparison of some methodologies for the factor analysis of non- normal Likert variables. British Journal of Mathematical and Statistical Psychology 38: 171-189.

Muthén, B.O. / Muthén, L.K., 1999: Integrating person-centered and variable centered analyses: Growth mixture modeling with latent trajectories classes. Los Angeles: unv. Man.

Muthén, B.O. / Satorra, A., 1995: Technical aspects of Muthén's LISCOMP approach to estimation of latent variable relations with a comprehensive measurement model. Psychometrika 60: 489-503.

Muthén, L.K. / Muthén, B.O., 2001: Mplus. Statistical analysis with latent variables. User's guide. version 2. Los Angeles: Muthén & Muthén.

Muthén, L.K. / Muthén, B.O., 2002a: How to use a Monte Carlo study to decide on sample size and determine power. Structural Equation Modeling: A Multidisciplinary Journal 9: 599-620.

Muthén, L.K. / Muthén, B.O., 2002b: How to calculate the power to detect that a parameter is different from zero. www.statmodel.com/power.html; zugegriffen am 13.12.2012.

Muthén, L.K. / Muthén, B.O., 2010: Mplus user's guide (6th ed.). Los Angeles, CA: Muthén & Muthén.

Nevitt, J. / Hancock, G.R., 2000: Improving the root mean square error of approximation for nonnormal conditions in structural equation modeling. Journal of Experimental Education 68: 215-268.

Nevitt, J. / Hancock, G.R., 2001: Performance of bootstrapping approaches to model test statistics and parameter standard error estimation in SEM. Structural Equation Modeling: A Multidisciplinary Journal 8: 353-377.

Newsom, J.T., 2002: A multilevel structural equation model for dyadic data. Structural Equation Modeling: A Multidisciplinary Journal 9: 431-447.

Olsen, M.K. / Schafer, J.L., 2001: A two-part random effects model for semicontinuous longitudinal data. Journal of the American Statistical Association 96: 730-745.

Olsson, U.H., 1979: Maximum likelihood estimation of the polychoric correlation coefficient. Psychometrika 44: 443-460.

Olsson, U.H. / Foss, T. / Troye, S.V. / Howell, R.D., 2000: The Performance of ML, GLS and WLS estimation in structural equation modeling under conditions of misspecification and nonnormality. Structural Equation Modeling: A Multidisciplinary Journal 7: 557-595.

Paxton, P. / Curran, P.J. / Bollen, K.A. / Kirby, J. / Chen, F., 2001: Monte Carlo experiments: Design and implementation. Structural Equation Modeling: A Multidisciplinary Journal 8: 287-312.
Pearl, J., 2000: Causality: Models, reasoning, and inference. Cambridge: Cambridge UP.
Pedhazur, E.J., 1997: Multiple regression in behavioral research: Explanation and prediction (3rd ed). New York: Holt et al.
Pfeifer, A. / Schmidt, P., 1987: LISREL. Die Analyse komplexer Strukturgleichungsmodelle. Stuttgart: Fischer.
Ping, R.A., 1996: Interaction and quadratic effect estimation: A two-step technique using structural equation analysis. Psychological Bulletin 119: 166-175.
Preacher, K.J. / Coffman, D.L., 2006: Computing power and minimum sample size for RMSEA. http://www.quantpsy.org/rmsea/rmsea.htm; zugegriffen am 13.12.2012.
Preacher, K.J. / Wichman, A.L. / MacCallum, R.C. / Briggs, N.E., 2008: Latent growth curve modeling. London: Sage.
Preston, C.C. / Colman, A.M., 2000: Optimal number of response categories in rating scales: reliability, validity, discriminating power, respondent preferences. Acta Psychologica 104: 1-15.
Raines-Eudy, R., 2000: Using structural equation modeling to test for differential reliability and validity: An empirical demonstration. Structural Equation Modeling: A Multidisciplinary Journal 7: 124-141.
Raykov, T. / Marcoulides, G.A., 2000: A first course in structural equation modeling. Mahwah: Erlbaum.
Raykov, T. / Marcoulides, G.A., 2000a: A method for comparing completely standardized solutions in multiple groups. Structural Equation Modeling: A Multidisciplinary Journal 7: 292-306.
Raykov, T. / Marcoulides, G.A., 2001: Can there be infinitely many models equivalent to a given covariance structure model? Structural Equation Modeling: A Multidisciplinary Journal 8: 142-149.
Reilly, T., 1995: A necessary and sufficient condition for identification of confirmatory factor analysis models of factor complexity one. Sociological Methods and Research 23: 421-441.
Rigdon, E.E., 1994: Demonstrating the effects of unmodeled random measurement error. Structural Equation Modeling: A Multidisciplinary Journal 1: 375-380.
Rigdon, E.E., 1995: A necessary and sufficient identification rule for structural models estimated in practice. Multivariate Behavioral Research 30: 359-383.

Rigdon, E.E., 1996: CFI versus RMSEA: A comparison of two fit indices for structural equation modeling. Structural Equation Modeling: A Multidisciplinary Journal 3: 369-379.
Rigdon, E.E. / Ferguson, C.E., 1991: The performance of the polychoric correlation coefficient and selected fitting functions in confirmatory factor analysis with ordinal data. Journal of Marketing Research 28: 491-497.
Rindskopf, D. / Rose, T., 1988: Some theory and applications of confirmatory second-order factor analysis. Multivariate Behavioral Research 23: 51-68.
Rivera, P. / Satorra, A., 2002: Analysing group differences: A comparison of SEM approaches. S. 85-104 in: Marcoulides, G.A. /Moustaki, I. (eds.), Latent variable and latent structure models. Mahwah: Erlbaum.
Rodgers, J.L., 1999: The bootstrap, the jackknife, and the randomization test: A sampling taxonomy. Multivariate Behavioral Research 34: 441-456.
Sahner, H., 2002: Schließende Statistik. Eine Einführung für Sozialwissenschaftler. Wiesbaden: VS Verlag.
Saris, W.E. / Satorra, A. / Sørbom, D., 1987: The detection and correction of specification errors in structural equation models. S. 105-129 in: Clogg, C.C. (ed.), Sociological Methodology. Washington: Jossey-Bass.
Satorra, A. / Bentler, P.M., 1988: Scaling corrections for chi-square statistics in covariance structure analysis. Proceedings of the Business and Economic Statistics Section of the American Statistical Association, S. 308-313.
Satorra, A. / Bentler, P.M., 1994: Corrections to test statistics and standard errors in covariance structure analysis. S. 399-419 in: Eye, A. / Clogg, C.C. (eds.), Latent variable analysis: Applications to developmental research. Newbury Park: Sage.
Satorra, A. / Saris, W.E., 1985: The power of the likelihood ratio test in covariance structure analysis. Psychometrika 50: 83-90.
Schafer, J. L. / Graham, J. W., 2002: Missing data: Our view of the state of the art. Psychological Methods 7: 147-177.
Schaubroeck, J., 1990: Investigating reciprocal causation in organizational research. Journal of Organization Behavior 11: 17-28.
Schnell, R. / Hill, P.B. / Esser, E., 2011: Methoden der empirischen Sozialforschung (9. Aufl.). München: Oldenburg.
Schumacker, R.E. / Loax, R.G., 2004: Interaction models. S. 366-390 in: Schumacker, R.E. / Lomax, R.G.: A beginner's guide to structural equation modeling. Mahwah: Erlbaum.
Schumacker, R.E. / Marcoulides, G.A. (eds.), 1998: Interaction and nonlinear effects in structural equation modeling. Mahwah: Erlbaum.

Shrout, P.E. / Bolger, N., 2002: Mediation in experimental and nonexperimental studies: New Procedures and Recommendations. Psychological Methods 7: 442-445.
Sivo, S.A., 2001: Multiple indicator stationary time series models. Structural Equation Modeling: A Multidisciplinary Journal 8: 599-612.
Sivo, S.A. / Willson, V.L., 2000: Modeling causal error structures in longitudinal panel data: A Monte Carlo study. Structural Equation Modeling: A Multidisciplinary Journal 7: 174-205.
Sobel, M.E., 1982: Asymptotic confidence intervals for indirect effects in structural equation models. Sociological Methodology 13: 290-312.
Sobel, M.E., 1987: Direct and indirect effects in linear structural equation models. Sociological Methods and Research 16: 155-176.
Steenkamp, J.-B. / Baumgartner, H., 1998: Assessing measurement invariance through multi-sample structural equation modeling. S. 399-426 in: Hildebrandt, L. / Homburg, G. (Hrsg.), Die Kausalanalyse. Stuttgart: Schäffer-Poeschel.
Steiger, J.H., 2000: Point estimation, hypothesis testing, and interval estimation using the RMSEA: Some comments and a reply to Hayduk and Glaser. Structural Equation Modeling: A Multidisciplinary Journal 7: 149-162.
Tabachnick, B.G. / Fidell, L.S., 2013: Using Multivariate Statistics (6th ed.). Boston: Pearson.
Tanaka, J.S., 1987: „How big is big enough?": Sample size and goodness of fit in structural equation models with latent variables. Child Development 58: 134-146.
Urban, D., 2002: Prozessanalyse im Strukturgleichungsmodell. Zur Anwendung latenter Wachstumskurvenmodelle in der Sozialisationsforschung. ZA-Information 51: 6-37.
Urban, D., 2004: Neue Methoden der Längsschnittanalyse. Zur Anwendung von latenten Wachstumskurvenmodellen in Einstellungs- und Sozialisationsforschung. Münster: Lit-Verlag
Urban, D. / Mayerl, J., 2003: Wie viele Fälle werden gebraucht? Ein Monte-Carlo-Verfahren zur Bestimmung ausreichender Stichprobengrößen und Teststärken (power) bei Strukturgleichungsanalysen mit kategorialen Indikatorvariablen. ZA-Information, No. 53, S. 42-69.
Urban, D. / Mayerl, J., 2011: Regressionsanalyse: Theorie, Technik und Anwendung (4. Aufl.). Wiesbaden: VS Verlag.
Wang, J. / Fisher, J.H. / Siegal, H.A. / Falck, R.S. / Carlson, R.G., 1995: Influence of measurement errors on HIV risk behavior analysis: A case study exami-

ning condom use among drug users. Structural Equation Modeling: A Multidisciplinary Journal 2: 319-334.
West, S.G. / Finch, J.F. / Curran, P.J., 1995: Structural equation models with nonnormal variables. S. 56-75 in: Hoyle, R.H. (ed.), Structural equation modeling: concepts, issues and applications. Thousand Oaks: Sage.
Wiggins, R.D. / Sacker, A., 2002: Strategies for handling missing data in SEM: A user's perspective. S. 105-120 in: Marcoulides, G.A. / Moustaki, I. (eds.), Latent variable and latent structure models. Mahwah: Erlbaum.
Willett, J.B. / Singer, J.D. / Martin, N.C., 1998: The design and analysis of longitudinal studies of development and psychopathology in context: Statistical models and methodological recommendations. Development and Psychopathology 10: 395-426.
Williams, L.J. / Hazer, J.T., 1986: Antecedents and consequences of satisfaction and commitment in turnover models: A reanalysis using latent variable structural equation methods. Journal of Applied Psychology 71: 219-213.
Wong, C. / Law, K.S., 1999: Testing reciprocal relations by nonrecursive structural equation models using cross-sectional data. Organizational Research Methods 2: 69-87.
Wothke, W., 1993: Nonpositive definite matrices in structural modeling, S. 256-293 in: Bollen, K.A. / Scott, C.J. (eds.), Testing Structural Equation Models. London: Sage.
Xie, Y., 1989: Structural equation models for ordinal variables: An analysis of occupational destination. Sociological Methods and Research 17: 325-352.
Yu, C.-Y., 2002: Evaluating cutoff criteria of model fit indices for latent variable models with binary and continous outcomes. Los Angeles: UCLA:
Yu, C.-Y. / Muthén, B., 2001: Evaluation of model fit indices for latent variable models with categorical and continuous outcomes (technical report in preparation). Los Angeles: unv. Man.
Yuan, K.-H. / Bentler, P.M., 1994: Bootstrap-corrected ADF test statistics in covariance structure analysis. British Journal of Mathematical and Statistical Psychology 4: 63-64.
Yung, Y.-F. / Chan, W., 1999: Statistical analysis using bootstrapping: Concepts and implementation. S. 81-105 in: Hoyle, R.H. (ed.), Statistical strategies for small sample research. London: Sage.

Sachregister

Abdeckung, vgl. Coverage
Additivität, 15, 58
– vgl. auch Modellspezifikation
ADF-Schätzung (asymptotic distribution free),
– vgl. Weighted Least Squares-Schätzung
– vgl. auch Modellschätzung
aequivalente Modelle, 45ff, 80
– vgl. auch Modellspezifikation
– vgl. auch Lee/Hershberger-Regel
Aequivalenz (von SE-Modellen), vgl. äquivalente Modelle
AIC, vgl. Akaike information criterion
Akaike information criterion (AIC), 88f, 98f, 222
– vgl. auch Fit-Indizes
– vgl. auch Modellfit
Alpha-Koeffizient, vgl. Cronbachs Alpha
AMOS, 12
– vgl. auch Software
Annahmen, vgl. SEM
Anpassung, vgl. Modellfit
Anpassungsgüte, 29, 45
Anpassungstest, 15
– vgl. auch Modellfit
– vgl. auch Chi-Quadrat-Anpassungstest
Anzahl der Fälle, vgl. Fallzahl
Anzahl der Indikatoren pro Faktor (p/F), vgl. Indikator
asymptotische Schätzung, 66
– vgl. auch Modellschätzung

Autokorrelation (von Messfehlern), 15f
– vgl. auch Messfehler
– vgl. auch Messfehlerkorrelation
Autoregression(-smodell), 16, 159f, 175, 206
– vgl. auch cross-lagged Autoregressionsmodell
– vgl. auch Längsschnittmodelle
– vgl. auch Regressionsanalyse
balancierte Werteverteilung, 145
– vgl. auch Schiefe
– vgl. auch Messniveau
– vgl. auch Datenqualität
Bayesian Information Criterion (BIC), 222
– vgl. auch Modellfit
– vgl. auch Fit-Indizes
BIC, vgl. Bayesian Information Criterion
Block-Rekursivität, 46
– vgl. auch rekursives Modell
– vgl. auch äquivalente Modelle
Bollen-Stine-Bootstrapping, 150
– vgl. auch Bootstrapping
Bootstrapping, 40, 61, 144, 149, 150, 186ff
– vgl. auch Monte Carlo Verfahren
– vgl. auch Bollen-Stine-Bootstrapping
bow-free-Regel, 80
– vgl. auch Identifikation

CF-Index (CFI), vgl. Comparative Fit-Index
CFA, vgl. konfirmatorische Faktorenanalyse
CFI, vgl. Comparative Fit-Index
CFI(robust), vgl. Comparative Fit-Index, robust
Chi-Quadrat
– vgl. auch Chi-Quadrat-Anpassungstest
– vgl. auch Chi-Quadrat-Differenzentest
– vgl. auch Chi-Quadrat-Statistik
Chi-Quadrat-Anpassungstest, 68, 70, 87, 91-94, 100, 140f, 148
– vgl. auch Chi-Quadrat-Statistik
Chi-Quadrat-Differenzentest, 32, 41, 77, 102, 142, 167, 168, 199, 202, 217ff, 223, 224f
Chi-Quadrat-Ratio-Test, vgl. Chi-Quadrat-Differenzentest
Chi-Quadrat-Statistik, 68, 70, 84, 87, 89, 91-94, 100, 105, 140f
– vgl. auch Chi-Quadrat-Anpassungstest
– vgl. auch Satorra-Bentler-SCALED-χ^2-Statistik
– vgl. auch Signifikanztest
– vgl. auch Irrtumswahrscheinlichkeit,
– kritischer Wert, 193
– Robustheit, 108-111
Chi-Quadrat-Teststatistik, vgl. Chi-Quadrat-Statistik
Chi-Quadrat-Wert, vgl. Chi-Quadrat-Statistik
close fit, vgl. Root Mean Square Error of Approximation (RMSEA)

Comparative Fit-Index (CFI), 68, 87, 93, 94-96, 99, 199
Comparative Fit-Index, robust (CFI(robust)), 68, 88f, 93, 94-96, 99, 141
Constraints, 28, 61, 86, 203
– vgl. auch Modellparameter
– vgl. auch Faktorinvarianz
– vgl. auch Ungleichheits-Constraints
– vgl. auch Gleichheits-Constraints
– vgl. auch Null-Constraints
counting rule, vgl. t-Regel
Coverage, 111
– vgl. auch Monte Carlo-Simulation
Cronbachs Alpha, 19, 23, 131, 138
– vgl. auch Reliabilität
cross-lagged Autoregressionsmodell, 33, 207
– vgl. auch Autoregression
– vgl. auch Kausalität

D(irektionale)-Separation, 33ff
d-Statistik (nach Cohen), 230f
– vgl. auch latenter Mittelwert
Datenqualität, 117-158
– vgl. auch Messniveau
– vgl. auch Indikator
– vgl. auch Schiefe
– vgl. auch nicht-normalverteilt
– vgl. auch balancierte Werteverteilung
– vgl. auch Ratingskala
Determinationskoeffizient, 18f, 42, 51, 56-58, 88, 185, 138, 213

Sachregister

– vgl. auch erklärte Varianz, im non-rekursiven Modell, 57
df, vgl. Freiheitsgrade
diachrone Messfehlerkorrelation, 160, 166, 173ff, 176, 185
– vgl. auch Messfehlerkorrelation
diachrone Residuenkorrelation, vgl. diachrone Messfehlerkorrelation
dichotomes Messniveau, 145
– vgl. auch Messniveau
Differenzwerte (zeitlich), 38, 162
– vgl. Längsschnittmodelle
Differenzwerte-Modell, vgl. Differenzwerte
direkter Effekt, vgl. Effekte
Diskrepanzfunktion, vgl. Fit-Funktion
– vgl. auch Modellschätzung
Diskriminanzvalidität, 32, 102, 136, 140
– vgl. auch Validität
Disturbance-Variable, 26, 80, 130
– vgl. auch Messfehler
Disturbance-Varianz, 131
– vgl. auch Messfehlervarianz
Disturbances, vgl. Disturbance-Variable
Drei-Indikatoren-Messmodell, 119f, 127
– vgl. auch Mehr-Indikatoren-Messmodell
– vgl. auch Messmodell
Dummies, vgl. dichotomes Messniveau
Dummy-Variablen, vgl. dichotomes Messniveau
Effekt-Fixierung, vgl. Faktorskalierung

Effekt-Indikator, vgl. reflektiver Indikator
Effektdekomposition,
– vgl. indirekter Effekt
– vgl. Pfadkoeffizient
– vgl. totaler Effekt
Effekte, 15
– vgl. auch direkter Effekt
– vgl. auch indirekter Effekt
– vgl. auch totaler Effekt
– vgl. auch Interaktionseffekt
– vgl. auch Mediatoreffekt
– vgl. auch Moderatoreffekt
Effektkoeffizient, vgl. Pfadkoeffizient
Effektparameter, vgl. Pfadkoeffizient
Effizienz (der Schätzung), 66
– vgl. auch Modellschätzung
Ein-Indikator-Messmodell, 15, 122-124, 140, 145
– vgl. auch Index-Indikatoren-Messmodell
– vgl. auch Messmodell
– vgl. auch Messfehlervarianz
Einstellung, 17, 128, 137
– vgl. auch Wertorientierung
EM-Schätzung (expectation maximization), 149
– vgl. auch fehlende Werte
empirische Unteridentifikation, vgl. Unteridentifikation
EQS, 12, 57, 62, 66, 68, 74, 84, 86, 89, 141
– vgl. auch Software
equality constraints, vgl. Gleichheits-Constraints
erklärte Varianz, 18, 56-58, 138
– vgl. auch Varianz

– vgl. auch Determinationskoeffizient
exakt identifiziertes Modell, vgl. saturiertes Modell
externe Validität, 132, 137f
– vgl. auch Validität
Faktor, 15, 17, 117
– vgl. auch Faktorladung
– vgl. auch Messmodell
Faktor zweiter Ordnung, vgl. Faktormodell höherer Ordnung
Faktoranalyse
– vgl. auch Faktor,
– vgl. auch Faktorladung
– vgl. auch konfirmatorische Faktorenanalyse
– vgl. auch Faktormodell höherer Ordnung
– vgl. auch Messmodell
Faktorenkorrelation, 156
– vgl. auch Faktormodell höherer Ordnung
Faktorenstruktur höherer Ordnung, vgl. Faktormodell höherer Ordnung
Faktorfehler, vgl. Disturbance-Variable
– vgl. auch Messfehler
Faktorindikator, vgl. Indikatorvariable
– vgl. auch Faktor
Faktorinvarianz, 136, 166, 167ff, 186, 224, 226, 229
– vgl. auch konfigurative Faktorinvarianz
– vgl. auch metrische (partielle) Faktorinvarianz(-plus)
– vgl. auch skalare Faktorinvarianz

– vgl. auch varianzbezogene Faktorinvarianz
Faktorladung, 15, 22f, 26f, 52, 54-56, 85, 101, 106, 127, 156, 180, 182, 203
– vgl. auch Faktor
– vgl. auch Effekte
– vgl. auch Faktorstruktur-Koeffizient
– vgl. auch Faktorvarianz
– vgl. auch Kommunalität
– vgl. auch Faktorskalierung
– vgl. auch Kreuzladung
– vgl. auch standardisierte Werte größer 1.00
– standardisiert, 23, 54f, 140
– vom Faktor erklärte Varianz, 55
Faktormodell, vgl. Messmodell
– vgl. auch Faktor
– vgl. auch Faktoranalyse
Faktormodell höherer Ordnung, 45, 55, 117, 154ff
– vgl. auch Faktorenkorrelation
– vgl. auch State-Trait-Modell
Faktorskalierung, 123, 126f, 135, 169, 180, 182
– vgl. auch Messmodell
– vgl. auch Faktorladung
Faktorstruktur-Koeffizient, 55
– vgl. auch Faktormodell höherer Ordnung
Faktorvarianz, 55
– vgl. auch Faktorladung
– vgl. auch Faktorinvarianz
Fälle, vgl. Fallzahl

Sachregister

Fallzahl, 40, 52f, 59, 61, 66, 68, 70, 85, 93, 95, 101, 103-116, 152, 186f, 192
– NPPP-Wert (number of participants per parameter), 109
– N:t-Verhältnis (Fälle pro zu schätzendem Parameter), 109
– N>p*-Regel (Fallzahl größer Anzahl manifester Variablen), 112
Feedback-Schleifen, vgl. non-rekursives Modell
fehlende Werte, 15, 83, 146ff, 188
– vgl. auch EM-Schätzung (expectation maximazion)
– vgl. auch FIML (full information maximum likelihood)
– vgl. auch MAR (missing at random)
– vgl. auch MCAR (missing completely at random)
– vgl. auch MNAR (missing not at random)
– vgl. auch listenweiser Ausschluss
– vgl. auch paarweiser Ausschluss
– vgl. auch Imputation
– vgl. auch multiple Imputation
Fehlerkorrelation, vgl. Messfehlerkorrelation
Fehlerterm, vgl. Messfehler
Fehlervariable, vgl. Messfehler
Fehlervarianz, vgl. Messfehlervarianz
Fehlspezifikation, vgl. Spezifikationsfehler
FIML (full information maximum likelihhood), 150

– vgl. auch fehlende Werte
Fit, vgl. Modellfit
Fit-Funktion, 65-67, 91
– vgl. Modellschätzung
Fit-Indizes, 86-99
– vgl. auch Modellfit
– vgl. auch standardisierte Residuen
– vgl. auch root mean square residual (RMSR)
– vgl. auch weighted root mean square residual (WRMR),
– vgl. standardized root mean square residual (SRMR)
– vgl. auch Chi-Quadrat-Statistik
– vgl. auch vgl. auch Satorra-Bentler-SCALED-χ^2-Statistik
– vgl. auch Comparative Fit-Index (CFI)
– vgl. auch Comparative Fit-Index, robust
– vgl. auch Root Mean Square Error of Approximation (RMSEA),
– Tucker Lewis-Index (TLI), 87
– vgl. auch Akaike information criterion (AIC)
– vgl. auch Bayesian Information Criterion (BIC)
FIV, vgl. Faktorinvarianz
fixierte Faktorladung, vgl. Faktorskalierung
– vgl. auch Identifikation
– vgl. auch Faktorladung
Fixierung, vgl. Faktorskalierung
– vgl. auch Faktorladung
– vgl. auch Identifikation
fokaler Block, 46

– vgl. auch äquivalente Modelle
fokale Variablen, 33ff
 – vgl. auch äquivalente Modelle
formale Validität, vgl. interne Validität
formativer Indikator, 128-135
 – vgl. auch Indikator
Freiheitsgrad (von SE-Modell), 76-81, 213
 – vgl. auch t-Regel
 – vgl. auch Identifikation
genau identifiziertes Modell, vgl. saturiertes Modell
geordnet kategoriales Messniveau, vgl. kategorial geordnetes Messniveau
geschachteltes Modell, 32, 88, 202
 – vgl. auch Modellspezifikation
Gleichheits-Constraints, 119, 121, 203
 – vgl. auch Constraints
Gruppenvergleich, vgl. Multigruppenanalyse

Hauptkomponentenanalyse, 129f, 131
Heterogenität, 61
 – vgl. auch Stichprobe
Heywood case, vgl. negative Varianz
Heywood-Fälle, vgl. negative Varianz

Identifikation(-sprobleme), 26, 52, 75-81, 102, 156, 197, 201, 210, 229
 – vgl. auch Unteridentifikation
 – vgl. auch Überidentifikation
 – vgl. auch saturiertes Modell
 – vgl. auch t-Regel
 – vgl. auch bow-free-Regel
 – empirische Identifikation, 81
 – strukturelle Identifikation, 81

 – von Messmodell, 117-125
Identifizierung, vgl. Identifikation
Imputation, 147-150
 – vgl. auch fehlende Werte
 – vgl. auch multiple Imputation
Index, vgl. Index-Indikatoren-Messmodell/Index-Konstrukt
Index-Indikatoren-Messmodell, 124f, 145
Index-Konstrukt, 128-135
Indexvariable vgl. Index-Indikatoren-Messmodell / Index-Konstrukt
Indikator / Indikatorvariable, 15, 19, 22
 – vgl. auch Item, Faktor, manifeste Variable
 – vgl. auch Messmodell
 – vgl. auch Messniveau
 – vgl. auch Indikatorvarianz
 – vgl. auch Referenzindikator
 – vgl. auch reflektiver Indikator
 – vgl. auch formativer Indikator
 – vgl. auch Reliabilität
 – vgl. auch Indikatorvarianz
 – Anzahl der Indikatoren pro Faktor (p/F), 52, 68f, 92f, 106f, 117-125
Indikatorvarianz, 23, 55, 138
 – vgl. auch Indikator
indirekter Effekt, 15, 221
 – vgl. auch Effekte
 – vgl. auch Effektdekomposition
 – vgl. auch Pfadkoeffizient
 – vgl. auch Sobel (-Test)
 – Standardfehler von indirekten Effekten, 60
inequality constraints, vgl. Ungleichheits-Constraints

Sachregister

Instrumentalvariable, 80
- vgl. auch non-rekursives Modell

Interaktionseffekt, 15, 39ff
- vgl. auch Effekte

interne Validität, 23, 54, 136
- vgl. auch Validität

Invarianz, vgl. Faktorinvarianz

Irrtumswahrscheinlichkeit (p), 91f, 93f, 114
- vgl. auch Signifikanzniveau
- vgl. auch Chi-Quadrat-Statistik

item parceling, vgl. Index-Indikatoren-Messmodell/Index-Konstrukt

Item, vgl. Indikator / manifeste Variable

IV-Regel, vgl. Rang-Regel

kategorial geordnetes Messniveau, 69-75, 88f, 90, 101, 112, 143f
- vgl. auch Messniveau,
- vgl. auch weighted root mean square residual (WRMR-Index)

kategoriale Schätzverfahren,
- vgl. Maximum Likelihood (robust)-Schätzung (ML(robust))
- vgl. Weighted Least Squares(robust)-Schätzung (WLSMV)
- vgl. auch Modellschätzung

kategorialer Indikator, vgl. kategoriales Messniveau

kategoriales Messniveau, 69-75, 104, 110
- vgl. auch Messniveau

- vgl. auch kategorial geordnetes Messniveau

Kausaleffekt, vgl. Pfadkoeffizient

Kausalität, 14f, 37, 58, 101f
- vgl. auch cross-lagged Autoregressionsmodell
- vgl. auch D-Separation
- vgl. auch Modellspezifikation

Kausalmodell (im Längsschnitt), vgl. Längsschnittmodelle
- vgl. auch Modellspezifikation

Kleinst-Quadrate-Schätzung (OLS), 85
- vgl. auch Modellschätzung

Kollinearität, vgl. Multikollinearität

Kommunalität, 85
- vgl. auch Faktorladung

Konfidenzintervall, 61f, 88f, 105
- vgl. auch Signifikanztest

konfigurative Faktorinvarianz, 169
- vgl. auch Faktorinvarianz

konfirmatorische Faktorenanalyse, 29ff
- vgl. auch Faktorenanalyse

Konsistenz (der Schätzung), 66
- vgl. Modellschätzung

Konstrukt, vgl. Faktor

Konstrukt höherer Ordnung, vgl. Faktormodell höherer Ordnung

Konstruktvalidität, 136, 200, 224
- vgl. auch Validität

kontinuierliches Messniveau, 143
- vgl. auch Messniveau

Konvergenzvalidität, 102, 136, 140
- vgl. auch Validität

Korrelation, 19-23, 64
- vgl. auch Pearsonssche Korrelation

- vgl. auch Phi-Koeffizient
- vgl. auch polychorische Korrelation
- vgl. auch polyserielle Korrelation
- vgl. auch Minderungskorrektur

Korrespondenzhypothese, 137
- vgl. auch Messmodell

Kovarianz, 15, 25f, 28, 86
- vgl. auch Kovarianzmatrix

Kovarianz zwischen Indikator-Messfehlern,
- vgl. Messfehlerkorrelation

Kovarianzmatrix, 27f, 59, 64, 89
- vgl. auch Kovarianz

Kreuzladung, 101, 136
- vgl. auch Faktorladung

Kriteriumsvariable, 15

Kurtosis, 68, 106, 108, 141f, 143
- vgl. auch Normalverteilung
- vgl. auch nicht-normalverteilt

Ladung, vgl. Faktorladung

Ladungsschätzung, vgl. Faktorladung
- vgl. auch Modellschätzung

Lagrange Multiplier-Test, 32, 62f, 86, 100, 223f
- vgl. auch Modifikationsanalyse

Längsschnittanalyse, vgl. Längsschnittmodelle

Längsschnittmodelle, 16f, 136, 157, 159ff, 170, 207
- vgl. auch Autokorrelationsmodell
- vgl. auch Panelmodell
- vgl. auch Vorher-Nachher-Modell

- vgl. auch Wachstumskurvenmodell
- vgl. auch Differenzwerte
- vgl. auch Stabilitätskoeffizient

latente Variable, vgl. Faktor

latenter Mittelwert, 15, 179, 184, 186, 194ff, 229ff
- vgl. auch Mittelwert
- vgl. auch Mittelwertstruktur

latentes Wachstumskurvenmodell, vgl. Wachstumskurvenmodell

Lee/Hershberger-Regel, 46
- vgl. auch äquivalente Modelle

LGC, vgl. Wachstumskurvenmodell

Linearität, 15f, 56
- vgl. auch Nicht-Linearität

LISREL, 12, 54, 85, 89, 104, 122
- vgl. auch Software

listenweiser Ausschluss, 147
- vgl. auch fehlende Werte

LM-Test, vgl. Lagrange Multiplier-Test

manifeste Variable, 15
- vgl. auch Indikatorvariable
- vgl. auch Messniveau

MAR (missing at random), 146
- vgl. auch fehlende Werte

maximum variance inflation factor, 132
- vgl. auch Multikollinearität

Maximum Likelihood-Schätzung, 66-69, 92, 101, 157
- vgl. auch Modellschätzung
- vgl. auch Maximum Likelihood (robust)-Schätzung

Sachregister

Maximum Likelihood (robust)-Schätzung, 41f, 66, 74, 141, 143f, 219
- vgl. auch Modellschätzung
- vgl. auch Maximum Likelihood-Schätzung

MCAR (missing completely at random), 146
- vgl. auch fehlende Werte

mean-and-variance adjusted weighted least squares (WLSMV), vgl. Weighted Least Squares (robust)-Schätzung

Mediatoreffekt, 39ff, 53
- vgl. auch Effekte

Mediatorvariable, vgl. Mediatoreffekt

Mehrebenenstruktur, 151ff

Mehrgruppenanalyse, vgl. Multigruppenanalyse

Mehrgruppenvergleich, vgl. Multigruppenanalyse

Mehr-Gruppen-Analyse, vgl. Multigruppenanalyse

Mehr-Indikator-Messmodell, vgl. Mehr-Indikatoren-Messmodell

Mehr-Indikatoren-Messmodell, 15, 24, 153, 170, 173, 177, 181, 184, 200
- vgl. auch Messmodell
- vgl. auch Zwei-Indikatoren-Messmodell
- vgl. auch Drei-Indikatoren-Messmodell
- vgl. auch Vier-Indikatoren-Messmodell
- vgl. auch Index-Indikatoren-Messmodell

Mehr-Indikatoren-Modell, vgl. Mehr-Indikatoren-Messmodell

Mess-Item, vgl. Indikator

Messfehler, 16-24, 84, 102, 135
- vgl. auch Messfehlervarianz
- vgl. auch Minderungskorrektur

Messfehlerbereinigung, vgl. Minderungskorrektur

Messfehlerkontrolle, vgl. Minderungskorrektur

Messfehlerkorrelation, 16, 25, 53, 86, 101f, 139f, 173ff, 186, 203, 206
- vgl. auch diachrone Messfehlerkorrelation
- vgl. auch Autokorrelation
- vgl. auch Messfehlervarianz
- vgl. auch Längsschnittmodelle

Messfehlerkovarianz, vgl. Messfehlerkorrelation

Messfehlervarianz, 16-24, 25, 56, 84, 118, 121-124, 134, 203
- vgl. auch Messfehler
- vgl. auch Messfehlerkorrelation

Messmodell, 29, 15, 101, 117-158, 173
- vgl. auch Ein-Indikator-Messmodell
- vgl. auch Mehr-Indikatoren-Messmodell
- vgl. auch Faktorskalierung
- vgl. auch Indikator (Anzahl pro Faktor)
- vgl. auch Faktormodell höherer Ordnung

Messniveau (von Variablen), 68
- vgl. auch dichotomes Messniveau

– vgl. auch kategoriales Messniveau
– vgl. auch kategorial geordnetes Messniveau
– vgl. auch metrisches Messniveau,
– vgl. auch kontinuierliches Messniveau
– vgl. auch nicht-normalverteilt
Messverzerrung, vgl. Messfehler
Methodenfaktor, 139, 157, 166, 174, 176
metrische Faktorinvarianz(-plus), 169f, 224, 226
– vgl. auch Faktorinvarianz
metrische(-partielle) Faktorinvarianz(-plus), 169f, 224, 226
– vgl. auch Faktorinvarianz
metrisches Messniveau, 68, 142-144
– vgl. auch Messniveau
Metrisierung (von Faktoren), vgl. Faktorskalierung
MIMIC-Modell (multiple indicators multiple causes), 152
– vgl. Modellspezifikation
Minderungskorrektur, 16-24, 122, 166, 176
minderungskorrigierte Schätzung, vgl. Minderungskorrektur
missing data, vgl. fehlende Werte
missing values, vgl. fehlende Werte
Missing-Muster, vgl. fehlende Werte
Mittelwert, 15, 110
– vgl. auch latenter Mittelwert
Mittelwertstruktur, 170, 171, 172, 195ff, 229ff
– vgl. auch latenter Mittelwert

ML-Schätzung, vgl. Maximum Likelihood-Schätzung
ML (robust)-Schätzung, vgl. Maximum Likelihood (robust)-Schätzung
MNAR (missing not at random), 146f
– vgl. auch fehlende Werte
Modell mit Differenzwerten, vgl. Differenzwerte
Modell-Identifikation, vgl. Identifikation
Modellanpassung, vgl. Modellfit
Modellanpassungstest, vgl. Chi-Quadrat-Anpassungstest
Modelläquivalenz, vgl. äquivalente Modelle
Modellbildung, vgl. Modellspezifikation
Modellfit, 32, 45, 52, 63, 79, 87-89, 103, 139, 167, 173, 184, 187, 192, 199, 211, 217, 224
– vgl. auch Fit-Funktion
– vgl. auch Fit-Indizes
– vgl. auch Overfitting
Modellierung, vgl. Modellspezifikation
Modellmodifikation, vgl. Modifikationsanalyse
Modellparameter, 15, 25, 27, 61, 64, 75, 84, 101
– vgl. auch Modellspezifikation
– vgl. auch Identifikation
– vgl. auch Constraints, Überparametrisierung, 84
Modellschätzung, 64-75, 186
– vgl. auch Fit-Funktion
– vgl. auch Kleinst-Quadrate-Schätzung (OLS)

Sachregister

- vgl. auch Maximum Likelihood-Schätzung (ML)
- vgl. auch Maximum Likelihood(robust)-Schätzung (ML(robust))
- vgl. auch Weighted Least Squares-Schätzung (WLS)
- vgl. auch Weighted Least Squares(robust)-Schätzung (WLSMV)
- vgl. auch Schätzprobleme

Modellspezifikation, 14, 28ff, 58
- vgl. auch Modellparameter
- vgl. auch Strukturteil
- vgl. auch Messmodell
- vgl. auch Constraints
- vgl. auch Spezifikationsfehler
- vgl. auch Modifikationsanalyse
- vgl. auch äquivalente Modelle
- vgl. auch geschachteltes Modell
- vgl. auch MIMIC-Modell
- vgl. auch Längsschnittmodelle

Modellvergleich, 217ff
- vgl. auch Chi-Quadrat-Differenzentest
- vgl. auch AIC (wenn nichtgeschachtelt)

Moderatoreffekt, 39ff, 225
- vgl. Effekte

Moderatorvariable, vgl. Moderatoreffekt

Modifikations-Index, vgl. Modifikationsanalyse

Modifikationsanalyse, 62f, 85f, 124, 132, 212
- vgl. auch Sensitivitätsanalyse
- vgl. auch Overfitting

- vgl. auch Lagrange Multiplier-Test
- vgl. auch Wald-Test

Monte-Carlo-Simulation, 85, 104, 108f, 111
- vgl. auch Bootstrapping
- vgl. auch Coverage
- vgl. auch Startwert

Mplus, 12, 60, 68-74, 89, 95, 141
- vgl. auch Software

MTMM-Modell (multi trait multi method), 136, 157, 200ff

Multigruppenanalyse, 40f, 61, 148, 151f, 161, 170, 172f, 188, 221ff, 229ff

Multi-Indikatoren-Messmodell, vgl. Mehr-Indikatoren-Messmodell

Multikollinearität, 21, 23f, 42, 44f, 51, 52, 53, 55, 61, 83, 132
- vgl. auch maximum variance inflation factor

Multilevel-Modellierung, vgl. Mehrebenenstruktur

multiple Imputation, 149f
- vgl. auch fehlende Werte
- vgl. auch Imputation

multipler Gruppenvergleich, vgl. Multigruppenanalyse

multiplikativer Interaktionseffekt, vgl. Interaktionseffekt

Multisampledesign, vgl. Multigruppenanalyse

multivariat-normalverteilt, vgl. multivariate Normalverteilung

multivariate Normalverteilung, 52, 192
- vgl. auch Normalverteilung

N:t-Verhältnis (Fälle pro zu schätzendem Parameter), 109
– vgl. auch Fallzahl
N>p*-Regel (Fallzahl größer Anzahl manifester Variablen), 112
– vgl. auch Fallzahl
negative Varianz (in der Modellschätzung), 51, 84-86, 203, 213
– vgl. auch Schätzprobleme
nested Modell, vgl. geschachteltes Modell
Nicht-Linearität, 16, 58, 78
– vgl. auch Linearität
nicht-normalverteilt, 16, 68, 90, 101, 140-144, 186
– vgl. auch Normalverteilung
– vgl. auch multivariate Normalverteilung
– vgl. auch Messniveau (von Variablen)
– vgl. auch Kurtosis
– vgl. auch Schiefe
– vgl. auch Bootstrapping
NNFI, vgl. Non-Normed Fit Index
nominales Messniveau, vgl. kategoriales Messniveau
– vgl. auch Messniveau
non-additiv, vgl. Additivität
non-linear, vgl. Nicht-Linearität
nonnormal, vgl. nicht-normalverteilt
non-normalverteilt, vgl. nicht-normalverteilt
Non-Normed Fit Index, vgl. Tucker Lewis-Index
non positive definit (NPD), vgl. positive Definitheit
non-rekursives Modell, 57, 68, 80, 206ff

– vgl. auch rekursives Modell
– vgl. auch Instrumentalvariable
– Identifikation von non-rekursivem Modell, 80
NORM, 149
– vgl. auch Software
normalisierte Residuen, vgl. standardisierte Residuen
Normalverteilung, 15, 68, 140-144, 188
– vgl. auch nicht-normalverteilt
– vgl. auch multivariate Normalverteilung
– vgl. auch Messniveau (von Variablen)
– vgl. auch Datenqualität
NPD (non positive definit), vgl. positive Definitheit
NPPP-Wert (number of participants per parameter), 109
– vgl. auch Fallzahl
Null-Constraints, 84, 86
– vgl. auch Constraints

Operationalisierung, vgl. Messmodell
– vgl. auch Faktorskalierung
ordinales Messniveau, vgl. kategorial geordnetes Messniveau
Overfitting, 63, 99-103
– vgl. auch Modellfit
– vgl. auch Modifikationsanalyse

p/f (Anzahl der Indikatoren pro Faktor), vgl. Indikator
paarweiser Ausschluss, 147
– vgl. auch fehlende Werte
Panelmodell, 110, 159-185
– vgl. auch Längsschnittmodelle
Parameter, vgl. Modellparameter

parceling, vgl. Index-Indikatoren-Messmodell/Index-Konstrukt
PCA, vgl. Hauptkomponentenanalyse
Pearsonssche Korrelation, 145
– vgl. auch Korrelation
Pfadanalyse, 15, 24, 64
– vgl. auch Pfadkoeffizient
Pfadkoeffizient, 15, 48ff, 64, 133f, 163, 189
– vgl. auch Effekte
– vgl. auch Regressionskoeffizient
– vgl. auch standardisierte Werte größer 1.00
Robustheit, 106f
Phi-Koeffizient, 145
– vgl. auch Korrelation
polychorische Korrelation, 70, 73f, 83, 104, 143
– vgl. auch Korrelation
polyserielle Korrelation, 73f, 83, 104
– vgl. auch Korrelation
positiv definit, vgl. positive Definitheit
positive Definitheit, 83f
– vgl. auch Schätzprobleme
– vgl. auch Modellschätzung
power, vgl. Teststärke
Prädiktor / Prädiktorvariable, 15
– vgl. auch Messmodell
– vgl. auch formativer Indikator
Probit-Regression, 70, 72
– vgl. auch Regressionsanalyse

R-Quadrat, vgl. Determinationskoeffizient
R^2, vgl. Determinationskoeffizient
Rang-Regel, 80

Ratingskala, 17, 117f, 142f, 144f, 188
– vgl. auch Messniveau
Referenzindikator, 126, 133
– vgl. auch Faktorskalierung
reflektiver Indikator, 128-135
– vgl. auch Indikator
– vgl. auch Messmodell
Regressionsanalyse, 20f, 79
– vgl. auch Probit-Regression
– vgl. auch Regressionskoeffizient
Regressionskoeffizient
– standardisiert, 20f, 58
– unstandardisiert, 20f, 60
– vgl. auch standardisierte Werte größer 1.00
rekursives Modell, 64
– vgl. auch non-rekursives Modell
Reliabilität, 19f, 107, 118, 122f, 131, 138f, 176
– vgl. auch Messfehlervarianz
– vgl. auch Test-Retest-Methode
– vgl. auch Cronbachs alpha
– vgl. auch Validität
Replikation, 14, 111
– vgl. auch Monte Carlo-Simulation
Residualvariable, vgl. Messfehler
– vgl. auch Disturbance-Variable
Residualvarianz, vgl. Messfehlervarianz
– vgl. auch Disturbance-Varianz
Residuen, 25, 56
– vgl. auch Fit-Indizes
– vgl. auch root mean square residual (RMSR)

– vgl. auch standardized root mean square residual (SRMR)
– vgl. auch weighted root mean square resi-dual (WRMR)
– vgl. auch standardisierte Residuen
Residuenkorrelation, vgl. Messfehlerkorrelation
Residuenkovarianz, vgl. Messfehlerkorrelation
Respezifikation, vgl. Modifikationsanalyse
restringiert-freier Parameter, vgl. Modellparameter / Constraints
reziprokes Modell, vgl. non-rekursives Modell
RMSEA, vgl. Root Mean Square Error of Approximation
RMSR-Index, vgl. root mean square residual
robuste Maximum Likelihood -Schätzung, vgl. Maximum Likelihood (robust)-Schätzung (ML(robust))
robuste ML-Schätzung, vgl. Maximum Likelihood (robust)-Schätzung (ML(robust))
robuste Schätzverfahren, 105-112
– vgl. auch Maximum Likelihood (robust)-Schätzung (ML(robust))
– vgl. auch Weighted Least Squares(robust)-Schätzung (WLSMV)
– vgl. auch Modellschätzung
robuste WLS-Schätzung, vgl. Weighted Least Squares(robust)-Schätzung

robuster Comparative Fit-Index, vgl. Comparative Fit-Index, robust (CFI(robust))
root mean square residual (RMSR), 87- 90, 93, 99
– vgl. auch Fit-Indizes
– vgl. auch Residuen
Root Mean Square Error of Approximation (RMSEA), 68, 87f, 93, 95, 96-99, 116, 200, 222
– vgl. Fit-Indizes, robust, 68
– Signifikanzniveau, 98
– Konfidenzintervall, 89, 97f
– Fallzahl, 109

S-Matrix, vgl. Kovarianzmatrix
Sample, vgl. Stichprobe
Satorra-Bentler-Korrektur, 68, 141, 150
– vgl. auch Maximum Likelihood(robust)-Schätzung
– vgl. auch Satorra-Bentler-SCALED-χ^2-Statistik
Satorra-Bentler-Reskalierung, vgl. Satorra-Bentler-Korrektur
Satorra-Bentler-SCALED-χ^2-Statistik, 68, 93, 141f
– vgl. auch Satorra-Bentler-Korrektur
– vgl. auch Maximum Likelihood(robust)-Schätzung
– vgl. auch Chi-Quadrat-Statistik
saturiertes Modell, 79f
– vgl. auch Identifikation
SB-korrigierte-χ^2-Statistik, vgl. Satorra-Bentler-SCALED-χ^2-Statistik

Schätzprobleme, 83-116
 – vgl. auch Modellschätzung
 – vgl. auch positive Definitheit
 – vgl. auch negative Varianz
 – vgl. auch Spezifikationsfehler
 – vgl. auch Schiefe
 – vgl. auch nicht-normalverteilt
 – vgl. auch standardisierte Werte größer 1.00
 – vgl. auch ungültige Werte
Schätzung, vgl. Modellschätzung
Schätzverfahren, vgl. Modellschätzung
schiefe Werteverteilung, vgl. Schiefe
Schiefe, 88, 94, 106, 108, 141f, 144f, 187, 192
 – vgl. auch nicht-normalverteilt
Schwellenwerte, 71-73, 171
 – vgl. auch Weighted Least Squares-Schätzung
SE-Messmodell, vgl. Messmodell
SEM
 – Grundlagen, 25-82
 – Annahmen, 13-15
 – Vorteile, 15f
SEM-Software, vgl. Software
SEMNET, 12, 104
Sensitivitätsanalyse, 124, 132
 – vgl. auch Modifikationsanalyse
Signifikanz, vgl. Signifikanztest / Signifikanzniveau
Signifikanzniveau, 59
 – vgl. auch Signifikanztest
 – vgl. auch Irrtumswahrscheinlichkeit
Signifikanztest, 59, 62f, 105, 113-116
 – vgl. auch T-Test
 – vgl. auch Konfidenzintervall

 – vgl. auch Irrtumswahrscheinlichkeit (p)
Simplex-(/Quasi-Simplex-)Modell, vgl. Autoregression
Simulationsverfahren, vgl. Monte Carlo-Simulation
skalare Faktorinvarianz, 170f, 229
 – vgl. auch Faktorinvarianz
Skalenbreite, vgl. Ratingskala
Skalenniveau (von Variablen), vgl. Messniveau
Skalenqualität, vgl. Messniveau
Skalierung, vgl. Faktorskalierung
 – vgl. auch Messniveau
Skalierungskorrektur, 141
 – vgl. auch Chi-Quadrat-Differenzentest
 – vgl. auch geschachteltes Modell
 – vgl. auch Satorra-Bentler-Korrektur
skewness, vgl. Schiefe
Sobel (-Test), 60
 – vgl. auch indirekter Effekt
Social-Desirability-Tendenz, 118
Software, 12
 – vgl. AMOS
 – vgl. EQS
 – vgl. LISREL
 – vgl. Mplus
 – vgl. TETRAD
 – vgl. NORM
Soziale Erwünschtheit, vgl. Social-Desirability-Tendenz
Spezifikation, vgl. Modellspezifikation

Spezifikationsfehler, 52, 58, 68, 84, 93f, 118, 186
- vgl. auch Modellspezifikation
- vgl. auch Schätzprobleme
SRMR-Index, vgl. standardized root mean square residual
Stabilitätskoeffizient, 161, 163ff
- vgl. Längsschnittmodelle
Standardfehler, 40, 149, 150, 189, 190, 192
Standardfehler (von Parameterschätzwerten), 58-62, 84, 104f, 111, 141
- Robustheit, 107f
- robust korrigiert, 68, 141
standardisierte Faktorladung, vgl. Faktorladung
- vgl. auch standardisierte Werte größer 1.00
standardisierte Residuen, 88-89, 99
- vgl. auch Residuen
- vgl. auch Fit-Indizes
standardisierte Werte größer 1.00, 52, 203, 213
- vgl. auch negative Varianz
- vgl. auch ungültige Werte
- vgl. auch Pfadkoeffizient
- vgl. auch Faktorladung
standardisierter Pfadkoeffizient, vgl. Pfadkoeffizient
standardized root mean square residual (SRMR-Index), 90, 99
- vgl. auch Fit-Indizes
- vgl. auch Residuen
Startwerte, 66, 84f, 111
- vgl. auch Modellschätzung
- vgl. auch Monte Carlo-Simulation

State-Trait-Modell, 157
- vgl. Faktormodell höherer Ordnung
Stem-and-Leaf-Diagramm, 90
Stichprobe, 60, 85, 87, 104, 140
- vgl. auch Heterogenität
Stichprobenumfang, vgl. Fallzahl
Störeffekt, vgl. Messfehler
Störterm, vgl. Disturbance
strukturelle Unteridentifikation, vgl. Unteridentifikation
Strukturgleichungsmodellierung, vgl. SEM
Strukturmodell, vgl. Strukturteil
Strukturteil (des SE-Modells), 25, 77f
- vgl. auch Messmodell
substanzielle Validität, 136f
- vgl. auch Validität
systematisch-diachrone Residuenkovarianz,
- vgl. diachrone Messfehlerkorrelation
systematisch-fehlende Werte, vgl. fehlende Werte
t-Regel, 76-81, 120, 155, 197, 208, 226
- vgl. auch Identifikation
T-Test, 59
t-Wert, 59
Test-Retest-Methode, 19
- vgl. auch Reliabilität
Teststärke, 61, 92, 105, 111, 113-116, 186f, 191
- Fallzahl, 113-116
TETRAD, 32
- vgl. auch Software
thresholds, vgl. Schwellenwerte

Sachregister

TLI, vgl. Tucker Lewis-Index
totaler Effekt, 15, 196
– vgl. auch Effekte
– vgl. auch Pfadkoeffizient
– vgl. auch Effektdekomposition
Tucker Lewis-Index, vgl. Fit-Indizes
two-measure-rule, 120
– vgl. auch Zwei-Indikatoren-Messmodell
two-part-modeling, 144
– vgl. auch Schiefe

Überanpassung, vgl. Overfitting
Überidentifikation, 75-81
– vgl. auch Identifikation
Überparametrisierung, vgl. Modellparameter
– vgl. auch Overfitting
unbeobachtete Heterogenität, vgl. Heterogenität
unerklärte Varianz, vgl. erklärte Varianz
Ungleichheits-Constraints, vgl. Constraints
ungültige Werte, 52, 203
– vgl. auch Schätzprobleme
Unteridentifikation, 60f, 75-81, 120f, 130f
– empirische Unteridentifikation, 81, 85
– strukturelle Unteridentifikation, 81
– vgl. auch Identifikation

Validierung, vgl. Validität
Validität, 14, 32, 136-138
– vgl. auch Konstruktvalidität
– vgl. auch interne Validität
– vgl. auch externe Validität
– vgl. auch Diskriminanzvalidität
– vgl. auch Konvergenzvalidität
– vgl. auch formale Validität
– vgl. auch substanzielle Validität
– vgl. auch Reliabilität
Variablenskalierung, vgl. Messniveau
Varianz, 15, 110, 174
– vgl. auch Faktorvarianz
– vgl. auch Faktorinvarianz
– vgl. auch Messfehlervarianz
– vgl. auch Varianzzerlegung
– vgl. auch erklärte Varianz
– vgl. auch negative Varianz
Varianz von latenten Variablen, vgl. Faktorvarianz
varianzbezogene Faktorinvarianz, 172, 224
– vgl. auch Faktorinvarianz
Varianzzerlegung, 17
– vgl. auch Varianz
– vgl. auch erklärte Varianz
Veränderungsmodell (zeitlich), vgl. Vorher-Nachher-Modell
Vier-Indikatoren-Messmodell, 118f
– vgl. auch Mehr-Indikatoren-Messmodell
– vgl. auch Messmodell
Vorher-Nachher-Modell, 162f
– vgl. Längsschnittmodelle

Wachstumskurvenmodell, 16, 110, 153, 159, 172, 177ff
– vgl. auch Längsschnittmodelle
Wald-Test, 86
– vgl. Modifikationsanalyse

Weighted Least Squares -Schätzung (WLS), 42, 66, 69-75, 83, 104, 143
– vgl. auch Modellschätzung
– vgl. auch Schwellenwerte
– Fallzahl, 112f
Weighted Least Squares (robust)-Schätzung (WLSMV), 66, 69-75, 83, 101, 104, 141, 143f, 150, 171, 188
– vgl. auch Modellschätzung
– vgl. auch Weighted Least Squares-Schätzung (WLS),
– Fallzahl, 112f
weighted root mean square residual (WRMR), 87f, 90f, 99
– vgl. auch Fit-Indizes
– vgl. auch Residuen

Wertorientierung, 18
– vgl. auch Einstellung
WLS-Schätzung, vgl. Weighted Least Squares-Schätzung
WLSMV-Schätzung, vgl. Weighted Least Squares(robust)-Schätzung
WRMR-Index, vgl. weighted root mean square residual
– vgl. Fit-Indizes
– vgl. Residuen

z-transformiert, 89
Zufallsstichprobe, vgl. Stichprobe
Zwei-Indikatoren-Messmodell, 120f
– vgl. auch Mehr-Indikatoren-Messmodell
– vgl. auch Messmodell

Printing: Ten Brink, Meppel, The Netherlands
Binding: Ten Brink, Meppel, The Netherlands